국가공인 자격시험

동물보건사

과목별 출제 예상문제

다락원

머리말

1인 가구가 늘어나면서 '반려견, 반려묘'등의 동물을 가족 구성원의 일원으로 키우는 사람이 늘어나고 있습니다. 이런 시대의 다양한 흐름에 발맞춰 동물의료 전문인력 육성과 동물진료 서비스발전을 도모하기 위해 농림축산식품부 주관 국가공인 시험인 동물보건사 시험이 2022년 2월 27일 첫 시행이 되었습니다.

동물 간호 관련학과 학생 또는 현재 동물병원 일선에서 동물 간호 관련 업무에 종사하고 있는 수의테크니션인 특례대상자들이 이 시험을 준비하는 데 도움이 되고자 '동물보건사 과목별 출제 예상문제집'를 출간하게 되었습니다.

1 전과목 출제 범위 및 문제 유형 완벽 예측!

농림축산식품부에서 발표된 제2021-406호 공고문에 따라, 총 4개의 시험과목(시험 교과목)인 ① 기초 동물보건학(동물해부생리학, 동물질병학, 동물공중보건학, 반려동물학, 동물보건영양학, 동물보건행동학), ② 예방 동물보건학(동물보건응급간호학, 동물병원실무, 의약품관리학, 동물보건영상학), ③ 임상 동물보건학(동물보건내과학, 동물보건외과학, 동물보건임상병리학), ④ 동물 보건·윤리 및 복지 관련 법규(수의사법, 동물보호법)의 '필수교과목별 학습내용'의 범위를 동물보건 연구회에서 100% 예측 및 분석하여 교재에 담았습니다. 엄선한 이번 예상시험문제를 통해 합격에 누구보다도 확신을 가지고 시험을 준비할 수 있습니다.

2 간단 명료한 해설로 빠른 문제 풀이와 이해!

장황하고 긴 해설이 있다고 해서 모두 좋은 교재라고 할 수 없습니다. 시험에 나올만한 문제를 엄선하였고, 문제 하단 해설에 시험대비를 위한 동물간호관련 유용한 지식 및 정보를 습득할 수 있는 내용을 담아 단기간에 빠르게 시험을 준비할 수 있습니다.

3 시험에 나오는 관련법 법령을 엄선!

합격 여부에 열쇠가 되는 ④ 동물 보건·윤리 및 복지 관련 법규는 수의사법과 동물보호법에서 시험 문제가 출제됩니다. 관련 법령중에서도 시험에 잘 나오는 범위만을 실었습니다. 법제처의 모바일 앱을 다운로드하면 관련 법령을 무료 음성 지원 서비스를 통해 언제 어디서든 들으며 학습할 수 있습니다.

본 교재와 함께 수험준비를 하는 모두에게 좋은 결과가 있기를 진심으로 바라겠습니다.

동물보건 연구회 저

🐾 동물보건사란?

동물병원 내에서 수의사의 지도 아래 동물의 간호 또는 진료 보조 업무에 종사하는 사람으로서 농림축산식품 부장관의 자격인정을 받은 사람(수의사법 제2조 제4호)

🐾 자격의 특징

동물보건사 자격시험은 동물간호 인력 수요 증가에 따른 동물진료 전문 인력 육성을 위한 자격으로 수준 높은 진료서비스를 제공하기 위해 신설된 자격증이다.

🐾 동물보건사의 업무

동물보건사의 업무는 동물병원 내에서 수의사의 지도 아래 동물의 간호 또는 진료 보조 업무를 수행하는 것으로 '동물의 간호 업무'와 '동물의 진료 보조 업무'로 나뉨
(수의사법 제16조의5 제1항)

동물의 간호 업무	동물에 대한 관찰, 체온 심박수 등 기초 검진 자료의 수집, 간호 판단 및 요양을 위한 간호
동물의 진료 보조 업무	약물 도포, 경구 투여, 마취 수술의 보조 등 수의사의 지도 아래 수행하는 진료의 보조

🐾 시험 일정

자세한 시험일정, 시험장소, 합격자 발표 등 시험 시행과 관련한 사항은 동물보건사 자격시험 관리시스템(www.vt-exam.or.kr)에서 확인

🐕 응시 자격

「수의사법」제16조의2 또는 법률 제16546호 수의사법 일부 개정법률 부칙 제2조 각 호의 어느 하나에 해당하는 자로서 같은 법 제16조의6에서 준용하는 제5조의 규정에 해당하지 아니하는 자

① 기본대상자
- 농림축산식품부장관의 평가인증을 받은 「고등교육법」제2조 제4호에 따른 전문 대학 또는 이와 같은 수준 이상 의 학교의 동물 간호 관련 학과를 졸업한 사람(자격시험 응시일부터 6개월 이내에 졸업 예정자)
- 「초·중등교육법」제2조에 따른 고등학교 졸업자 또는 초·중등교육법령에 따라 같은 수준의 학력이 있다고 인정 되는 사람으로서 농림축산식품부장관의 평가인증을 받은 「평생교육법」제2조 제2호에 따른 평생교육기관의 고등 학교 교과 과정에 상응하는 동물 간호에 관한 교육과정을 이수한 후 동물 간호 관련 업무에 1년 이상 종사한 사람
- 농림축산식품부장관이 인정하는 외국의 동물 간호 관련 면허나 자격을 가진 사람
② 특례대상자[법률 제16546호 수의사법 일부 개정법률 부칙 제2조 (2021.8.28. 기준)]
※ 특례대상자 자격조건은 수의사법 개정 규정 시행 당시(2021년 8월 28일)를 기준 으로 적용
- 「고등교육법」제2조 제4호에 따른 전문대학 또는 이와 같은 수준 이상의 학교에 서 동물 간호에 관한 교육과정 을 이수하고 졸업한 사람
- 「고등교육법」제2조 제4호에 따른 전문대학 또는 이와 같은 수준 이상의 학교를 졸업한 후 동물병원에서 동물 간호 관련 업무에 1년 이상 종사한 사람(「근로기준 법」에 따른 근로계약 또는 「국민연금법」에 따른 국민연금 사업장가입자 자격취득을 통하여 업무 종사 사실을 증명할 수 있는 사람에 한정한다)
- 고등학교 졸업학력 인정자 중 동물병원에서 동물 간호 관련 업무에 3년 이상 종사한 사람(「근로기준법」에 따른 근로계약 또는 「국민연금법」에 따른 국민연금 사업장가입자 자격취득을 통하여 업무 종사 사실을 증명할 수 있는 사람에 한정한다)

🐾 시험 과목

시험 과목	시험 교과목	문항수
기초 동물보건학	동물해부생리학 동물질병학 동물공중보건학 반려동물학 동물보건영양학 동물보건행동학	60
예방 동물보건학	동물보건응급간호학 동물병원실무 의약품관리학 동물보건영상학	60
임상 동물보건학	동물보건내과학 동물보건외과학 동물보건임상병리학	60
동물 보건·윤리 및 복지 관련 법규	수의사법 동물보호법	20

🐾 시험 방법

필기시험으로 객관식 5지 선다형

🐾 시험 응시

- 응시료 : 20,000원
- 방법 : 전자수입인지 구매 후 동물보건사 자격시험 관리사이트
  https://www.e-revenuestamp.or.kr/ 에 파일 업로드

🐾 신분증의 범위

주민등록증(주민등록증 발급신청확인서 포함), 운전면허증, 여권(기간만료일 이내인 것에 한함), 공공기관에서 발행한 신분증(다만, 사진을 통해 본인 확인이 가능한 경우에 한함

🐾 시험시간

응시자는 시험 시행일 09:20까지 해당 시험실에 입실하여 지정된 좌석에 앉습니다.
개별 좌석은 응시원서 접수 마감 이후, 1주일 이내에 동물보건사 자격시험 관리시스템(www.vt-exam.or.kr)에 공지하고, 당일 시험장 출입구 등에 안내 예정

교시	시험과목	시험시간	비고
1교시	기초 동물보건학(60 문항) 예방 동물보건학(60 문항)	10:00~12:00	120분
2교시	임상 동물보건학(60 문항) 동물 보건·윤리 및 복지 관련 법규(20 문항)	12:20~13:40	80분

※ 배점 : 문제당 1점

🐾 합격 기준

각 과목당 시험점수 100점을 만점으로 40점 이상이며, 전 과목의 평균 점수가 60점 이상인 자

응시자 유의사항

① 응시자는 응시표, 답안지, 시험 시행 공고 등에서 정한 유의사항을 숙지하여야 하며 이를 준수 하지 않아 발생하는 불이익은 응시자 본인의 책임으로 합니다.

② 응시원서의 기재 내용이 사실과 다르거나 기재 사항의 착오 또는 누락으로 인한 불이익은 응시자 본인의 책임으로 합니다.

③ 접수기간 이후에는 제출된 응시 서류를 반환하지 않으며, 접수를 취소하거나 시험에 응시하지 않는 경우에도 응시수수료(수입인지)는 반환하지 않습니다.(다만, 「수의사법 시행규칙」 제28조제3항 각 호에 대해서는 수수료의 전부 또는 일부 반환 가능)

④ 응시자는 자격시험 시행계획 공고에서 정한 응시자 입실 시간(09:20)까지 응시표, 신분증, 필기도구(컴퓨터용 검정색 수성 싸인펜)를 지참하고 지정된 좌석에 착석하여 시험감독관의 시험안내에 따라야 합니다. 아울러, 1교시 시험에 응시하지 않은 자는 그 다음 시험에 응시할 수 없습니다.

⑤ 신분증과 응시표를 지참하지 않을 경우 시험에 응시할 수 없으며, 응시표를 분실하였을 때에는 응시원서에 부착한 것과 동일한 사진 1매와 신분증을 지참하여 감독관에게 그 사유를 신고하고 재발급 받아야 응시할 수 있습니다.

⑥ OMR 답안지 작성은 반드시 컴퓨터용 검정색 수성 싸인펜 만을 사용해야 하며, 다른 필기도구를 사용하여 발생하는 불이익은 응시자의 책임으로 합니다.

⑦ OMR 답안지의 답란을 잘못 표기하였을 경우에는 OMR 답안지를 교체하여 작성하거나 수정테이프를 사용하여 답란을 수정할 수 있습니다. 수정한 경우 수정테이프가 떨어지지 않도록 주의합니다. 수정테이프가 아닌 수정액 또는 수정스티커를 사용하거나 불완전한 수정 처리로 인하여 발생하는 불이익은 응시자 책임으로 합니다.

⑧ OMR 답안지에 성명, 응시번호, 과목명 등을 표기하지 않거나 틀리게 표기하여 발생하는 불이익은 응시자의 책임으로 합니다.

⑨ 시험시간 중 휴대전화기, 디지털카메라, MP3, 스마트워치, 전자사전, 카메라 펜 등 모든 전자기기를 휴대하거나 사용할 수 없으며, 발견될 경우에는 부정행위로 처리될 수 있습니다.

⑩ 시험시간 중 화장실 사용은 가능하나, 본인 확인과 답안작성 등 시험 진행을 위해 화장실 사용 시간대 및 횟수를 제한합니다. 화장실 사용은 시험 중 2회에 한해 가능하며, 사용 가능 시간은 시험 시작 20분 후부터 시험종료 10분 전까지입니다.

화장실은 지정된 곳만 사용 가능하며, 이동 및 대기, 소지품 검색 등에 일정 시간이 소요되고, 이를 포함한 모든 화장실 사용 시간은 시험시간에 포함되므로 시험시간 관리에 각별히 유의하시기 바랍니다.

화장실 사용시간 이외 시간에 화장실을 사용하거나, 2회를 초과하여 화장실 사용 시 재입실이 불가하며, 시험종료 시까지 시험시행본부에서 대기해야 합니다.

⑪ 시험시간 관리의 책임은 전적으로 응시자 본인에게 있으며, 개인용 시계를 직접 준비해야 합니다.(단, 계산기능이 있는 다기능 시계 또는 휴대전화 등 전자기기를 시계 용도로 사용할 수 없음) 시계 기능만 있는 디지털 시계의 사용은 가능하나, 알람 등은 사용 금지

⑫ 타 응시자에게 방해되는 행위(시험시간 중 다리를 떠는 행동, 멀티펜 등 필기구로 인한 똑딱소리, 반복적인 헛기침) 등은 자제하여 주시기 바랍니다. 시험장 내에서는 흡연을 할 수 없으며, 시설물을 훼손하지 않도록 주의하여야 합니다.

⑬ 시험종료 후 시험감독관의 지시가 있을 때까지 퇴실할 수 없으며, 배부된 모든 답안지와 문제지를 반드시 제출하여야 하며 만일 문제지를 제출하지 않거나 시험문제를 유출하는 경우에는 부정행위로 처리될 수 있습니다.

⑭ 「수의사법」 제16조의6에서 준용하는 법 제9조의2에 따라 부정한 방법으로 동물보건사 자격시험에 응시한 사람 또는 동물보건사 자격시험에서 부정행위를 한 사람에 대하여는 그 시험을 정지시키거나 그 합격을 무효로 하며, 시험이 정지되거나 합격이 무효가 된 사람은 그 후 두 번까지 동물보건사 자격시험에 응시할 수 없습니다.

⑮ 합격자 발표 후에도 제출된 서류 등의 기재 사항이 사실과 다르거나 응시 결격사유가 발견된 때에는 그 합격을 무효로 합니다.

⑯ 본 시험 시행계획에 변경이 있을 경우, 해당 시험 시행 일주일 이전에 농림축산식품부 홈페이지(www.mafra.go.kr) 또는 동물보건사 자격시험 관리시스템(www.vt-exam.or.kr)에 공고합니다.

※ 기타 자세한 사항은 농림축산식품부 방역정책과(☎044-201-2525)로 문의하시기 바랍니다.

자격 시험 참고사항

① 제출서류의 기재 내용 및 기재 사항의 착오 또는 누락, 연락불능의 경우에 따른 불이익은 응시자 본인의 책임으로 합니다.

② 응시자는 시험 시행 전까지 고사장 위치 및 교통편을 확인해야 합니다.

③ 입실시간(09:20) 이후 고사장 입실이 불가합니다.

④ 고사장 내부 시계와 감독위원의 시간 안내는 단순 참고사항이며, 시간 관리의 책임은 응시자에게 있습니다.

⑤ 응시자는 감독위원의 지시에 따라야 합니다.

⑥ 응시장 내 쓰레기를 함부로 버리거나 시설물을 훼손하지 않도록 주의하시기 바랍니다.

⑦ 기타 시험일정, 운영 등에 관한 사항은 홈페이지의 공지사항을 확인하시기 바라며, 미확인으로 인한 불이익은 응시자의 책임입니다.

⑧ 답안 작성 시에는 반드시 시험문제지의 문제번호와 동일한 번호에 작성해야 합니다.

> ※ **올바른 답안 마킹방법 및 주의사항**
>
> 1. 매 문항마다 반드시 하나의 답만을 골라 그 숫자에 "●"로 정확하게 표기하여야 하며, 이를 준수하지 않아 발생하는 불이익(득점 불인정 등)은 응시자 본인이 감수해야 함
> 2. 답안 마킹이 흐리거나, 답란을 전부 채우지 않고 작게 점만 찍어 마킹할 경우 OMR 판독이 되지 않을 수 있으니 유의하여야 함
>   [예시] 올바른 표기: ● 잘못된 표기: 잘못된 표기 ◎ ◉ ⊖ ⊕ ⊗ ⊘
> 3. 두 개 이상의 답을 마킹한 경우 오답처리 됨

⑨ 시험 도중 포기하거나 답안지를 제출하지 않은 응시자는 시험 무효 처리됩니다.

⑩ 지정된 고사실 좌석 이외의 좌석에서는 응시할 수 없습니다.

⑪ 시험 당일 고사장 내에는 주차 공간이 없거나 협소합니다.
   교통 혼잡이 예상되므로 대중교통을 이용하여 주시기 바랍니다.

⑫ 채점은 전산 자동 판독 결과에 따르므로 유의사항을 지키지 않거나(지정 필기구 미사용) 응시자의 부주의(인적사항 미기재, 답안지 기재·마킹 착오, 불완전마킹·수정, 예비마킹, 형별 마킹 착오 등)로 판독불능, 중복판독 등 불이익이 발생할 경우 응시자 책임으로 이의제기를 하더라도 받아들여지지 않습니다.

⑬ 부정행위 유형

> 1. 대리시험을 치른 행위 또는 치르게 하는 행위
> 2. 시험 중 다른 응시자와 시험과 관련된 대화를 하거나 손동작, 소리 등으로 신호를 하는 행위
> 3. 시험 중 다른 응시자의 답안지 또는 문제지를 보고 자신의 답안지를 작성하는 행위
> 4. 시험 중 다른 응시자를 위하여 답안 등을 알려주거나 보여주는 행위
> 5. 고사실 내외의 자로부터 도움을 받아 답안지를 작성하는 행위 및 도움을 주는 행위
> 6. 다른 응시자와 답안지를 교환하는 행위
> 7. 다른 응시자와 성명 또는 응시번호를 바꾸어 기재한 답안지를 제출하는 행위
> 8. 시험 종료 후 문제지를 제출하지 않거나 일부를 훼손하여 유출하는 행위
> 9. 시험 전·후 또는 시험 중에 시험문제, 시험문제에 관한 일부 내용, 답안 등을 다음 각 목의 방법으로 다른 사람에게 알려주거나 알고 시험을 치른 행위
>   ① 대화, 쪽지, 기록, 낙서, 그림, 녹음, 녹화
>   ② 홈페이지, SNS 등에 게재 및 공유
>   ③ 문제집, 도서, 책자 등의 출판 · 인쇄물
>   ④ 강의, 설명회, 학술모임
>   ⑤ 기타 정보전달 방법
> 10. 수험표 등 시험지와 답안지가 아닌 곳에 문제 또는 답안을 작성하는 행위
> 11. 시험 중 시험문제 내용과 관련된 물품(시험관련 교재 및 요약자료 등)을 휴대하거나 이를 주고 받는 행위
> 12. 시험 중 허용되지 않는 통신기기 및 전자기기 등을 지정된 장소에서 보관하지 않고 휴대하는 행위
>   ① 통신기기 및 전자기기: 휴대용 전화기, 휴대용 개인정보단말기(PDA), 휴대용 멀티미디어 재생장치(PMP), 휴대용 컴퓨터, 휴대용 카세트, 디지털 카메라, 음성 파일 변화기(MP3), 휴대용 게임기, 전자사전, 카메라펜, 시각 표시 외의 기능이 있는 시계, 스마트워치 등
>   ② 휴대전화는 배터리와 본체를 분리 하여야 하며, 분리되지 않는 기종은 전원을 꺼서 시험위원의 지시에 따라 보관하여야 합니다. (비행기 탑승 모드 설정은 허용하지 않음)

13. 시험 중 허용되지 않는 통신기기 및 전자기기 등을 사용하여 답안을 전송 및 작성하는 행위

14. 응시원서를 허위로 기재하거나 하위서류를 제출하여 시험에 응시한 행위

15. 시험시간이 종료되었음에도 불구하고 감독위원의 답안지 제출지시에 불응하고 계속 답안을 작성한 행위

16. 답안지 인적사항 기재란 외의 부분에 특정인의 답안지임을 나타내기 위한 표시를 한 행위

17. 그 밖에 부정한 방법으로 본인 또는 다른 응시자의 시험결과에 영향을 미치는 행위

이 책의 활용법

적중 예상 문제

과목별 적중 예상문제만을 엄선하여 교재에 실었습니다.
시험에 나오는 문제만 골라서 풀다보면 단기간에 목표한 점수를 획득할 수 있습니다.

핵심만 콕콕 정리한 해설

풀이가 길다고 결코 좋은 해설이 아닙니다.
간단명료한 핵심 해설을 보면서 동물보호 관련 지식과 정보까지 학습할 수 있습니다.

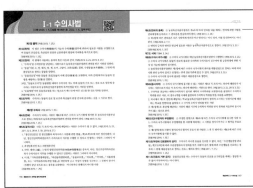

시험에 나오는 법령 모음

수의사법과 동물보호법에서도 시험이 출제가 됩니다. 시험에 잘 나오는 범위만을 추려서 실었습니다. 남는 시간에 법령을 읽으면 암기해 두면 시험준비에 도움이 됩니다.

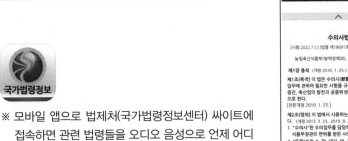

※ 모바일 앱으로 법제처(국가법령정보센터) 싸이트에 접속하면 관련 법령들을 오디오 음성으로 언제 어디서나 들을 수 있습니다.

차례

1

과목1
기초 동물보건학

1 개와 고양이의 필수지방산은?

① 스테아르산   ② 팔미틴산

③ 아라키돈산   ④ 올레산

⑤ 리놀레산

정답 ⑤

해설 체내에서 합성되지 않는 지방산이 필수지방산이며, 개와 고양이의 필수지방산은 리놀레산, 알파-리놀렌산, 고양이는 아라키돈산이 있다.

2 비타민 결핍증에 대한 설명으로 맞는 것은?

① 와파린은 비타민K의 길항제이며, 동물에게 투여하면 야맹증을 일으킨다.

② 비타민A가 결핍되면 야맹증이 생긴다.

③ 개나 고양이가 오징어를 다량 섭취하면, 비타민C 결핍증을 일으킨다.

④ 비타민E가 결핍되면 골연화증이 나타난다.

⑤ 비타민D가 결핍되면 골격근위축이 나타난다.

정답 ②

해설 오징어에는 비타민B_1(티아민)을 분해하는 효소가 있어, 다량섭취 시 비타민B_1(티아민)결핍증(식욕부진, 신경질환)이 발생될 수 있다.
비타민A 결핍은 야맹증
비타민C 결핍은 괴혈병
비타민D 결핍은 구루병이나 골연화증
비타민E 결핍은 골격근위축
비타민K 결핍은 지혈이 어려운 증상

3 수분에 대한 설명으로 맞는 것은?

① 소화효소에 의한 가수분해에 필요하다.

② 생체 내의 수분을 20% 이상 잃으면, 생명에 지장이 생긴다.

③ 에너지원이다.

④ 체내의 화학반응을 약화시키는 기능이 있다.

⑤ 생체의 약 80%가 수분이다.

정답 ①

해설 생체 내 약 70%가 수분으로 이루어져 있으며, 10% 이상 잃으면 생명이 위험해지며, 체내의 화학반응 촉진, 세포대사 최종산물 운송, 가수분해, 노폐물 제거, 신경계 보호, 폐포 수분 유지 등의 다양한 기능을 한다.

4 호흡운동에 관련된 근육으로 맞는 것은?

① 외늑간근　　　　　　　　　② 승모근
③ 상완이두근　　　　　　　　　④ 광배근
⑤ 대퇴사두근

정답 ①
해설 외늑간근은 후방으로 늑골을 당겨 흉강을 넓히는 역할을 한다.

5 세포 소기관과 그 역할로 잘못된 것은?

① 리소좀 : 유전정보의 보존과 전달을 담당한다.
② 미토콘드리아 : 세포 호흡의 장소로 ATP를 생성한다.
③ 리보솜 : 단백질을 합성하는 장소이다.
④ 골지체 : 단백질을 수식한다.
⑤ 활면소포체 : 지질 성분을 합성하는 장소이다.

정답 ①
해설 리소좀은 가수분해효소에 의해 부산물 혹은 불필요 물질들을 분해하거나 제거한다.

6 유지기 및 고령기 동물의 식이에 대한 설명으로 잘못된 것은?

a : 고령이 되면 미네랄 흡수 효율이 나빠져, 염분을 많이 첨가해야 한다.
b : 중성화에 의해 살찌기 쉬워지므로, 식이 내용의 조정이 필요하다.
c : 체중이 증가하면 무릎 관절에 부담이 간다.
d : 고령이 되면 기초대사가 떨어지므로, 어렸을 때와 비교해 살찌기 쉽다.
e : 운동량이 많을수록, 필요한 에너지양은 줄어든다.

① a, e　　　　　　　　　② a, b　　　　　　　　　③ b, c
④ c, d　　　　　　　　　⑤ d, e

정답 ①
해설 고령의 경우 노화로 인해 신장과 심장의 기능 저하로 염분을 줄이는 것이 좋으며, 운동량이 많을수록 요구되는 에너지양은 늘어난다.

7 체중이 6kg인 시츄(중성화 수술한 암컷)의 유지에너지량(RER)은 250(kcal/일)이다. 1일 에너지요구량(DER)은 중성화 수술한 개의 경우, RERx1.6으로 구할 수 있다. DER의 수치로 맞는 것은?

① 400(kcal/일)　　　　　　　　② 286(kcal/일)
③ 330(kcal/일)　　　　　　　　④ 352(kcal/일)
⑤ 374(kcal/일)

정답 ①
해설 30x6kg+70kcal=250kcal, 250x1.6=400(kcal/일)

8 수동수송과 능동수송에 대한 설명으로 맞는 것은?

① 이온펌프에 필요한 에너지는 ADP를 ATP로 분해하는 것으로 얻어진다.

② 이온은 이온채널을 통하여 농도가 낮은 곳에서 높은 곳을 향하여 이동한다.

③ 세포가 안정되어 있을 때 나트륨 이온은 세포 밖보다 세포 내에 많다.

④ 세포 내외의 농도 차로 역행하여 행해지는 이온 수송을 능동수송이라고 한다.

⑤ 이온펌프는 수동수송을 행하는 기구이다.

정답 ④

해설 이온은 이온채널을 통하여 농도가 높은 곳에서 낮은 곳으로 이동을 하며, 이러한 현상을 수동수송이라한다. 세포 안정시, Na+이온은 세포 외에 많고, 세포 내에 적게 존재하며, 반면, K+이온은 세포 내에 많고, 세포 외에 적게 존재한다. 세포 내외의 농도 차에 역행해서 에너지를 이용하여(ATP가 ADP로 분해) 이온을 운송하는 것은 능동수송이라 일컫는다.

9 임신기 및 수유기에 개의 식이에 대한 설명으로 잘못된 것은?

a : 체중이 증가하면 난산이 될 가능성이 있으므로, 식이량을 대폭 제한한다.

b : 소화에 시간이 걸리는 식이를 준다.

c : 수유기에는 유지기의 2배 이상의 에너지양이 필요해진다.

d : 수유기에는 칼슘을 공급한다.

e : 임신·수유기용으로 만들어진 음식이 판매되고 있다.

① a, e   ② a, b   ③ b, c

④ c, d   ⑤ d, e

정답 ②

해설 임신기 및 수유기에는 에너지가 많이 요구되므로, 고에너지식과 소화가 잘되는 음식을 제공해야 한다.

10 척수에 관한 설명으로 맞는 것은?

① 척수는 중심관이라고 불리는 1개의 관 속을 지나간다.

② 감각신경은 척수의 배쪽 뿌리를 통해 감각성 자극을 중추로 전달한다.

③ 척수는 척추, 수막, 뇌척수액에 의해 보호되어 있다.

④ 운동신경은 척수의 등쪽 뿌리를 통해 운동성 자극을 근육으로 전달한다.

⑤ 척수를 횡단면에서 보면, 중심관을 감싸는 것과 같은 백질이 있고, 그 주위를 회백질이 뒤덮고 있다.

정답 ③

해설 척수는 척추, 수막, 뇌척수액에 의해 보호되어 있으며, 등쪽 뿌리가 감각신경섬유, 배쪽 뿌리가 운동신경섬유와 연계되어 있다. 척수는 중심에 중심관이 있으며, 외부로 갈수록 회식질, 백색질로 이루어져 있다.

11 영양소 대사에 대한 설명으로 잘못된 것은?

① 지방산은 뇌의 주요한 에너지원이 된다.

② 글루코스를 대사하면 ATP가 합성된다.

③ 글루코스의 호기성대사에서는 약30 ATP가 합성된다.

④ 아미노산이 대사되면 암모니아가 생성된다.

⑤ 암모니아는 간장에서 요소로 변형된다.

정답 ①

해설 지방산은 혈액뇌장벽(Blood-Brain-Barrier, BBB)를 통과하지 못하므로 뇌의 에너지원이 될 수 없다.
뇌의 주요한 에너지원은 글루코스이다.

12 동물을 이루고 있는 구성요소가 작은 순서대로 나열한 것으로 맞는 것은?

① 세포 → 화학물질 → 조직 → 기관(장기) → 계통(기관계) → 동물

② 화학물질 → 조직 → 세포 → 기관(장기) → 계통(기관계) → 동물

③ 세포 → 화학물질 → 조직 → 계통(기관계) → 기관(장기) → 동물

④ 화학물질 → 세포 → 조직 → 기관(장기) → 계통(기관계) → 동물

⑤ 화학물질 → 조직 → 세포 → 계통(기관계) → 기관(장기) → 동물

정답 ④

해설 화학물질(원자, 분자, 이온) → 세포 → 조직 → 기관(장기) → 계통(기관계) → 동물

13 DNA에 대한 설명으로 잘못된 것은?

① mRNA의 염기배열에서 단백질이 합성되는 것을 번역이라고 한다.

② 아데닌(A)은 구아닌(G)과 상보적인 결합을 이룬다.

③ 핵의 염색질내에서, DNA는 히스톤 단백질에 둘러싸여 존재하고 있다.

④ DNA의 염기배열이 mRNA에 복사되는 것을 유전자의 전사라고 한다.

⑤ DNA의 2중 나선은 RNA폴리머라제에 의해 풀린다.

정답 ②

해설 아데닌(A)은 티아민(T)과 상보적인 결합을 이룬다.

14 식이섬유의 특징으로 잘못된 것은?

① 콜레스테롤의 흡수를 막는다.　　② 정장효과가 있다.

③ 소장에서 소화된다.　　④ 헤어볼을 방지한다.

⑤ 장내의 유익균을 활성화한다.

정답 ③

해설 개와 고양이의 경우 식이섬유는 소장의 소화효소로 소화되지 않고 대장으로 도달되며, 에너지원이 되지 않는다.

15 동물 표피층 구조의 순서로 맞는 것은?

① 외층 → 각질세포층 → 과립세포층 → 유극세포층 → 기저세포층 → 진피 → 피하조직(내층)

② 외층 → 각질세포층 → 진피 → 유극세포층 → 과립세포층 → 기저세포층 → 피하조직(내층)

③ 외층 → 각질세포층 → 유극세포층 → 근층 → 피하조직 → 진피(내층)

④ 외층 → 각질세포층 → 유극세포층 → 기저세포층 → 과립세포층 → 진피 → 피하조직(내층)

⑤ 외층 → 각질세포층 → 근층 → 과립세포층 → 유극세포층 → 기저세포층 → 진피(내층)

정답 ①

해설 외부에서부터 내부로 '외층 → 각질세포층 → 과립세포층 → 유극세포층 → 기저세포층 → 진피 → 피하조직(내층)' 순이 된다.

16 망막에서 사물의 형태를 인식하는 세포로 맞는 것은?

① 신경절세포 　　　　　　　　　② 간상세포

③ 쌍극세포 　　　　　　　　　　④ 추체세포

⑤ 아포크린세포

정답 ②

해설 물체의 형태를 인식하는 것은 간상세포이며, 색을 인지하는 것은 추체세포이다.

17 안구에 관한 설명으로 맞는 것은?

① 눈꺼풀의 끝에는 눈물샘이 존재하고, 누액의 증발을 막는다.

② 외부로부터의 빛은 각막과 수정체에서 굴절되어 유리체에 모인다.

③ 망막으로 들어온 정보는 시신경을 매개로 중추신경에 전달된다.

④ 홍채는 수정체의 두께를 조절하고 빛의 초점을 맞춘다.

⑤ 모든 동물의 모양체근은 골격근에 구성된다.

정답 ③

해설 외부의 빛은 망막에 모이며, 홍채는 빛의 양을 조절하며, 수정체의 두께를 조절하는 것은 평활근으로 구성되어 있는 모양체이다. 눈꺼풀의 끝에는 마이봄선이라고 하는 지방샘이 있어 유층을 형성하고 각막의 건조를 예방한다.

18 귀에 관한 설명으로 맞는 것은?

① 인두에 연결되는 이관은 수평이도에서부터 개구한다.

② 내이 중에서 소리를 느끼는 기관은 전정이다.

③ 반고리관은 평행감각에 관여한다.

④ 달팽이관은 중이의 일부이다.

⑤ 이소골은 3개의 뼈로 이루어지는데, 고막에서부터 등자뼈, 모루뼈, 망치뼈이다.

정답 ③

해설 소리를 느끼는 기관은 내이의 달팽이관이며, 평형감각 기관은 전정과 반고리관이다. 이소골은 고막에서부터 망치뼈, 모루뼈, 등자뼈 순으로 위치한다. 인두에 연결되는 이관은 고실에서부터 개구한다.

19 아래는 심장에 관한 내용이다. (a)∼(d)에 해당하는 것은?

> 전신을 순환한 혈액은 (a)심방으로 돌아와 (a)심실에서 (b)를 통과하여 폐에 전송된다.
> (b)를 흐르는 혈액은 (c)이 적은 (d)혈이다.

① a : 우   b : 대동맥   c : 이산화탄소량   d : 정맥
② a : 우   b : 폐동맥   c : 산소량   d : 정맥
③ a : 우   b : 폐정맥   c : 이산화탄소량   d : 동맥
④ a : 좌   b : 대동맥   c : 산소량   d : 동맥
⑤ a : 좌   b : 폐동맥   c : 산소량   d : 동맥

정답 ②

해설 혈액은 전신순환-우심방-우심실-폐동맥-폐-폐정맥-좌심방-좌심실-전신순환 순으로 순환한다.
폐로 들어가기 전의 혈액은 이산화탄소가 많고, 산소가 적은 정맥혈이다. 폐를 지나온 혈액은 이산화탄소가 적고,
산소가 많은 동맥혈이다.

20 개의 심장과 혈관에 관한 설명으로 잘못된 것은?

① 심실의 근육은 우심실보다 좌심실이 발달해 있다.
② 좌심방과 우심방을 나누는 중격을 심방중격이라고 한다.
③ 승모판은 좌심방과 좌심실의 사이에 존재한다.
④ 심장은 교감신경과 부교감신경(미주신경)의 자율신경에 따른 이중 지배를 받고 있다.
⑤ 푸르킨예 섬유는 심박동의 페이스메이커이다.

정답 ⑤

해설 심박동의 페이스메이커는 동방결절이다.

21 좌심방과 좌심실 사이에 존재하는 판막으로 맞는 것은?

① 대동맥판   ② 삼천판   ③ 폐동맥판
④ 승모판   ⑤ 반월판

정답 ④

해설 좌심방과 좌심실 사이에 존재하는 판막은 이첨판인 승모판이다.

22 태아의 혈액순환에 관한 설명으로 잘못된 것은?

① 정맥관은 간장을 우회하는 혈관이다.
② 제정맥은 태반에서 태아로 흐르는 혈관으로 동맥혈이 흐른다.
③ 제동맥은 태아에서 태반으로 흐르는 혈관으로 정맥혈이 흐른다.
④ 동맥관은 폐정맥과 대동맥궁을 연결하는 혈관이다.
⑤ 난원공은 좌우의 심방을 잇는 구멍이다.

정답 ④

해설 동맥관은 폐동맥과 대동맥궁을 연결하는 혈관이다.

23 폐의 가스교환에 대한 설명으로 맞는 것은?

① 폐에 있어서 가스교환은 에너지를 필요로 한다.

② 폐포에서 폐모세혈관으로 이산화탄소가 이동한다.

③ 폐모세혈관에서 폐포로 산소가 이동한다.

④ 폐동맥은 산소농도가 높다.

⑤ 폐정맥은 산소농도가 높다.

정답 ⑤

해설 폐에서 나오는 폐정맥의 혈액은 산소농도가 높다.

24 후두에서 폐포까지 공기가 통하는 경로로 맞는 것은?

① 후두 → 기관 → 기관지 → 종말기관지 → 세기관지 → 폐포

② 후두 → 기관 → 종말기관지 → 기관지 → 폐포

③ 후두 → 세기관지 → 기관 → 최종기관지 → 폐포

④ 후두 → 기관 → 기관지 → 세기관지 → 종말기관지 → 폐포

⑤ 후두 → 비강 → 기관 → 기관지 → 폐포

정답 ④

해설 후두 → 기관 → 기관지 → 세기관지 → 종말기관지 → 폐포

25 소화관의 외분비 세포의 명칭과 그 분비물의 조합으로 맞는 것은?

① 위분문부 : 주세포 → 점액

② 공장 : 잔세포 → 아밀라아제

③ 위저부 : 벽세포 → 염산

④ 위유문부 : G세포 → 리파아제

⑤ 식도 : 식도 샘세포 → 가스트린

정답 ③

해설 위저부의 벽세포에서 염산(위산)이 분비되어 위장 내의 pH농도를 내려준다.

26 간장의 역할이 아닌 것은?

① 담즙 생성

② 혈장단백질의 합성

③ 생체방어작용

④ 체내 불필요한 물질의 배설

⑤ 영양소 대사

정답 ④

해설 간은 물질을 불활성시킨다.

27 담낭을 가진 동물은?

① 고양이, 사슴

② 개, 말

③ 개, 소

④ 말, 돼지

⑤ 랫트, 코끼리

정답 ③

해설 개, 고양이, 소, 돼지에는 담낭이 존재하나, 말, 사슴, 코끼리, 랫트 등에는 담낭이 존재하지 않는다.

28 호르몬이 분비되는 내분비기관은?

① 간장

② 젖샘

③ 눈물샘

④ 침샘

⑤ 갑상선

정답 ⑤

해설 내분비샘에서 호르몬이 분비되는 기관은 갑상선이다.

29 이빨의 명칭과 약어의 조합으로 맞는 것은?

① 견치 : I

② 절치 : M

③ 견치 : C

④ 앞어금니 : M

⑤ 어금니 : P

정답 ③

해설 절치: I, 견치: C, 앞어금니(전구치): P, 어금니: M

30 동물의 이빨에 관한 설명으로 잘못된 것은?

① 소는 위턱의 절치가 없다.

② 고양이는 잘 발달된 어금니(M)를 가지고 있다.

③ 개나 고양이는 열육치라고 불리는 이빨이 있다.

④ 토끼는 견치가 없다.

⑤ 닭은 이빨이 없다.

정답 ②

해설 고양이는 어금니(M)가 상악에 1봉 밖에 없으며, 크기가 아주 작다.

31 세포간질액에 포함되지 않는 것은?

① 심낭수   ② 혈장
③ 림프액   ④ 뇌척수액
⑤ 활액

정답 ②
해설 세포외액을 세포간질액과 혈장으로 나눈다.

32 신장 비뇨기에 관한 설명으로 맞는 것은?

① 신장에서 방광까지의 관을 요도, 방광에서 그 출구까지의 관을 요관이라 말한다.
② 개나 고양이는 우신보다 좌신이 앞쪽에 위치하고 있다.
③ 토리쪽곱슬세관에는 많은 전해질이 재흡수된다.
④ 네프론(신단위)이란 사구체에서 요관까지를 말한다.
⑤ 신장의 피질에는 요세관이 많으며 수질에는 신소체가 많다.

정답 ③
해설 개와 고양이는 우신이 좌신보다 앞쪽에 위치하며, 토리쪽곱슬세관에서는 많은 전해질이 재흡수된다. 네프론(신단위)이란 사구체에서 요세관종말까지를 말한다. 사구체와 보우만주머니를 합쳐서 신소체라 하는데, 신소체는 피질에 많이 존재한다. 신장-요관-방광-요도 순으로 배뇨가 이루어진다.

33 신장에 관한 설명으로 잘못된 것은?

① 소의 신장은 겉보기상 긴 타원형으로 신장엽이 나뉘어 있는 분엽신장이다.
② 신피질에서는 원뇨가 만들어진다.
③ 신장에서는 에리트로포이에틴이라고 하는 이뇨에 관계하는 호르몬이 생산된다.
④ 신장의 실질은 피질이 수질을 감싸고 있다.
⑤ 근위곡세뇨관에서 대부분의 수분과 영양분을 흡수한다.

정답 ③
해설 신장에서 만들어지는 에리트로포이에틴은 적혈구 생산에 관여하는 호르몬이다.

34 신장이 하는 일이 아닌 것은?

① 체내수분량 조절 기능
② 혈압의 조절 기능
③ 지질의 소화
④ 산염기평형의 조절 기능
⑤ 전해질의 조절 기능

정답 ③
해설 지질의 소화는 하지 않으며, 비타민D의 활성화 기능이 있다.

35 림프 기관(조직)이 아닌 것은?

① 비장 ② 심장
③ 골수 ④ 흉선
⑤ 림프샘

정답 ②

해설 림프 기관은 면역계에 해당되는 기관이고, 심장은 혈액을 순환시키는 장기이다.

36 자율신경계에 관한 설명으로 잘못된 것은?

① 기관지는 교감신경의 작용에 따라 확장된다.
② 교감신경의 신경절에 따른 전달물질은 아세틸콜린이다.
③ 부교감신경의 신경절에 따른 전달물질은 아세틸콜린이다.
④ 동공은 교감신경의 작용에 따라 축동한다.
⑤ 장관의 운동기능은 부교감신경의 작용에 따라 활발해진다.

정답 ④

해설 동공은 교감신경의 작용에 의해 산동한다.

37 혈중칼슘 농도를 떨어뜨리는 호르몬은?

① 칼시토닌 ② 안드로젠
③ 바소프레신 ④ 옥시토신
⑤ 알도스테론

정답 ①

해설 칼시토닌은 뼈에 칼슘 침착을 촉진해, 혈중칼슘 농도를 저하시킨다.

38 호르몬과 그 호르몬이 분비되는 곳으로 맞는 것은?

① 바소프레신 : 상피소체
② 옥시토신 : 부신수질
③ 아드레날린 : 랑게르한스섬
④ 인슐린 : 뇌하수체
⑤ 에스트로겐 : 난포

정답 ⑤

해설 옥시토신은 하수체후엽, 아드레날린은 부신수질, 인슐린은 췌장의 랑게스한스섬, 에스트로겐은 난포, 바소프레신은 하수체후엽으로부터 분비된다.

39 호르몬과 호르몬의 역할에 대한 설명으로 잘못된 것은?

① 프로락틴 : 젖을 생성한다.
② 칼시토닌 : 혈중칼슘 농도를 상승시킨다.
③ 코르티솔 : 면역을 억제한다.
④ 인슐린 : 혈당치를 내린다.
⑤ 프로제스테론 : 임신을 유지한다.

정답 ②
해설 칼시토닌은 뼈에 칼슘침착을 촉진시키므로, 혈중칼슘 농도를 저하시킨다.

40 동물의 종류와 염색체 수(2n)의 조합으로 잘못된 것은?

① 말 : 64
② 개 : 78
③ 고양이 : 38
④ 사람 : 46
⑤ 소 : 68

정답 ⑤
해설 소: 60

41 동물의 생식기에 관한 설명으로 잘못된 것은?

① 고양이, 소, 페럿은 교미배란 동물이다.
② 수컷 고양이의 부생식샘은 전립선과 요도구선 두 개이다.
③ 에스트로겐은 난포에서 분비되고 발정기에 영향을 끼친다.
④ 난소와 자궁을 잇는 인대를 고유난소삭이라고 한다.
⑤ 고양이는 질의 일부분이 내경이 좁아지면서, 위경관이라는 구조를 형성한다.

정답 ①
해설 고양이, 토끼, 페럿이 교미배란 동물이다.

42 수컷의 부생식기에 관한 설명으로 맞는 것은?

① 개의 음경에는 음경뼈가 없다.
② 개의 부생식샘은 정낭샘, 전립샘, 요도구샘이다.
③ 고양이의 부생식샘은 전립선이다.
④ 정액의 액체 성분은 부생식샘에서 분비된다.
⑤ 개의 전립선은 나이가 들면 위축된다.

정답 ④
해설 개의 부생식샘은 전립샘, 고양이의 부생식샘은 전립샘과 요도구샘이다.
　　　소, 말, 돼지에 있는 정낭샘은 개와 고양이에게는 존재하지 않는다.

43 대상태반인 동물은?

① 돼지   ② 토끼

③ 고양이   ④ 소

⑤ 말

정답 ③

해설 개와 고양이가 대상태반에 해당한다.

44 숫고양이의 음경의 특징으로 맞는 것은?

① 음경이 질 내에 삽입되어 빠지지 않는 상태를 coital lock이라고 한다.

② 음경 주위에는 음경극이 있다.

③ 교미 시에는 지연발기라고 하는 현상이 나타난다.

④ 음경의 귀두구가 있다.

⑤ 교미 시에 귀두구가 부풀어 오른다.

정답 ②

해설 숫고양이는 음경극(음경가시)이 존재한다.

45 개 또는 고양이의 번식에 관여하는 호르몬에 대한 설명으로 맞는 것은?

① 개는 임신했을 때 프로게스테론의 분비가 약 2개월 계속된다.

② 프로게스테론은 암컷의 이차성징이나 발정 징후를 발현시키기 위해서 작용한다.

③ 개는 난포가 완전히 성숙해지면 뇌하수체에서 황체형성호르몬(LH)이 일과성으로 분비된다.

④ 에스트로겐은 황체에서 분비된다.

⑤ 고양이는 완전히 난포가 성숙해지면 뇌하수체에서 황체형성호르몬(LH)이 분비된다.

정답 ③

해설 개는 난포가 성숙해지면 뇌하수체에서 황체형성호르몬(LH)이 일과성으로 분비되어 배란이 일어난다.

46 암캐의 발정 징후로 맞는 것은?

① 롤링 행동

② 허리를 낮게 하고 제자리걸음 행동

③ 사람에게 바짝 다가서는 행동

④ 발정기 특유의 울음소리

⑤ 외음부의 종대

정답 ⑤

해설 암캐의 발정은 외음부 종대, 외음부 출혈, 빈뇨 등이며, 나머지는 암코양이의 발정 징후이다.

47 자연배란하는 동물의 조합으로 맞는 것은?

| a : 고양이 | b : 개 | c : 소 | d : 토끼 | e : 사자 |

① a, e ② a, b ③ b, c
④ c, d ⑤ d, e

정답 ③

해설 자연배란은 사람, 산업 동물, 개, 쥐 등의 대부분의 포유류에서 일어나지만, 고양이과, 토끼, 페럿 등의 동물의 경우에는 교미가 있어야 배란이 이루어지는 교미배란이 일어난다.

48 수정과 착상에 관한 설명으로 맞는 것은?

① 착상은 반드시 난자가 배란된 난소의 반대쪽 자궁각에 일어난다.
② 사정된 정자가 수정되기 위해서는 수정능을 획득해야만 한다.
③ 고양이의 난자는 미숙한 상태에 배란되기 때문에 바로 수정은 불가능하다.
④ 수정은 자궁에서 일어난다.
⑤ 개의 수정란의 착상은 수정 후 12시간 이내에 일어난다.

정답 ②

해설 수정은 난관에서 이루어지며, 자궁으로 이동하여 자궁내막에 착상(개의 경우 배란 후 약 20일, 고양이의 경우 교미 후 약 14일 후) 한다. 일반적으로 난자가 배란된 난소의 자궁각에 착상한다.

49 고양이의 임신 기간으로 맞는 것은?

① 118일 ② 287일
③ 36일 ④ 49일
⑤ 67일

정답 ⑤

해설 고양이의 임신기간은 67±2일이다.

50 개의 태아에 대한 설명으로 맞는 것은?

① 태반은 요막융모막이 자궁에 들어와 형성된다.
② 수정은 자궁 내에서 일어난다.
③ 요막강 내에는 양수가 모인다.
④ 양수는 융모막에서 생성된다.
⑤ 태아의 배설물은 난황막강에 모인다.

정답 ①

해설 양수는 양막에서 생산되고, 양막내에 모이게 된다. 태아의 배설물은 요막강에 모인다.

51 세균의 구조가 아닌 것은?

① 엔벨로프(피막)

② 선모

③ 세포막

④ 세포질

⑤ 편모

정답 ①

해설 엔벨로프는 바이러스에서 보이는 구조이다.

52 바이러스의 정의로 잘못된 것은?

① ATP의 합성이 가능하다.

② 게놈은 DNA 또는 RNA이다.

③ 핵산은 DNA 또는 RNA의 일부분을 가진다.

④ 숙주세포의 합성계를 이용하여 세포 내에서만 증식한다.

⑤ 20~300nm의 미생물이다.

정답 ①

해설 스스로 에너지(ATP)를 만들어 낼 수 없다.

53 바이러스 형태에 대한 설명이 아닌 것은?

① 스파이크는 숙주세포의 유전자에 유래하는 단백질의 돌기물이다.

② 코어는 바이러스 게놈에 있는 핵산으로 이루어진다.

③ 캡시드는 단백의 껍질로 코어를 감싼다.

④ 코어와 캡시드를 합쳐서 뉴클레오캡시드라고 한다.

⑤ 뉴클레오캡시드의 주변에 엔벨로프라고 하는 막을 가진 바이러스도 있다.

정답 ①

해설 엔벨로프의 외층에 당단백으로 된 스파이크라는 돌기가 형성되어 있는 바이러스도 있다.

54 조직의 괴사에 관한 설명으로 맞는 것은?

① 괴사조직에 이차적인 변화가 가해진 상태를 괴저라고 한다.

② 세포자멸사(apoptosis)라고 한다.

③ 응고괴사는 괴사부에 급속한 액상화가 생긴 타입의 괴사이다.

④ 액화괴사는 괴사부가 굳어지는 타입의 괴사이다.

⑤ 뇌는 건락괴사를 일으키기 쉽다.

정답 ①

해설 괴사조직에 강한 이차적인 변화가 가해진 상태를 괴저라고 한다.

55 위축에 대한 설명으로 맞는 것은?

① 성숙해져 형태나 기능이 완성된 세포나 조직이 완전히 다른 세포나 조직으로 변화하는 현상

② 정상조직의 세포의 크기나 수가 감소하는 변화

③ 정상보다도 작은 장기가 형성된 상태

④ 한 쌍의 장기의 한쪽에 이상이 생긴 경우, 한쪽이 커지게 되는 현상

⑤ 세포 수의 증가에 따라 조직이 커지게 된 상태

정답 ②

해설 저형성: 정상보다도 작은 장기가 형성된 상태
　　　대상성 비대: 한 쌍의 장기의 한쪽에 이상이 생긴 경우, 한쪽이 커지게 되는 현상
　　　과형성: 세포 수의 증가에 따라 조직이 커지게 된 상태
　　　화생: 성숙해져 형태나 기능이 완성된 세포나 조직이 완전히 다른 세포나 조직으로 변화하는 현상

56 악성 종양의 특징이 아닌 것은?

① 종양세포의 핵에 이상이 판단되지 않는다.

② 국소 조직을 파괴한다.

③ 혈관이나 림프관에 침투된다.

④ 종양세포의 크기에 이상이 보인다.

⑤ 혈액을 매개로 전이한다.

정답 ①

해설 종양세포의 경우 세포의 핵에 이상이 보인다.

57 면역에 관한 설명으로 잘못된 것은?

① 면역세포는 골수나 흉선 등의 중추성 림프조직에서 생성된다.

② 면역이란 이물질이라고 인식한 것을 공격하고, 체내에서 배제하려고 하는 반응을 말한다.

③ 면역세포에는 백혈구, 혈소판, 사이토카인 등이 있다.

④ 면역은 면역세포와 그것들이 생성하는 물질에 의해서 기능한다.

⑤ 백혈구 중에서 식세포에 포함되는 것은 호중구와 단구이다.

정답 ③

해설 면역세포는 백혈구만 해당된다

58 자가면역반응에 관여하는 세포가 아닌 것은?

① T세포　　　　　　　② 호중구

③ 대식세포　　　　　　④ NK세포

⑤ 보체

정답 ①

해설 T세포는 획득면역반응에 관여한다.

59 자연면역에 관한 설명으로 맞는 것은?

① 자연면역으로는 림프구가 관여되어 있다.

② 동물이 태어난 후부터 획득한 면역 시스템이다.

③ 동물이 선천적으로 가지고 있는 면역 시스템이다.

④ 자연면역을 이용한 것으로 백신에 의한 면역기능 획득이 있다.

⑤ 자연면역의 기능으로는 항체의 생성도 포함한다.

정답 ③

해설 자연면역은 동물이 선천적으로 가지고 있는 면역 시스템이다.

60 T세포에 관한 설명으로 맞는 것은?

① 비장이나 림프절에서 분화·성숙해진다.

② 형질세포(플라스마세포)로 분화되어 항체를 생성한다.

③ 골수에서 만들어지고, 흉선에서 분화·성숙해진다.

④ B세포에서 항원의 정보를 받아들여 사이토카인을 생성하고 면역기능을 조절한다.

⑤ B세포의 지령에 따라 분열·증식한다.

정답 ③

해설 T세포는 골수에서 만들어지고, 흉선에서 분화·성숙해진다.

61 제3형 알러지 반응에 관한 면역글로불린의 조합으로 맞는 것은?

a : IgG	b : IgM	c : IgA	d : IgE	e : IgD

① a, e   ② a, b   ③ b, c

④ c, d   ⑤ d, e

정답 ②

해설 IgG, IgM이 제3형 알러지 반응에 관여한다.

62 항원항체 반응을 이용하는 시험방법은?

① 우드등검사

② PCR검사

③ 약제감수성시험

④ ELISA법

⑤ 혈액응고검사

정답 ④

해설 ELISA법, 형광항체법, 적혈구응집시험, 항글로불린시험, 보체결합시험 등이 항원항체반응을 이용한 시험방법이다.

63 불활성화 백신의 특징으로 잘못된 것은?

① 접종 후에 알레르기 반응이 일어나는 것도 있다.

② 화학처리를 하여 사멸시킨 미생물을 사용하고 있다.

③ 체액성면역반응이 일어난다.

④ 면역 지속 기간이 비교적 길다.

⑤ 첨가제를 가한 것으로 강한 면역반응을 일으킬 수 있는 것도 있다.

정답 ④

해설 사독백신은 면역지속 기간이 생독백신에 비해 짧다.

64 다음의 백신중 비핵심 백신의 병원체는 무엇인가?

① 개 파보 백신

② 광견병 백신

③ 개 코로나 백신

④ 고양이 칼리시 백신

⑤ 고양이 파보 백신

정답 ③

해설 광견병, 고양이 칼리시, 고양이 파보, 개 파보는 핵심 백신에 해당된다.

65 개의 5종 혼합백신에 포함되지 않는 병원체는?

① 개 디스템퍼 바이러스

② 개 코로나바이러스

③ 개 파보바이러스

④ 개 아데노바이러스 2형

⑤ 개 파라인플루엔자 바이러스

정답 ②

해설 개 5종 백신(DHPPL)에 개 코로나바이러스는 포함되지 않는다.

66 예방접종에 영향을 주는 요인으로 잘못된 것은?

a: 이행항체	b : 접종 간격	c : 건강 상태	d : 계절	e : 정신 상태

① a, e   ② a, b   ③ b, c

④ c, d   ⑤ d, e

정답 ⑤

해설 모체이행항체, 접종 간격, 개체의 건강 상태에 따라 예방접종의 결과에 영향을 미치게 된다.

67 개의 예방접종에 관한 설명으로 맞는 것은?

① 강아지 백신은 생후 10일, 30일, 50일의 시점에서 접종하는 것을 권장한다.
② 광견병 백신은 5종 혼합백신에 포함되어 있다.
③ 개 5종 혼합백신의 접종이 수의사법으로 의무화되어 있다.
④ 백신접종은 많은 동물에게 실시되고 있으며 부작용이 전혀 없는 안전한 약품이다.
⑤ 백신이 있는 질병 중에서는 동물의 생명에 영향을 미치는 감염병도 있다.

정답 ⑤
해설 개 5종 백신은 수의사법으로 의무화되어 있지 않으며, 동물의 유병률 및 사망률에 밀접한 영향을 끼치는 질병을
예방하는 백신도 있다.

68 인공 배양기에서는 증식할 수 없고, 숙주세포에 기생하여 증식하는 세균인 것은?

① 황색포도구균
② 렙토스피라균
③ 녹농균
④ 클라미디아
⑤ 장염비브리오

정답 ④
해설 클라미디아는 숙주세포에 기생한다.

69 감염병에 관한 설명으로 맞는 것은?

① 감염 경로를 차단하는 것은 감염증 대책에 유효하지 않다.
② 병원체에 감염되어도 증상이 나타나지 않는 것을 현성감염이라고 한다.
③ 평상시 해를 끼치지 않는 병원체가 원인이 되어 발병하는 감염증을 기회감염이라고 한다.
④ 비말감염은 직접 닿는 것으로 일어나는 감염이다.
⑤ 감염원과 감수성 동물이 있으면 감염은 성립한다.

정답 ③
해설 건강한 상태에서 병원을 유발하지 않는 병원체가 다양한 원인으로 감염증상을 유발하는 것을 기회감염이라고 한다.
감염원, 감염 경로, 감수성 있는 동물이 있으면 감염이 성립된다.

70 렙토스피라의 감염 경로로 맞는 것은?

① 태반감염   ② 산도감염
③ 기도감염   ④ 교미감염
⑤ 경피감염

정답 ⑤
해설 렙토스피라는 피부의 창상으로부터 감염이 되는 경피감염 혹은 경구감염으로 감염된다.

71 주로 병원체에 오염된 오줌이나 물을 통해 감염되는 질환은?

① 톡소플라스마

② 렙토스피라증

③ 고양이 전염성 복막염

④ 개 디스템퍼 바이러스 감염병

⑤ 고양이 클라미디아 감염병

정답 ②

해설 렙토스피라증은 주로 병원체에 오염된 오줌이나 물을 통해 감염된다.

72 개의 질환 중 바이러스 감염증인 것은?

① 바베시아증

② 보데텔라증

③ 개 사상충증

④ 개 파보전염성 장염

⑤ 브루셀라증

정답 ④

해설 개의 파보바이러스에 의해 전염성 장염이 발병된다.

73 고양이 면역부전바이러스(FIV) 감염증에 관한 설명으로 잘못된 것은?

① 수년 이상 증상이 나타나지 않는 기간이 있다.

② 바이러스에 감염된 고양이에게 물리면 감염된다.

③ 고양이 에이즈라고도 불린다.

④ 발증에는 알레르기 반응이 관련되어 있다.

⑤ 면역 반응에 따라 구내염이나 상부 기도염을 일으킨다.

정답 ④

해설 알레르기 반응과 관련없다.

74 멸균과 소독에 관한 설명으로 맞는 것은?

① 포비돈요오드는 피부에 직접적으로 사용하지 않는다.

② 멸균이란 물리적·화학적 방법으로 유해 이물질의 수를 감소시키는 것을 말한다.

③ 소독은 멸균 방법의 하나이다.

④ 소독용 에탄올은 엔베로프를 가지고 있지 않은 바이러스에 유효하다.

⑤ 고압증기멸균의 멸균 조건은 121℃에서 15분 이상이다.

정답 ⑤

해설 멸균은 생리적, 화학적 방법으로 모든 미생물을 제거하여 무균상태로 만드는 것이고, 소독은 유해 미생물을 생리적, 화학적 방법을 통해 균의 수를 줄이는 것을 의미한다. 고압증기멸균(오토클레이브)의 멸균 조건은 121℃에서 15분 이상이다.

75 미생물의 유전자를 증폭시켜 방출하기 위해 행하는 검사는?

① 형광항체법
② 중합효소연쇄반응(PCR) 시험법
③ 효소항체법
④ 약제감수성시험
⑤ 적혈구응집검사

정답 ②

해설 중합효소연쇄반응(PCR) 시험법은 미생물의 유전자를 증폭시켜 확인하는 검사법이다.

76 리케치아의 설명으로 잘못된 것은?

① 인공 배양기에 배양할 수 없다.
② 동물의 세포 내에 증식한다.
③ 벼룩 등의 절지동물이 매개이다.
④ 열에 강하고 가열해도 사멸하지 않는다.
⑤ 인수공통감염병의 병원체이다.

정답 ④

해설 리케치아는 열에 약하기 때문에, 가열하여 사멸시킬 수 있다.

77 바베시아감염의 진단으로 행해지는 혈액 도말 염색법으로 맞는 것은?

① 라이트김자 염색
② 그람 염색
③ HE 염색
④ 콩고레드 염색
⑤ 뉴메틸렌블루 염색

정답 ①

해설 바베시아 감염증을 위한 진단으로 라이트김자염색을 통한 혈액 도말 염색을 한다.

78 내부기생충 중 원충류인 것은?

① 옴벌레
② 개 사상충
③ 개 회충
④ 에키노코쿠스
⑤ 콕시디움

정답 ⑤

해설 콕시디움은 원충류에 해당한다.

79 개 사상충의 마이크로필라리아에 관한 설명으로 맞는 것은?

① 혈액을 순환하면서 계속 발육해 나아간다.

② 숙주의 말초혈관에 항상 존재한다.

③ 숙주의 말초혈관 발현 절정은 낮과 밤 2회이다.

④ 혈액 중에 산출된 미숙한 자충이다.

⑤ 크기는 1mm 정도이다.

정답 ④

해설 숙주의 말초혈관에 존재하는 자충으로 300㎛ 정도의 크기이며, 항시 존재하지는 않으며, 발현 절정의 시간은 오후 10시 정도이다. 중간숙주인 모기로 이동되어 발육된다.

80 외부기생충인 것은?

① 개회충

② 작은소피참진드기

③ 폐흡충

④ 클라미디아

⑤ 개조충

정답 ②

해설 작은소피참진드기는 라임병과 반점열, 리케차의 매개체로 외부기생충이다.

81 옴에 관한 설명으로 잘못된 것은?

① 사람에게는 감염되지 않는다.

② 동물의 피부에 터널을 만들어 그곳에서 생활한다.

③ 짧은 다리와 두꺼운 몸을 가진다.

④ 숙주 특이성이 높다.

⑤ 감염되면 극심한 가려움을 동반한다.

정답 ①

해설 옴은 옴진드기과의 진드기로 개선충이라고도 하며, 인수공통감염병이다.

82 5% 클로르헥신소독액에서 0.5% 클로르헥신액을 700mL 만들 경우에 필요한 5% 클로르헥신액의 양은?

① 70mL

② 10mL

③ 15mL

④ 30mL

⑤ 45mL

정답 ①

해설 5%에서 0.5% 소독희석액을 만드는 것은 10%로 희석을 하는 것이므로, 700mL의 10%에 해당되는 양을 계산하여 5% 클로르헥신액은 70mL가 필요하다.

83 사람과 동물의 공생에 따른 공중보건에 대한 내용으로 맞는 것은?

① 수의사는 동물을 대상으로 대인 공중보건을 담당한다.
② 공중보건의 목적은 지역사회의 질병 예방, 수명연장, 신체적 및 정신적 건강의 효율 증진에 있다.
③ 동물의료 현장에서만 주의하면 된다.
④ 병의 예방에만 주의하면 된다.
⑤ 정신적인 건강은 공중보건의 범주가 아니다.

정답 ②

해설 공중보건의 목적은 지역사회의 질병 예방, 수명연장, 신체적 및 정신적 건강의 효율 증진에 있다.

84 공중보건에 관한 설명으로 잘못된 것은?

① 식품위생은 동물공중보건에 포함되는 대상의 영역이다.
② 수의공중보건은 동물뿐만이 아니라 인간의 건강과 관련된 영역도 대상으로 한 학문이다.
③ 인수공통감염병은 동물의 보호자에게 있어서도 중요한 감염병이다.
④ 환경위생은 동물공중보건에 포함이 되지 않는 영역이다.
⑤ 병원에서 나온 폐기물 중에서는 공해에 관련된 것도 있기 때문에 엄밀하게 처리한다.

정답 ④

해설 식품위생, 환경위생은 동물공중보건에 포함되는 영역이다.

85 인수공통 감염병이 아닌 질환은?

① 개 디스템퍼 바이러스 감염병
② 묘소병
③ 파스튜렐라증
④ 살모넬라증
⑤ 렙토스파이라증

정답 ①

해설 개 디스템퍼 바이러스 감염병은 개홍역감염질환이다.

86 위해요소분석과 중요관리점의 영문약자로 식품안전관리 인증기준이라는 것은 무엇인가?

① 3R   ② OIE
③ 5 freedoms   ④ 가축전염병예방법
⑤ HACCP

정답 ⑤

해설 HACCP(해썹)은 위해요소분석과 중요관리점을 의미한다.

87 동물병원의 위생관리에 관한 설명으로 맞는 것은?

① 수액 맞았던 동물환자가 3일 후에 다시 내원했기 때문에 남아있던 수액을 그대로 투여했다.

② 콕시듐에 감염된 개가 있던 곳을 물걸레로 청소한 후 다른 개를 머무르게 하였다.

③ 입원장뿐만 아니라 바닥도 소독액을 사용하여 청소했다.

④ 고양이 전염성 복막염(FIP)을 이환한 고양이의 처치를 행하고 이어서 펫 호텔을 이용하고 있는 고양이의 입원장 청소를 한다.

⑤ 체온계의 커버가 없었기 때문에 그대로 삽입하여 체온을 측정하고, 알코올로 충분히 소독한다.

정답 ③

해설 동물병원 내에서는 환경위생을 위해 입원장 뿐만 아니라, 동물이 접할 수 있는 모든 곳을 소독하는 것이 중요하다.

88 동물이 사람에게 가져다주는 효과로는 여러가지가 있다. 그중에서 동물이 사회적 윤활제가 되고, 사람과 사람과의 관계성을 원활하게 해주는 효과는 무엇인가?

① 생리적 효과

② 심리적 효과

③ 정신적 효과

④ 신체적 효과

⑤ 사회적 효과

정답 ⑤

해설 사회적 효과로 Social lubricant(사회적 윤활제)기능을 들 수 있다.

89 반려동물에 대한 설명으로 맞는 것은?

① 흥행이나 손님을 끌어모으기 위한 목적으로 사육하는 동물

② 동물 실험에 이용되는 동물

③ 고기나 알 등을 이용하는 목적으로 사육하는 동물

④ 반려목적으로 동료, 가족의 일원으로 사람과 함께 사는 동물

⑤ 모습이나 동물을 보고 즐기기 위해 사육하는 동물

정답 ④

해설 반려동물의 일반적인 설명은 반려목적으로 동료, 가족의 일원으로 사람과 함께 사는 동물을 의미하며, 동물보호법상의 반려동물이란 반려목적으로 기르는 개, 고양이, 토끼, 페럿, 기니피그, 햄스터를 지칭한다.

90 강아지의 사육관리에 대한 설명으로 잘못된 것은?

① 단미와 단이는 견종 기준에 맞춰 반드시 실시한다.

② 신생견은 체온이 바깥 공기에 영향을 받기 쉬우므로, 방의 온도를 일정하게 유지한다.

③ 소량씩 자주 식이를 해야 한다.

④ 신생견은 어미의 젖을 먹은 뒤, 요도나 항문을 자극하여 배설을 촉진한다.

⑤ 강아지는 성장이 빠르므로, 자주 체중을 측정하고, 건강 상태를 파악하기 위해 노력한다.

정답 ①

해설 단미와 단이는 반드시 하지 않아도 되며, 견종에 따라 실시 방법과 기준이 다르다.

91 개의 백신 접종에 대한 설명으로 잘못된 것은?

① 백신 프로그램이 끝날 때까지 산책 등의 외부 활동을 하지 않는다.
② 첫 해의 5종 종합백신은 6주부터 시작하여 2~3주 간격으로 5회 접종이 원칙이다.
③ 각 백신을 연 1회씩 추가 접종을 해준다.
④ 광견병 백신은 종합백신 5차 때 같이 접종한다.
⑤ 예방접종 시기는 사회화기와 겹치므로, 병원을 싫어하지 않을 만한 방법이 필요하다.

정답 ①

해설 기초예방접종 시기가 사회화기와 겹치므로, 가능한 한 감염을 예방하며 사회화를 유도한다.

92 반려동물 및 특수동물의 간호 및 보정에 관한 설명으로 잘못된 것은?

① 기니피그는 비타민 C를 체내 합성할 수 없기 때문에 사료로 보충해야만 한다.
② 반려동물 및 특수동물을 간호하기 위해서는 그들의 생태를 이해하는 것이 중요하다.
③ 토끼는 온순하고 순박한 동물이기 때문에 대부분 붙잡을 필요가 없다.
④ 페럿은 사람의 인플루엔자에 감염되는 경우가 있다.
⑤ 거북이 등의 파충류에게는 일광욕이 건강 유지에 꼭 필요하다.

정답 ③

해설 토끼는 갑자기 난폭해지는 경우가 있으므로 치료대에서 떨어지거나 골절이 되기가 쉽고, 강하게 보정하는 경우는 뼈가 약해 부러지는 경우도 발생할 수 있으므로 주의를 기울여야 한다.

93 반려동물 및 특수동물의 특징으로 잘못된 것은?

① 토끼-맹장이 발달하였다.
② 햄스터-단위 및 큰 맹장을 가진다.
③ 페럿-맹장·회맹관이 없다.
④ 고슴도치-맹장이 없다.
⑤ 기니피그-맹장의 길이는 복강의 약 1/3을 차지한다.

정답 ②

해설 햄스터는 발효 기능을 지닌 전위와 화학적인 소화 기능을 지닌 후위의 2개의 위(복위)로 나뉘어 있으며, 큰 맹장을 갖고 있다.

94 토끼의 생태와 사육관리에 관하여 잘못된 내용은?

① 토끼의 식이는 목초를 중심으로 부드러운 토끼용을 적당하게 먹이고 채소 외의 것을 주어서는 안된다.
② 모든 이빨이 계속 자라는 상생 이빨이다.
③ 위는 소화관의 약 15%를 차지하고, 발달한 분문부의 괄약근과 근성의 유문부에 의해 구토하기 쉽다.
④ 정상적인 소변에서도 칼슘 농도가 높기 때문에 하얗게 탁한 경우가 있다.
⑤ 바닥이 딱딱하면 족저 궤양이 되기 쉽다.

정답 ①

해설 소량의 신선한 채소 급여가 가능하다.

95 6대 영양소에 대한 설명으로 맞는 것은?

① 비타민은 체내의 알맞은 생리 기능을 유지하기 위해 필요한 유기화합물이다.

② 탄수화물, 단백질, 비타민을 3대 영양소라고 한다.

③ 탄수화물은 기관이나 조직의 구성성분이다.

④ 수분은 에너지원이다.

⑤ 미네랄은 체내의 알맞은 생리 기능을 유지하기 위해 필요한 유기화합물이다.

정답 ①

해설 탄수화물, 단백질, 지방을 3대 영양소라 하며, 탄수화물은 에너지원이 되며, 미네랄은 생리기능을 유지하기 위한 무기화합물, 비타민은 생리기능을 유지하기 위한 유기화합물이다.

96 단백질의 기능과 관련한 물질의 조합으로 잘못된 것은?

① 효소단백질 : 아밀라아제　　　② 조절단백질 : 인터페론

③ 수송단백질 : 헤모글로빈　　　④ 구조단백질 : 케라틴

⑤ 수축단백질 : 미오신

정답 ②

해설 인터페론은 면역방어 단백질이다. 펩티드호르몬 등이 조절단백질에 속한다.

97 탄수화물에 대한 설명으로 맞는 것은?

① 고양이는 탄수화물의 소화·흡수 능력이 낮다.

② 올리고당은 위나 소장에서 소화·흡수되므로 대장까지 도달하지 않는다.

③ 탄수화물은 개나 고양이의 가장 주요한 에너지원이다.

④ 탄수화물은 결핍되면 비타민과 미네랄로부터 포도당이 합성된다.

⑤ 과잉 섭취한 탄수화물은 지방으로 교환되지만, 지방조직에 축적되지 않는다.

정답 ①

해설 올리고당은 위나 소장에서 소화·흡수되지 않고 대장까지 도달하며, 상재균의 증식과 활성화를 도와준다. 개나 고양이의 가장 주요한 에너지원은 단백질이며, 육식성인 고양이는 탄수화물의 소화·흡수 능력이 낮다.

98 지질의 주요한 기능으로 잘못된 것은?

① 수용성 비타민(비타민 B, C 등) 흡수에 관여

② 지방조직에 의한 내장 보호

③ 단열 작용에 의한 체온 유지

④ 털 및 깃털의 방수 효과

⑤ 식이의 기호성을 높임

정답 ①

해설 지질은 지용성 비타민(비타민 A, D, E K) 흡수에 관여한다.

99 미네랄에 대한 설명으로 맞는 것은?

① 쿠싱증후군은 고칼륨혈증을 일으킨다.

② 미네랄은 체내에서 합성되는 영양소이다.

③ 특정 미네랄의 과잉 흡수는 다른 미네랄의 흡수를 방해하기도 한다.

④ 비타민은 미네랄의 일종이다.

⑤ 마그네슘을 과잉 섭취해도, 요로결석증을 일으키지 않는다.

정답 ③

해설 특정 미네랄을 과잉 섭취하면, 미네랄 균형이 깨지게 되어 균형적인 미네랄 흡수가 이루어지지 않는다. 쿠싱증후군은 코르티코이드 작용에 의해 신장에서 나트륨 재흡수가 촉진되므로, 칼륨의 배설이 일어나면서, 저칼륨혈증이 발생된다.

100 동물의 골격에 관한 설명으로 맞는 것은?

① 척추체와 척추체의 사이에는 척수가 존재한다.

② 토끼의 경추는 8개이다.

③ 앞다리굽이관절을 구성하는 도르래 파임은 척골의 일부이다.

④ 관골은 좌골, 치골의 두 개의 뼈로 이루어진다.

⑤ 대퇴골두는 좌골과 연결되어 고관절을 형성한다.

정답 ③

해설 토끼의 경추는 7개이며, 관골은 장골, 좌골, 치골의 세 개의 뼈로 이루어진다.

101 체간을 이루는 뼈가 아닌 것은?

① 척골　　　　　　　　　② 천골

③ 척추　　　　　　　　　④ 늑골

⑤ 흉골

정답 ①

해설 척골은 앞다리를 이루는 뼈에 해당된다.

102 소뇌에 관한 설명으로 잘못된 것은?

① 호흡이나 심박수의 조정을 담당한다.

② 뇌간의 위에 위치하고 소뇌각에 뇌간과 연결하고 있다.

③ 자세의 유지에 관계되는 평형감각을 담당한다.

④ 표면은 다수의 홈(주름)이 대부분 평행하게 뻗어있다.

⑤ 정중앙에 있는 충부와 좌우에 있는 소뇌 반구로 나누어진다.

정답 ①

해설 소뇌는 자세 유지에 관여하는 평형감각과 근육운동의 협조 등에 관여한다.

103 고령 동물의 영양평가에 대한 설명으로 맞는 것은?

① 인과 나트륨은 만성신부전 예방에 필요한 미네랄이므로, 되도록 많이 준다.

② 갈증을 많이 느끼므로, 항상 물을 마실 수 있도록 한다.

③ 1일 에너지 요구량이 100% 정도 증가하므로, 너무 마르지 않도록 주의한다.

④ 신장 기능이 저하되므로, 단백질의 과잉 급여는 삼간다.

⑤ 비만을 막기 위해, 지방은 주지 않는다.

정답 ④

해설 고령이 되면 갈증에 대한 감각이 둔해지면서 수분 섭취가 줄어들며, 대사기능과 운동량이 감소하여 1일 에너지 요구량이 20~30% 정도 감소된다.
과다한 인과 나트륨의 섭취는 신장기능을 저하시킬 수 있으므로 주의한다.

104 이행상피로 구성되어 있는 기관은?

① 혈관내피 ② 자궁

③ 보면 주머니 ④ 신우

⑤ 난관

정답 ④

해설 이행상피조직은 다양한 모양의 세포가 여러 층으로 배열된 상피조직으로, 장기의 확대, 수축의 상태에 따라 형태의 변형이 가능하다. 방광, 신우, 요관, 요도의 일부 등을 이루고 있다.

105 개의 행동 발달에 대한 내용 설명으로 맞는 것은?

a : 신생아기란 생후 2~3주를 말하며 시각·청각은 대부분 성견과 같은 정도로 기능한다.

b : 사회화 초기에 어미 개와 분리되면 행동에 문제가 발생할 확률이 높아진다.

c : 사회화가 지나 성견이 되면 사회화기보다 조심성이 높아진다.

d : 사회화기가 되면 스스로 배설을 할 수 있게 된다.

e : 사회화기와 청년기는 견종별 적정 체중에 따라 명확히 나눌 수 있다.

① a, e ② a, b ③ b, c

④ c, d ⑤ d, e

정답 ③

해설 b와 c는 3~14주령의 호기심 많은 사회화기의 특징이다.

106 근조직이 존재하는 부위의 조합으로 맞는 것은?

① 혈관 : 심근 ② 혀 : 골격근

③ 식도 : 평활근 ④ 위 : 골격근

⑤ 심장 : 평활근

정답 ②

해설 근조직은 골격근(횡문근), 평활근, 심근(횡문근)으로 이루어져있다.

107 개의 행동 지도에 관한 설명으로 잘못된 것은?

① 복수 명령을 사용하여 어떤 명령에 대응해도 같은 행동을 취할 수 있도록 연습한다.

② 간식, 음식, 장난감 등을 사용하여 개의 행동을 유도한다.

③ 개가 잘했을 때 칭찬하면 효과적이다.

④ 행동 지도는 성견이 되어서도 가능하지만 강아지일 때부터 하면 효과적이다.

⑤ 1회 트레이닝 시간은 개가 집중력을 유지할 수 있는 단시간에 행한다.

정답 ①

해설 복수의 명령은 혼란을 일으키므로 하지 않는다.

108 개와 고양이의 커뮤니케이션 행동에 관한 설명으로 잘못된 것은?

① 개의 감정을 읽으려면 꼬리의 각도나 자세, 눈이나 피모의 상태, 귀의 기울기, 입가의 움직임을 종합적으로 관찰하여 판단할 필요가 있다.

② 개가 꼬리를 흔드는 것은 기쁠 때뿐이다.

③ 통각을 사용한 커뮤니케이션으로써 개의 경우는 배설물에 따른 마킹이나 피지선에서의 분비물 등이 있다.

④ 고양이는 스프레이라고 하는 배뇨 방법이나 볼이나 입 주변의 피지선에서 나오는 특유의 분비물로 마킹을 한다.

⑤ 고양이는 위협할 때 귀를 약간 뒤쪽으로 향하고 눈을 부릅뜨며 입가는 이빨을 보여주는 것처럼 벌린다.

정답 ②

해설 개가 꼬리를 흔드는 경우는 경계하는 경우도 있다.

109 신생견의 사육관리로 가장 적절한 것은?

① 신생견의 체중당 요구되는 에너지량은 성견보다도 적다.

② 태반 경유로 이행항체를 획득하기 때문에 초유를 마실 필요는 없다.

③ 대사가 활발하고 체온이 높기때문에 성견보다도 실온을 낮게 한다.

④ 생후 수일간의 인공포유는 일반적으로 2~3시간 간격으로 행한다.

⑤ 생후 6주쯤부터 이유식을 시작하여 12~14주에는 완전 이유를 한다.

정답 ④

해설 신생견은 체표면적이 넓고, 체지방이 적으며, 체온을 조절하는 신경의 발달이 부족하여 외부환경에 민첩하게 생체반응이 이루어지기 어려우므로, 적당한 실온을 유지해야 한다. 생후 수일간은 2~3시간 간격으로 인공포유를 해주어어야하며, 3~4주 후부터 이유를 시작하여 6~8주령이 완전한 이유를 하는 시기이다. 신생견의 체중당 요구되는 에너지량은 성견보다도 높다.

110 개의 성행동에 관한 설명으로 잘못된 것은?

① 발정기의 암캐는 차분함이 없어지고 경우에 따라서는 보호자에 대한 복종성도 저하된다.

② 수캐는 강아지 시기부터 놀이 속에서 정상적인 성행동을 획득해간다.

③ 성 성숙에 도달한 수캐는 암캐의 발정에 유발되어 하울링이나 탈주 등의 행동을 보이는 경우가 있다.

④ 개는 계절성 번식동물로 연 2~3회 발정이 일어난다.

⑤ 암캐는 발정 전기에 수캐에게 적극적으로 움직이지만, 교미는 허용하지 않는다.

정답 ④

해설 계절성 번식동물로 연 2~3회 발정이 나는 것은 고양이이다.

111 모성행동에 맞지 않는 것은?

① 수유   ② 둥지 만들기

③ 구루밍   ④ 보금자리 옮기기

⑤ 마킹

정답 ⑤

해설 모성행동이라는 것은 생식, 분만, 육아의 과정에서 발현되는 행동을 의미한다.

112 개의 피부 분비샘에 대한 설명으로 맞는 것은?

① 에크린 땀샘에서는 유지가 분비된다.

② 개의 발바닥 패드 부분에는 아포크린 땀샘이 발달되어 있다.

③ 에크린 땀샘에서 나오는 분비물은 개의 체취와 관계가 있다.

④ 피부 도포제의 일부는 피지선을 타고 체내에 쌓인다.

⑤ 아포크린 땀샘에서는 수양성의 땀이 분비된다.

정답 ④

해설 개의 발바닥 패드에 발달 된 것은 에크린 땀샘이며, 수양성 땀을 분비한다.

113 동물의 정상행동에 관한 설명으로 맞는 것은?

① 출산이 임박해지면 암캐는 차분해지고 분만 장소를 찾지 않는다.

② 개는 서열이 존재하지 않고 식이는 나눠서 먹는다.

③ 고양이는 부드러운 장소에서 배설하는 것을 좋아한다.

④ 개는 잠을 자는 장소에 가까운 곳에서 배설한다.

⑤ 고양이는 대부분 서열이 낮은 것부터 먼저 식이를 시작하고, 다두 사육과 섭식량은 무관계하다.

정답 ③

해설 고양이는 대체적으로 부드러운 장소에서 배설하는 것을 좋아한다.

114 순화의 설명으로 맞는 것은?

① 동물의 행동에 결과가 생기고 그 행동의 발견이 감소하는 것

② 자극에 반복적으로 노출되는 것으로, 그 자극에 대한 반응이 감소하는 것

③ 자극에 반복적으로 노출되는 것으로, 그 자극에 대한 반응이 증가하는 것

④ 조건부 자극에 조건부 된 자극과 같은 반응이 보이는 것

⑤ 동물의 행동에 결과가 생기고 그 행동의 발견이 증가하는 것

정답 ②

해설 순화란 자극에 반복적으로 노출되는 것으로, 그 자극에 대한 반응이 감소하는 것이다.

115 개와 고양이의 핸들링(바디 컨트롤)에 관한 설명으로 잘못된 것은?

① 손톱깎이나 양치질 등도 핸들링의 하나이다.

② 핸들링이라는 것은 동물이 사람의 손을 받아들이고 몸을 건드리는 것을 싫어하지 않는 것이다.

③ 사회화기에 행하는 것이 중요하다.

④ 적절한 핸들링을 해도 병의 조기 발견은 할 수 없다.

⑤ 핸들링할 때에 동물이 싫어하면 그만두는 것으로 한다.

정답 ④

해설 적절한 핸들링을 통해 병의 조기 발견 및 진찰, 치료를 원활히 받을 수 있는 장점이 있다.

116 동물의 근육에 대한 설명으로 맞는 것은?

① 횡격막은 중심부의 근부와 주위의 힘줄을 중심으로 이루어진다.

② 상완이두근은 주관절을 신장시키는 근육이다.

③ 대퇴사두근은 무릎 관절을 신장시키는 근육이다.

④ 두힘살근은 턱을 닫는 근육이다.

⑤ 외안근은 표정근에 포함된다.

정답 ③

해설 상완이두근은 주관절을 굴곡시키는 근육이며, 두힘살근은 턱을 여는 근육이다. 외안근은 안구의 운동에 관여하며, 횡격막은 중심부가 건조직, 주변부가 근조직으로 이루어져 있다.

117 햄스터에 관한 내용으로 맞는 것은?

① 평균수명은 5~6년이다.　　② 절치는 영구치이다.

③ 어금니는 상생치이다.　　④ 취선을 가지고 있는 것이 특징이다.

⑤ 저온에서도 겨울잠을 자지 않는다.

정답 ④

해설 햄스터의 절치는 상생치이고, 어금니는 영구치이다. 그리고 마킹과 개체식별을 위해 특징적인 취선을 가지고 있다. 저온에서 동면을 하는 햄스터도 있고 동면을 하지 않는 개체도 있다. 햄스터의 평균수명은 2년 전후 정도이다.

118 개의 척추식으로 맞는 것은?

① C : 7　T : 12　L : 5　S : 1　Cd : 1
② C : 7　T : 18　L : 6　S : 5　Cd : 18
③ C : 7　T : 13　L : 6　S : 5　Cd : 20
④ C : 7　T : 13　L : 7　S : 3　Cd : 20
⑤ C : 7　T : 15　L : 7　S : 4　Cd : 23

정답 ④
해설 개의 척추식은 C_7, T_{13}, L_7, S_3, Cd_{20}로 이루어진다.

119 동물행동학에서 어떤 자극으로 인해 더 큰 반응을 보이는 것은?

① 자극일반화　　　　　　　② 순화
③ 탈순화　　　　　　　　　④ 감작
⑤ 탈감작

정답 ④
해설 강한 자극에 반복해서 노출되는 것으로 인해 자극의 반응이 증대되는 것을 감작(예민화)이라 한다.

120 역사적으로 먼저 가축화가 된 종은?

① 고양이　　　　　　　　　② 말
③ 소　　　　　　　　　　　④ 돼지
⑤ 개

정답 ⑤
해설 개의 경우, 약 12000년~15000년 전에 동물 중에는 가장 먼저 가축화가 되었다고 알려져 있다.

과목2
예방 동물보건학

과목2 예방 동물보건학

1 다음 중 동물환자의 과거병력으로 기록해야 하는 사항으로 잘못된 것은?

① 과거질병 발증 및 치료경과
② 사육환경
③ 예방접종내역
④ 식이 사료의 종류 및 섭취량
⑤ 증상 발현 시, 보호자의 심정

정답 ⑤
해설 동물환자에 관한 병력을 기록해야한다.

2 마약류의 향정신성의약품에 해당하는 약이 아닌 것은?

① 졸피뎀
② 케타민
③ 암페타민
④ 펜타닐
⑤ 프로포폴

정답 ④
해설 펜타닐은 마약류 중 마약에 해당함

3 자주 사용되는 응급의약품 중 항히스타민제에 대한 설명으로 잘못된 것은?

① 히스타민은 알레르기 반응에 의해 비만세포에서 방출되고 세기관지 평활근의 H1 수용체와 결합하여 기관지수축을 유발한다.
② 항히스타민제는 히스타민의 효과를 차단하는데 사용되는 물질이다.
③ 항히스타민제는 평활근의 H1 수용체를 차단하기 때문에 호흡기질환 치료에도 유용하게 사용할 수 있다.
④ 항히스타민제는 뇌와 신경계에 대한 효과가 있어서 항구토제로도 사용할 수 있다.
⑤ 호흡기질환 치료를 위한 수의용(동물용) 항히스타민제는 외용제인 도포용연고로만 제공이 되고 있다.

정답 ⑤
해설 항히스타민제는 주사제제 및 경구 제제로 제공되고 있다.

4 다음 중 동물병원의 비대면 상담의 내용으로 잘못된 것은?

① 비대면 상담은 보호자가 동물병원을 검색한 이후 처음 받는 서비스가 될 수 있으므로, 동물병원의 첫인상이 될 수 있다.

② 비대면 상담시에는 내용이 잘못 전달이 될 수 있으므로 복창하여 확인한다.

③ 오래 기다리지 않게 하며, 가급적 상세한 시간안내를 미리 하는 것이 좋다.

④ 전화응대 시에는 얼굴이나 표정이 보이지 않으므로, 퉁명하게 응대한다.

⑤ 친절, 정확, 신속, 예의를 잊지 않도록 하며 상담한다.

정답 ④

해설 전화응대 시에는 따뜻한 미소와 함께 상담을 하고, 복창하여 확인하는 것이 중요함

5 동물보건사에게 요구되는 기술로 잘못된 것은?

① 동물질병에 대한 진단 및 처방 판단

② 수술실관리 업무에 관한 지식

③ 동물보건윤지 및 복지관련 법규에 관한 지식

④ 동물의 보정기술 및 고객상담능력

⑤ 동물환자관리를 위한 동물보건지식

정답 ①

해설 동물질병의 진단과 처방은 수의사의 업무범위에 해당된다.

6 다음 중 약물동태학의 흐름으로 잘못된 것은?

㉠ 배설	㉡ 대사	㉢ 분포	㉣ 흡수

① ㉠ → ㉡ → ㉢ → ㉣   ② ㉡ → ㉢ → ㉣ → ㉠

③ ㉢ → ㉠ → ㉡ → ㉣   ④ ㉣ → ㉡ → ㉢ → ㉠

⑤ ㉣ → ㉢ → ㉡ → ㉠

정답 ⑤

해설 흡수 → 분포 → 대사 → 배설

7 다음 중 처방전에 자주 사용하는 약어로 맞게 짝지어진 것은?

① sid - 하루에 4번   ② bid - 하루에 1번

③ tid - 하루에 3번   ④ qid - 12시간 마다

⑤ q - 매일

정답 ③

해설 sid – 하루에 1번 / bid – 하루에 2번 / qid – 하루에 4번 / q – 매

8 다음 중 동물병원 진료접수의 내용으로 잘못된 것은?

① 진료접수는 동물병원에서 내원한 보호자와 환자를 대면으로 가장 먼저 마주하는 곳으로, 항시 명랑하고 차분하며 친절한 마음으로 응대하여야 한다.

② 동물병원에 내원한 여부에 따라 신환, 구환으로 구분한다.

③ 동일한 질병으로 치료 경험에 따라 초진환자와 재진환자로 구분한다.

④ 신환의 경우에는 환자의 정보와 보호자의 정보를 먼저 등록하고 문진표를 작성해야 한다.

⑤ 접수가 완료된 환자는 문진표를 보고 동물보건사가 판단하여 일부 정보를 폐기한다.

정답 ⑤

해설 진료과목과 담당수의사에게 문진표가 전달이 되도록하며, 정보를 임의로 폐기하지 않는다.

9 의료업에 해당되는 동물병원에서 마약류 취급 시 보고해야 하는 취급보고 유형으로 잘못된 것은?

① 양도보고   ② 폐기보고

③ 사용보고   ④ 양수보고

⑤ 투약보고

정답 ③

해설 동물병원에서 취급하는 마약류 취급보고는 양도보고, 양수보고, 구입보고, 조제보고, 투약보고, 폐기보고이다.

10 다음 중 외용소독제로 잘못된 것은?

① 70% 알코올   ② 염화벤잘코늄

③ 글루타 알데하이드   ④ 포비돈요오드

⑤ 과산화수소

정답 ③

해설 글루타 알데하이드는 외용소독제가 아닌 환경소독제로 적합하다.

11 동물병원 마케팅 전략의 검토사항으로 잘못된 것은?

① 주요 거래처와 계약 시에는 반품가격과 반품량, 기간 등의 조건을 정확히 계약서에 명기한다.

② 투자 대비 이익의 회수를 검토할 때, 인력, 시설, 기술, 소모품 공급, 유지보수 등의 투자에 따른 소비까지 염두해두어야 한다.

③ 일정 기간이 지나도 판매가 되지 않는 제품은 유효기간을 넘길 때까지 두었다가, 신제품을 구입하면서 판촉물로 이용한다.

④ 인기 제품은 재고가 발생하여도 미끼 상품 등으로 프로모션이 가능하나 인지도가 낮은 제품은 폐기 위험이 있다.

⑤ 타 동물병원과의 경쟁 속에서 구환의 유지와 신환의 유치를 위해 전화, 인터넷사이트, 어플리케이션, 직접방문 등의 다양한 형태로 예약제를 실시한다.

정답 ③

해설 일정 기간이 지나도 판매가 되지 않는 제품은 일정 금액에 며칠 이내에 환불하거나 다른 상품으로 교환한다.

12 의료 폐기물의 보관 시 주의사항으로 잘못된 것은?

① 손상성폐기물은 전용용기에 보관하며 법적으로 15일 이내로만 보관을 할 수 있다.

② 봉투형 용기 및 상자에 규정된 Biohazard 도형 및 취급 시 주의사항을 확인한다.

③ 폐기물이 넘치지 않도록 용량의 80% 이내로 넣고, 조직물류폐기물은 15일 보관 기간을 초과하여 보관하지 않도록 주의한다.

④ 주사기는 주사침과 분리하여 전용용기에 배출해야 한다.

⑤ 냉장시설에는 온도계가 부착되어야 하며, 보관창고는 주 1회 이상 소독을 실시한다.

정답 ①

해설 손상성 폐기물은 보관가능기간이 30일이다.

13 다음 중 방사선에 대한 설명으로 잘못된 것은?

① 방사선의 에너지가 인체에 피해를 주는 상태를 피폭이라고 하고, 피폭방사선량의 측정단위는 Gy(그레이)로 표기한다.

② 방사선은 생명체를 통과하면서 세포에 영향을 미쳐 세포분열 장애, 돌연변이, 세포 손상 및 파괴 등의 생물학적 변화를 유발할 가능성이 있으므로, 취급 시 주의를 요한다.

③ 분열이 빠른 세포인 줄기세포, 골수세포, 생식세포 등이 민감하며, 혈액과 관련된 조혈계가 가장 민감하다.

④ 인체에 손상을 줄 수 있으므로, 방사선 개인보호장구를 착용하도록 한다.

⑤ 방사선은 과량 노출 시 인체에 위험성이 존재하므로, 방사선 종사자와 동물에게 최소의 노출이 되도록 노력해야한다.

정답 ①

해설 피폭방사선량의 측정단위는 방사선의 흡수량에 생물학적 효과를 반영한 시버트(Sv)로 표기하며, 단위질량당 피폭 대상이 흡수한 에너지의 량으로만 기준을 정하는 흡수선량 단위는 그레이(Gy)라고 한다.

14 약물동태학 과정 중, 흡수과정에 영향을 미칠 수 있는 요소가 아닌 것은?

① 약물포장지 색깔

② 위장관상태

③ 약물의 pH 및 이온화 상태

④ 해당부위의 혈액공급상태 및 흡수성 표면적

⑤ 투약형태

정답 ①

해설 흡수과정에 영향을 미칠 수 있는 요소로, 이외에도 약물의 용해도, 다른 약물과의 상호작용 등도 있다.

15 응급상황에 대한 사전준비 및 심폐소생술에 대한 설명으로 잘못된 것은?

① 사전에 사고상황에 대비하여 역할 분담을 해둔다.

② 동물을 바로 눕히고 동물 품종별로 크기에 따라 압박 지점과 자세를 확인한다.

③ 빠르게 흉부 압박을 30회 실시한다. 1회 횟수는 분당 30~50회 정도의 속도로 실시한다.

④ 기도 유지 및 호흡 여부 확인한다.

⑤ 동물이 호흡을 하지 않으면 처치자의 입으로 동물의 입과 코를 덮고 인공호흡 2회 실시한다.

정답 ③

해설 빠르게 흉부 압박을 30회 실시하되, 1회시 분당 100~120회 이상의 속도로 실시

16 CT와 MRI검사에 대한 내용으로 잘못된 것은?

① 동물 환자의 목줄, 인식표 등을 제거한다.

② CT는 골절, 뼈, 혈관의 기형, 신경, 관절 등의 검사에 유용하다.

③ MRI는 자기장을 이용하며 뇌병변, 디스크 질환이 있는 척수 등의 검사에 유용하다.

④ MRI는 체내 금속 물질이 장착되어 있으면 위험할 수 있기 때문에 다른 검사로 대체해야한다.

⑤ 동물환자는 CT와 MRI 검사를 위해 전신마취가 필요하며, 검사 8시간 전부터 금식한다.

정답 ②

해설 CT는 골절, 뼈, 종양의 형태나 침습 및 전이 여부, 혈관의 기형 등의 진단에 유용한 반면, 신경과 관절 검사는 MRI를 진행한다.

17 다음 중 신경계통에 사용하는 응급의약품과 그에 대한 설명으로 맞는 것은?

① 에피네프린 - 부교감신경 작용제

② 케타민 - 자율신경계 작용제

③ 노르에피네프린 - 부교감신경 작용제

④ 아트로핀 – 콜린성 차단제(항콜린성)

⑤ 아티파메졸 - 교감신경 작용제

정답 ④

해설 에피네프린 – 교감신경 작용제 / 케타민 – 중추신경계 해리성 약물)
노르에피네프린 – 교감신경작용제 / 아티파메졸 – 교감신경(알파) 차단제

18 동물보건사가 처방을 다룰 때 확인해야 하는 사항 중 잘못된 것은?

① 기록을 하였는가? ② 이 경로로 투여하는 것이 맞는가?

③ 투여시기와 횟수는 맞는가? ④ 이 용량이 맞는가?

⑤ 처방 대상 보호자가 맞는가?

정답 ⑤

해설 처방대상으로 보호자가 아닌 동물 환자를 확인해야 한다.

19 다음 중 응급처치의 기본원칙으로 잘못된 것은?

① 보호자에게 연락하고, 구조가 되면 사고 보고서를 작성하지 않아도 무방하다.
② 출혈 정도를 관찰, 몸의 다른 부위에 상처가 없는지 조사한다.
③ 동물환자의 의식상태, 맥박, 호흡 유무를 파악한다.
④ 응급처치와 동시에 구조를 요청한다.
⑤ 침착하고 신속하게 사고 상황을 파악한다.

정답 ①

해설 응급처치 후에는 사고 보고서를 작성한다.

20 선택적 제왕 절개 수술을 고려하는 난산의 응급상황으로 잘못된 것은?

① 모체의 질병이나 외상
② 산모의 산도가 정상으로 유지되고, 분만예정일에 분만이 진행되는 경우
③ 태아 체액의 과잉 · 결핍
④ 태아 기형, 거대 태아 및 태아 사망
⑤ 내과적 치료에 반응하지 않는 이차성 자궁무력증

정답 ②

해설 산모의 산도이상이나 난산의 경우 제왕절개수술을 고려한다.

21 초음파 검사에 대한 설명 및 주의해야 할 사항으로 맞는 것은?

① 한 줄기의 초음파 빔을 발사하여 반사되어 돌아오는 반향을 횡축을 시간축으로 하여 기록한 것을 MRI검사라고 한다.
② 완전마비가 아니라면 신경 자극으로 인한 움직임이 발생할 수 있다.
③ 공격적인 동물이라도 두꺼운 피폭차단장갑은 사용하지 않는 것이 더 좋다.
④ 심장초음파 검사를 위해서는 수술마취 때와 마찬가지로 금수 및 금식이 반드시 필요하다.
⑤ 심장초음파를 위해 3~6번째 갈비뼈 부위의 털을 깎고 검사를 실시한다.

정답 ⑤

해설 심장초음파를 원활한 검사를 진행을 위해 3~6번째 갈비뼈 부위의 털을 깎는 것이 권장된다.

22 동물의 점막 색에 의해 다양한 응급상황을 파악할 수 있다. 황달, 급성 간부전, 담즙정체 등의 증상이 있을 때의 점막 색깔은?

① 분홍(pink)   ② 빨강(red)
③ 하양(white)   ④ 노랑(yellow)
⑤ 파랑(blue)

정답 ④

해설 황달, 급성 간부전, 담즙정체 등의 경우 점막은 노란색을 띤다.

23 다음 중 응급상황을 유발하는 출혈의 종류와 설명이 모두 맞게 연결된 것은?

> ⊙ 혈관손상으로 인한 직접적인 출혈
> ⓛ 감염이나 부상으로 인한 이차성 출혈
> ⓒ 암적색 혈액, 출혈점이 확실하고 흐름이 일정
> ⓔ 체강 내 출혈

① ⊙: 속발성, ⓛ: 원발성, ⓒ: 정맥성, ⓔ: 외부
② ⊙: 원발성, ⓛ: 속발성, ⓒ: 정맥성, ⓔ: 내부
③ ⊙: 원발성, ⓛ: 반응성, ⓒ: 동맥성, ⓔ: 내부
④ ⊙: 속발성, ⓛ: 원발성, ⓒ: 정맥성, ⓔ: 내부
⑤ ⊙: 속발성, ⓛ: 반응성, ⓒ: 모세혈관맥성, ⓔ: 외부

정답 ②

해설 출혈의 분류: ⊙: 원발성, ⓛ: 속발성, ⓒ: 정맥성, ⓔ: 내부

24 Triage에 대하여 잘못된 설명은?

① 동물환자에 대한 Triage는 응급상황에 훈련된 수의사를 포함한 동물병원 스태프들이 실시한다.
② 의식소실, 허탈, 쇼크, 호흡곤란, 중독, 발작, 외상 등의 증상이 있을 시 의료적 처치가 즉시 실시되어야 한다.
③ 환자에게 즉각적인 개입이나 소생술이 필요한지 확인하기 위해 응급정도를 구분한다.
④ Triage를 실시하기 위해 병력청취, 일차평가, 이차평가를 실시한다.
⑤ 전화상으로 Telephone triage의 경우도 정확한 판단이 가능하므로, 전적으로 신뢰한다.

정답 ⑤

해설 전화로는 환자를 직접 평가하기에 매우 제한적인 상황이 많다.

25 조영촬영법에 대한 설명으로 잘못된 것은?

① 위장관 조영을 위해 구강으로 조영제를 투여하고, 위장관내 이물 또는 위장운동 기능 평가를 위해 실시한다.
② 소화기관의 천공이나 파열이 의심되는 경우에는 요오드계 조영제(가스트로그라핀)를 사용하고, 신장이나 천수 조영에는 옴니팩을 사용한다.
③ 방광조영은 양성조영제만 사용이 가능하다.
④ 식도촬영은 조영제 투여와 함께 즉시 촬영한다.
⑤ 위장관 조영 시, 조영제 투여 즉시, 15분, 30분, 60분, 120분, 240분 간격으로 촬영

정답 ③

해설 방광은 양성 및 음성조영제가 모두 사용이 되며, 양성조영제로는 요오드계 조영제를 사용하고, 음성 조영제로는 공기를 방광내 주입하여 검사를 한다.

26 다음 중 X선의 특징으로 잘못된 것은?

① 직선으로 주행한다.   ② 질량이 없다.

③ 빛의 속도로 이동한다.   ④ 무색무취이다.

⑤ 물질의 밀도가 낮을수록 X선은 빨리 흡수되어 없어진다.

정답 ⑤

해설 물질의 밀도가 높을수록 X선은 흡수되어 없어짐

27 항콜린제(Anticholinergics)의 대한 내용으로 잘못된 것은?

① 위장관 운동성 감소를 통한 설사와 구토를 치료한다.

② 호흡기 및 위장관 분비물을 감소시키는 데 사용된다.

③ 항생제 및 항진균제와 함께 사용하여 만성염증을 치료하는 데 적용한다.

④ 아트로핀은 유기인산 중독의 해독제로도 사용한다.

⑤ 평활근섬유의 아세틸콜린수용체와 결합하여 아세틸콜린의 기관지수축 효과를 막아 기관지확장 작용을 나타낸다.

정답 ④

28 다음 중 방사선 구역의 안전수칙 준수사항으로 잘못된 것은?

① 반드시 개인 방사선 보호 장구를 착용한다.

② 개인 선량 한도를 초과하지 않도록 방사선 종사자는 교대로 촬영을 실시한다.

③ 임산부는 방사선실 출입을 금한다.

④ 촬영을 하는 동안에는 촬영 장소에 불필요한 인원이 없도록 한다.

⑤ 질 좋은 영상을 얻기 위해 재촬영을 여러차례 한다.

정답 ⑤

해설 방사선 노출을 최소화하기 위해 의미 없는 재촬영은 지양하고, 한 번의 촬영으로 질 좋은 영상을 얻기 위해 충분한 연습이 필요하다.

29 응급 상태의 활력징후 측정에 대한 설명으로 맞는 것은?

① 맥박을 확인하는 심장 수축은 마음대로 조절할 수 있는 수의근으로 이루어진다.

② 기왕력, 식이종류, 보호자의 혈압 및 체온 등은 동물환자의 활력징후의 중요한 요소다.

③ 동물의 체온을 측정하는 경우 혀바닥의 온도를 측정하여 표준으로 한다.

④ 호흡수 측정은 30초분에 몇 번 호흡하는지를 수치로 나타낸 것이다.

⑤ 부정맥(arrhythmia)은 맥박이 불규칙한 것을 의미하고 120회 이상의 빈맥과 60회 미만의 서맥 등을 통칭한 것이다.

정답 ⑤

해설 동물환자의 혈압, 맥박, 호흡수, 체온 등은 활력징후의 중요한 요소다.

30 밀도가 가장 높아 방사선촬영으로 가장 하얗게 나타나는 물질은 무엇인가?

① 공기　　　　　　　　　　　　② 지방
③ 물　　　　　　　　　　　　　④ 뼈
⑤ 금속

정답 ⑤

해설 밀도가 낮은 공기부터 지방, 물, 뼈, 금속 순으로 밀도가 높아진다.

31 응급처치가 필요한 동물이 있을 때, 동물보건사가 우선적으로 해야 하는 행동이 아닌 것은?

> a : 입원을 위한 케이지를 준비한다.
> b : 기관 튜브를 준비한다.
> c : 정맥 내 카테터 삽입을 준비한다.
> d : 제세동기를 준비한다.
> e : 다른 입원 동물의 처치를 대충 급히 끝낸다.

① a, e　　　　　　　　② a, b　　　　　　　　③ b, c
④ c, d　　　　　　　　⑤ d, e

정답 ①

해설 응급상황일 때는 기도확보, 호흡유지, 순환유지 순으로 응급처치가 신속하게 이루어져야 한다.

32 응급구조 혹은 응급처치 시, 모니터링에 대한 설명으로 잘못된 것은?

① 노력성 호흡이나 호흡의 변화가 나타나면 바로 수의사에게 보고한다.
② 동맥혈산소포화도(SpO_2)가 90% 이하인 경우, 저산소혈증을 의미한다.
③ 저체온은 생명과 연관되어 있지만 고체온으로 사망하는 일은 없다.
④ 청색증은 점막의 색이 청색이 된다.
⑤ 모세혈관재충만시간(CRT)의 연장은 말초의 혈액순환장애를 의미한다.

정답 ③

해설 고체온은 질병상태에 의해서 방출되는 화학물질이 체온조절중추를 자극하여, 열이 발생되며, 고체온에 의해 사망하는 경우도 있으므로 주의해야한다.

33 동물의 응급상황(emergency)에 대한 설명으로 잘못된 것은?

① 동물이 물에 빠진 경우, 자세를 거꾸로 하여 물을 토해내게 한다.
② 감전된 동물은 시간 경과에 따라 폐수종을 일으킬 위험이 있다.
③ 외상이 없으면, 다음날까지 처치하지 않아도 된다.
④ 호흡이 멈춘 경우에는 인공호흡을 실시한다.
⑤ 감전된 동물을 만지면, 사람도 감전될 가능성이 있다.

정답 ③

해설 응급상황이 발생하면 당장은 육안으로 관찰되는 이상 증상이 보이지 않더라도, 추후 발생하거나 발견하는 경우가 있으며, 그로 인해 급격히 상태가 악화될 수 있으므로, 바로 동물병원진료를 받도록 권장한다.

34 심장마사지에 대한 설명으로 맞는 것은?

① 흉부를 압박하는 세기는 흉부 두께가 1/3~1/2이 될 정도로 한다.
② 고양이는 개흉심장마사지가 필수다.
③ 적어도 1분간 25회 압박을 실시한다.
④ 심장마사지와 인공호흡은 동시에 한다.
⑤ 심장마사지 중에 복부를 압박해서는 안 된다.

정답 ①

해설 소형견이나 고양이는 횡와위로 흉부를 압박해야 하며, 개흉심장마사지는 초대형견이나 비만견에게 적용한다. 심장마사지에 의한 흉부의 압박은 1분에 100~120회 실시해야 하며, 심장마사지 30회당 인공호흡을 2회 실시한다. 심장마사지 중에 복부를 압박하면, 뇌의 혈액공급이 증가하므로 효과적이다.

35 쇼크에 대한 치료법으로 잘못된 것은?

① 강심제를 투여한다.
② 산소를 공급한다.
③ 급속수액으로 혈압을 상승시킨다.
④ 마취제로 진정시킨다.
⑤ 스테로이드제 약을 투여한다.

정답 ④

해설 쇼크란, 전신의 급격한 순환부전에 의해 조직으로의 산소공급이 불충분한 상태가 발생 된 임상적 증상을 의미한다.

36 DIC에 대한 설명으로 맞는 것은?

① 원인 제거에 준해서 치료한다.
② 치사율은 낮다.
③ 쇼크는 일어나지 않는다.
④ 전신의 혈관에 혈전이 형성되어 다발성 장기부전을 일으킨다.
⑤ 고양이는 발생하지 않는다.

정답 ④

해설 DIC(Disseminated Intravascular Coagulation) 파종성혈관내응고

37 내출혈이 주증상인 중독의 원인물질은?

① 유기인제 ② 와파린 쥐약
③ 납 ④ 에틸렌글라이콜
⑤ 양파

정답 ②

해설 와파린은 혈액응고에 관여하는 비타민K 효소복합체를 저해하여 여러 응고인자의 기능을 억제하므로, 혈액응고가 저해되고 내출혈을 일으킨다.

38 이물질을 섭취했을 때의 처치로 잘못된 것은?

① 상황에 따라 개복수술을 선택하기도 한다.

② 꼬치는 끝이 뾰족하므로, 식도에서 기관에 찔릴 가능성이 있다.

③ 약물을 잘못 삼키고 24시간 이후에 구토유발을 시키는 것이 바람직하다.

④ 끈 모양의 이물을 삼킨 경우, 개복수술에 의한 적출이 바람직하다.

⑤ 소화관 벽은 튼튼하고 탄성이 좋지만, 잘못 삼킨 이물질에 의해 천공이나
   장폐색이 생길 수 있다.

정답 ③

해설 최토제 사용은 이물질이 위에 도달하기 전에 실시하는 것이 효과적이다.

39 동물의 외상에 대한 설명으로 잘못된 것은?

① 창상 붕대는 상처의 건조를 막는 목적으로 사용한다.

② 창상에는 항균 연고를 발라 응급처치를 한다.

③ 트립신효소에 의한 괴사조직제거시술은 단시간으로 처치가 끝나지만,
   정상조직을 손상시키기도 한다.

④ 외상을 입은 동물은 흉강이나 복강 등 눈에 보이지 않는 부분에 출혈이 있기도 하다.

⑤ 창상 세정에 가장 적합한 약품은 생리식염수이다.

정답 ②

해설 항균연고가 상처 치유를 지연시킬 수 있기 때문에 창상에 항상 적용하는 것은 아니다.

40 화상에 대한 설명으로 맞는 것은?

① 1도 화상은 손상이 근육까지 도달한 상태로 치유 후에도 흉터가 남는다.

② 40℃ 정도의 저온에서는 화상을 입지 않는다.

③ 중증의 손상을 입으면 환부에 진물이나 수포가 형성되기도 한다.

④ 환부에 찬물이 닿는 것은 금기이다.

⑤ 화상은 통증을 동반하지 않으므로, NSAIDs 등 진통제를 투여하지 않아도 된다.

정답 ③

해설 화상이란 열에 의해 조직손상이 발생되어 미란, 수포, 궤양 등이 형성된다. 40℃ 정도의 저온에서도 화상을 입을 수 있으며, 2시간 이내에 발생된 화상물질에 의한 화상의 경우는 찬물로 씻어주는 것이 좋다.

41 열사병에 대한 설명으로 맞는 것은?

① 팬팅(panting)으로 인해 대사성알칼리증이 발생한다.

② 개보다 고양이가 열사병에 걸리기 쉽다.

③ 체온을 낮추기 위해 찬물로 목욕시킨다.

④ 단두종은 열사병에 잘 걸리지 않는다.

⑤ 혈액검사에서 빈혈이 보인다.

정답 ③

해설 열사병의 경우, 냉수욕으로 체온을 낮춘다.

42 동물이 물에 빠졌을 때의 설명으로 잘못된 것은?

① 찬물에 빠지면 급격히 저체온이 된다.

② 기도 내에 액체가 들어와 호흡곤란을 일으킨 상태이다.

③ 오염된 물을 잘못 마시면 폐렴을 일으키기도 한다.

④ 바다나 강뿐만 아니라, 욕실에서 익수기도 한다.

⑤ 응급처치로 동물의 몸을 옆으로 뉘어 흉부를 압박하여 물을 토하게 하는 방법이 있다.

정답 ⑤

해설 기도내 물을 제거하기 위해 머리가 아래로 향하게 하여 물을 토하게 해야 한다.

43 보호자와의 '비언어적 커뮤니케이션'에 대한 설명으로 잘못된 것은?

① 보호자에게 적절한 정보를 얻기 위해 중요하다.

② 보호자와 상대할 때에는 표정, 시선, 자세에도 신경쓴다.

③ 병원 스태프의 복장은 통일감이 있는 것이 좋다.

④ 보호자와 병원 스태프와의 신뢰 관계를 형성하기 위해서 중요하다.

⑤ 보호자 응대에 차별을 두어서는 안 되며, 팔을 꼬거나 다리를 꼬거나 하는 자세로 대한다.

정답 ⑤

해설 보호자 응대 시 표정이나 시선 등은 차분하고 친절하게 정중한 자세로 대한다.

44 동물병원 접수업무에 대한 설명으로 맞는 것은?

① 주된 증상에 대해서는 사전에 문진을 통해 접수한다.

② 내원한 보호자가 접수 데스크에 도착하고 나서 '안녕하세요'라고 인사한다.

③ 접수 시, 보호자로부터 건네받은 진료기록 카드만 확인한다.

④ 접수할 때는, 보호자의 이름과 동물의 이름을 불러서 확인하며 상태를 관찰한다.

⑤ 동물 증상의 심각성과 상관없이 내원한 순번까지 기다리도록 양해를 구한다.

정답 ④

해설 먼저 보호자에게 인사를 건네고, 진료기록 카드 등을 확인하며 보호자와 동물의 이름 등을 소리를 내어 부르며 육안으로 실제 확인한다.

45 말기 간호 동물의 보호자에 대한 대응으로 잘못된 것은?

① 왕진 등을 보호자가 요구할 경우에는 수의사와 의논한다.

② 보호자의 상태에 맞춰 심정을 헤아리며 각각에 맞는 관계 방식을 취한다.

③ 집에서 동물이 쾌적하게 살기 위한 방법 등을 조언한다.

④ 보호자는 정신적으로 불안정해지므로, 충분히 이야기를 들어주고 공감하는 것이 중요하다.

⑤ 동물은 언젠가 죽으므로 슬퍼도 어쩔 수 없다고 말한다.

정답 ⑤

해설 보호자의 슬픔과 불안을 공감하고 보호자에게도 시간이 걸리겠지만 자연스럽게 받아들일 수 있도록 전달되게 한다.

46 커뮤니케이션에서의 '듣기(경청)'에 대한 설명으로 잘못된 것은?

① 상대방의 표정이나 자세, 시선, 목소리의 톤 등에 집중한다.

② 상대방이 무엇을 전하고 싶은지 정확하게 받아들인다.

③ 상대방의 이야기를 들으며 모르는 부분이 있을 때마다 바로 되묻는다.

④ 상대방의 발언이나 행동에 확실히 반응하고, 모호함을 느꼈을 때는
   자신이 어떤 식으로 이해하고 있는지 전한다.

⑤ 상대방이 반복하는 말을 의식하면서 이야기를 듣는다.

정답 ③

해설 상대방의 이야기를 듣다가 바로 되물으면 흐름이 깨지므로, 경청이 어려운 상황이 되기도 한다.

47 동물병원에서의 동물보건사의 업무에 대한 설명으로 맞는 것은?

① 검체를 외부검사기관 등으로 발송하는 것은 수의사의 업무이므로
   동물보건사의 업무에 포함되지 않는다.

② 병의 진단에 대한 자세한 내용을 가족에게 알리고 설명한다.

③ 약의 투여량을 결정한다.

④ 재고·비품 관리는 원장의 업무이므로 동물보건사의 업무에는 포함되지 않는다.

⑤ 병원과 관련한 업자 대응은 동물보건사의 업무 중 하나이다.

정답 ⑤

해설 동물병원 내에서 수의사의 지도 아래 동물의 간호 또는 진료 보조 업무는 동물보건사의 업무 범위에 해당하며,
이를 포함한 동물환자의 질병 진단, 처방, 처치, 수술 등은 수의사의 업무 범위이다.

48 요로결석증이 의심되는 개의 입원 첫날의 상태에 대해, 동물간호기록을 SOAP 방식으로 기재
했다. 다음 기재 내용 중 주관적 자료에 해당하는 것은?

① 보호자(가족)에게, 2~3일 전부터 배뇨자세는 취하지만 소변이 많이 나오지는
   않는다는 사실을 전달받았다.

② 복부 촉진 시, 등을 구부리고 긴장하는 걸로 보아 통증이 있을지도 모른다.

③ 소변검사에서 스트루바이트 결정이 검출되었다.

④ 배뇨 시, 육안적 혈뇨는 없었다.

⑤ 수의사가 암피실린 25mg/kg으로 투여(sc)했다.

정답 ①

해설 주관적 자료는 보호자의 주관적 관찰과 주요 불편 호소 내용(CC)을 바탕으로 동물환자의 행동 및 상태 등 육안(눈)
으로 관찰한 내용을 의미한다.

49 수의간호기록(SOAP)의 구성요소로 맞는 것은?

> a : Approach(치료방침)
> b : Subjective data(주관정보)
> c : Purpose(목적)
> d : Objective data(객관정보)
> e : Plan(계획)

① a, d, e   ② a, b, c   ③ a, c, e

④ b, c, d   ⑤ b, d, e

정답 ⑤

해설 수의간호기록(SOAP)은 Subjective(주관적 자료), Objective(객관적 자료), Assessment(평가), Plan(계획)을
의미한다.

50 병력 청취에 대한 설명으로 맞는 것은?

① 연령, 품종, 성별, 체중 등 일반적인 상태뿐만 아니라, 각종 예방접종 여부, 병력,
기존의 복약내용, 중성화 수술 여부 등도 청취해야 한다.

② 동물환자의 보호자가 이야기하는 불편 호소(CC)만 청취하여 기록한다.

③ 병력(history)정보를 보다 정확하게 파악하기 위해 다른 중요한 문제가 있을 경우,
주요 불편 호소(CC)를 무시하고 진행한다.

④ 과거 병력은 현재 병력과 연관이 없으므로 정보로 부족하다.

⑤ 병력 청취는 매우 중요하여, 긴급 시에도 진찰하기 전에 완전한 병력 청취가
완료되어야 한다.

정답 ①

해설 올바른 병력 청취를 위해 주요 불편 호소(CC)뿐만 아니라 과거의 병력, 그리고 현재 상황 등 동물환자의 전반적인
정보에 대해서 모두 청취해야 한다. 응급상황의 경우는 치료와 동시에 병력 청취를 진행하기도 한다.

51 동물병원 입원 수속 시에 주의해야 할 사항으로 잘못된 것은?

① 입원 중에는 연락할 경우가 자주 발생하지 않으므로, 긴급연락처 등은
물어보지 않아도 된다.

② 입원 시, 동의서 등 필요 서류를 보호자에게 기입하도록 한다.

③ 장난감이나 담요 등 보호자가 맡긴 물건들은 정확하게 기록해둔다.

④ 성격이나 습관, 체질 등 특별히 알아둬야 하는 내용이 없는지 확인한다.

⑤ 감염증 의심 동물과 접촉할 때는 일회용 수술복이나 장갑을 착용한다.

정답 ①

해설 입원기간 중에는 통상적인 연락처 외에 긴급연락처와 연락 가능한 시간 등에 대해 미리 확인하여 기입해 둔다.

52 QOL(quality of life : 삶의 질)에 대한 설명으로 맞는 것은?

① QOL을 높이기 위한 동물 의료를 한다면, 치료방침에 대해 보호자와 의논하지 않아도 된다.

② QOL은 개인이 느끼는 생활의 불만도를 가리킨다.

③ 동물의 QOL은 동물이 불편 없이 동물답게 살아갈 수 있는가를 가리킨다.

④ 동물의 QOL유지는 말기 간호에서 중요하지 않다.

⑤ 질환이 있는 동물의 QOL을 유지하기 위해서는 반드시 질환을 완치해야 한다.

정답 ③

해설 동물의 QOL(삶의 질)의 평가는 동물이 불편 없이 동물답게 살아갈 수 있는가를 의미한다.

53 호스피스에 대해 맞는 것은?

① 제대로 된 관리체제를 갖추기 어려우므로, 자택에서 실시할 수 없다.

② '말기 간호'라는 의미이다.

③ QOL의 향상보다 연명을 목적으로 실시된다.

④ 말기암 동물에게만 한해 적용되는 용어이다.

⑤ 통증이나 정신적 스트레스 등의 완화보다 치료를 중시한 처치를 한다.

정답 ②

해설 터미널케어, 말기 간호, 완화 케어라고도 한다.

54 강아지 케어에 대한 설명으로 맞는 것은?

① 크레이트(하우스) 트레이닝은 적절한 장소에서 배설하기 위한 훈련이다.

② 중성화 수술은 수명을 단축시키는 것이기 때문에 절대 추천하지 않는다.

③ 식이 중에 손을 내밀 때 으르렁거리는 것은 본능에 따른 행동이므로 대처할 수 없다.

④ 동물에게 트라우마를 심어주지 않기 위해서라도, 동물병원에는 절대 오지 않는 것이 좋다.

⑤ 성견이 된 뒤에 양치질을 습관화하는 것은 어려우므로, 새끼 때부터 습관을 들인다.

정답 ⑤

해설 개의 양치질 습관은 어릴 때부터 습관을 들여놓는 것이 좋다.

55 사전동의에 관한 설명으로 잘못된 것은?

① 사전동의를 행했을 경우 나중에 문제가 일어나지 않는다.

② 수술 비용은 사전동의 설명 내용에 포함된다.

③ 수의사의 일방적인 설명으로 보호자에게 동의를 시키는 것은 충분하지 않은 사전동의라고 말한다.

④ 사전동의에서는 전문용어를 되도록 사용하지 않고 알기 쉬운 표현으로 전달하는 것이 중요하다.

⑤ 예후에 큰 차이가 없는 치료방침이 다수 있는 경우, 보호자가 주체적으로 방침을 선택하는 것을 사전동의라고 한다.

정답 ①

해설 사전동의를 하더라도 나중에 문제가 발생하는 경우도 있다.

56 동물을 안락사할 때 동물보건사가 취해야 하는 행동으로 잘못된 것은?

① 보호자에 대해 이타적인 대응을 명심한다.

② 보호자와 가족이 충분히 대화하는 시간을 마련한다.

③ 보호자가 진정할 수 있도록 적절한 장소를 준비한다.

④ 지금까지의 치료를 회상하고 슬픔을 드러내며 대응한다.

⑤ 사체는 할 수 있는 한 외관을 다듬고 나서 보호자에게 넘겨준다.

정답 ④

해설 동물보건사가 감정적으로 슬픔을 나타내는 등의 행동은 지양해야 한다.

57 약물의 정맥 내 투여의 장점으로 맞지 않는 것은?

① 강산성인 위를 통과할 필요가 없다.

② 혈중농도의 상승이 빠르다.

③ 초회통과 대사의 영향을 받지 않는다.

④ 생물학적 이용능률이 높다.

⑤ 아픔을 수반하지 않는다.

정답 ⑤

해설 정맥 내 투여로 통증이 발생한다. 강산성인 위를 통과할 필요가 없다.

58 근육 내 약물 투여에 따른 동물의 약물 통과 경로로 맞는 것은?

① 근육 → 점막 → 정맥 → 심장

② 근육 → 피하조직 → 진피 → 모세혈관 → 정맥 → 심장

③ 근육 → 소화관 점막 → 문맥 → 간장 → 심장

④ 피하조직 → 모세혈관 → 정맥 → 심장

⑤ 근육 → 근육 내 혈관 → 정맥 → 심장

정답 ⑤

해설 근육 내 투여(IM)후 근육 내의 혈관을 지나 정맥으로 모이고 심장으로 이동하여 혈액의 통과 경로가 형성된다.

59 약물 작용에 관한 설명으로 잘못된 것은?

① 어린 동물은 약물이 너무 잘 들어서 중년 동물에게는 보이지 않는 부작용이 나타나는
경우가 있다.

② 본래 목적에 맞는 작용을 주작용이라고 한다.

③ 신장 장애가 있는 동물은 정상 동물보다도 약물이 오래 지속될 가능성이 있다.

④ 약물 투여 시 약물의 본 목적 이외의 발생하는 작용은 모두 유해 현상이다.

⑤ 약물의 조합에 따라 약물 동태나 약물에 영향을 미치는 것을 약물상호작용이라고 한다.

정답 ④

해설 약물의 목적작용은 주작용, 목적 이외의 작용은 부작용이라 하고, 부작용이 모두 유해 작용인 것은 아니다.

60 부작용에 관한 설명으로 맞는 것은?

① 복용량을 지키면 부작용은 발현되지 않는다.

② 약물을 투여할 때 발생하는 유해한 작용을 말한다.

③ 약물을 투여할 때 반드시 부작용에 대해서 확인한다.

④ 연령이나 성별 등은 부작용의 발현에 영향을 주지 않는다.

⑤ 복수의 약물을 함께 투여하면 발현하는 경우가 있다.

정답 ⑤

해설 복수의 약물을 투여할 경우, 약물상호작용으로 부작용이 발현하는 경우가 있다.

61 약물 알레르기의 증상은?

① 설사　　　　　　　　　　② 다음 다뇨

③ 구토　　　　　　　　　　④ 체중 증가

⑤ 탈모

정답 ③

해설 약물 알레르기 증상은 원기소실, 식욕저하, 주사부위 통증, 부종, 발열, 안면부종이 있으며, 아나필락시스의 경우는 급격한 혈압저하, 경련, 구토 등이 나타난다.

62 약물상호작용에 관한 설명으로 맞는 것은?

① 동일한 약을 반복하여 사용하는 것으로 발현된다.

② 부작용이 나타나기 쉬워지는 경우가 있다.

③ 길항작용에는 약의 효과가 증강된다.

④ 대사 효소의 유도나 작용 부위의 경합으로 인한 작용은 발현하지 않는다.

⑤ 협력 작용으로 약의 효과가 반감된다.

정답 ②

해설 약물상호작용으로 길항작용은 약 효과가 감소하며, 협력작용은 효과가 증가한다.
대사효소를 저해하는 작용 등이 발생하기도 하며, 부작용이 발생되기도 한다.
동일한 약을 반복하여 사용하면 약의 내성이 발생한다.

63 교차 내성의 설명으로 맞는 것은?

① 선입견이나 심리적 효과에 따라 본체 약리 작용을 받지 않는 물질이
치료 효과를 나타내는 것

② 병원균이 있는 항균제에 대해 저항성을 가지고 그 약물이 듣지 않게 되는 것

③ 약물의 조합에 따라 양쪽 또는 한쪽의 약물 동태나 약물에 영향을 끼치는 것

④ 어떤 약물에 저항성을 가지면 다른 약물에도 저항성을 가지게 되는 것

⑤ 약물이 간장에서 대사를 받아 수용성이 늘어나는 것

정답 ④

해설 교차 내성이란 어떤 약물에 저항성을 가지면 다른 약물에도 저항성을 가지게 되는 것을 말한다.

64 약물의 배설에 관한 설명으로 잘못된 것은?

① 약물이 담즙에 이동하여 장관 내에 배설되는 것을 약물의 담즙배설이라고 한다.

② 신장 혈류를 타고 옮겨져 온 약물 중 저분자인 것은 사구체로 여과되어 오줌으로 이동된다.

③ 세뇨관에서 직접 혈중에서 오줌으로 배설되는 약물도 있다.

④ 단백질에 결합되어 있는 약물은 사구체로 여과되지 않는다.

⑤ 세뇨관에서는 영양소 이외에는 재흡수되지 않기 때문에 약물은 모두 오줌으로 배설된다.

정답 ⑤

해설 세뇨관에서는 약물도 재흡수되며, 재흡수 되지 않은 약물은 오줌으로 배설된다.

65 처방전에 3tab sid PO 5days이라고 적혀 있을 때 맞는 설명은?

① 30정, 1일 3회, 피하투여, 5일분   ② 3정, 1일 1회, 피하투여, 5일분

③ 3정, 1일 1회, 경구투여, 5일분   ④ 30정, 1일 2회, 피하투여, 5일분

⑤ 3정, 1일 2회, 경구투여, 5일분

정답 ③

해설 tab: 정, sid: 1일 1회, PO: 경구투여

66 도료 등에 포함되어 개나 고양이가 섭식하면 위장 증상과 신경계 증상의 중독증상을 일으키는 물질은?

① 메틸크산틴

② 납

③ 에틸렌글라이콜

④ 유기인산염

⑤ 쿠마린

정답 ②

해설 납중독 증상에 대한 설명이다.

67 개나 고양이가 섭식하면 혈뇨, 황달, 빈호흡, 빈혈 등의 중독증상을 일으키는 것은?

① 생오징어   ② 항응고계 쥐약

③ 초콜릿   ④ 아보카도

⑤ 부추

정답 ⑤

해설 부추중독에 대한 설명이다.

68 X선에 대한 설명으로 잘못된 것은?

① X선의 투과성이 낮은 부분은 영상에서 하얗게 표시된다.

② 파장이 짧을수록 X선 빔의 에너지는 커진다.

③ 공기는 X선 투과성이 낮다.

④ X선 빔의 에너지가 클수록 투과성도 강해진다.

⑤ 산란선의 증가요인으로는 전압, 촬영 부위의 두께 등이 있다.

정답 ③

해설 공기는 X선 투과도가 높다.

69 설정에 대한 설명으로 맞는 것은?

① 골격계를 촬영할 경우, kVp 설정은 높일 필요가 있다.

② mA를 설정하여 X선 관구 필라멘트에 걸리는 전압을 조절한다.

③ mA가 높을수록 영상은 하얗게 된다.

④ kVp 설정은 X선 사진의 콘트라스트에 영향을 준다.

⑤ kVp가 낮을수록 콘트라스트는 낮아진다.

정답 ④

해설 mA가 높을수록 영상은 검게 되며, kVp가 높을수록 콘트라스트는 낮아진다.
홍부 촬영 시에는 kVp를 높게, 근골격계 촬영 시에는 kVp를 낮게 설정한다.

70 X선과 X선 장치의 기본원리에 대한 설명으로 맞는 것은?

① 발생한 X선의 선량은 X선 관구에 걸리는 전압을 조정하는 회로로 제어할 수 있다.

② X선은 방사선의 일종으로, 체조직을 통과할 때 세포손상이 발생한다.

③ X선의 체조직 투과성은 뼈 → 장기 → 지방 → 공기 순으로 높다.

④ X선은 X선 관구 내의 양극에서 방출된 전자가 음극에 충돌하며 발생한다.

⑤ 양극은 텅스텐으로 된 필라멘트를 갖는다.

정답 ②

해설 X선은 세포손상 등의 생물학적 변화를 유발하며, 공기 → 지방 → 장기 → 뼈, 금속 → 미네랄 순으로 체조직 투과성이 높다.

71 방사선의 영향을 받기 쉬운 조직은?

① 위   ② 갑상선

③ 눈   ④ 폐

⑤ 근육

정답 ②

해설 진피, 림프조직, 골수 등의 조혈조직, 유선, 갑상선, 골조직, 생식세포 등은 방사선의 영향을 받기 쉬운 조직이므로 주의해야 한다.

72 방사선 안전에 대한 설명으로 맞는 것은?

① 자연광이나 자연방사선의 영향을 받지 않으므로 방사선량계를 붙인 채로 외출해도 된다.

② X선 촬영 후, 방호복을 개어서 보관한다.

③ 동물진단용 방사선 발생장치의 설치 및 운영은 수의사법 제17조3에 명시되어 있다.

④ X선 검사를 하는 방에는 X선 진료실이라는 사실을 표시하지 않아도 된다.

⑤ 방사선 방호를 간단하게 할 수 있는 방법 중 하나는 촬영 횟수를 늘리는 것이다.

정답 ③

해설 수의사법 제17조의3 동물 진단용 방사선 발생장치의 설치·운영에 관한 법과 농림축산검역본부 고시 제2020-17 호 동물 진단용 방사선 안전관리 규정 시행규칙에 따라 안전하게 사용해야 한다.

73 X선 촬영법에 대한 설명으로 잘못된 것은?

① 골반을 VD로 촬영할 때는, 반드시 LR 마크를 넣는다.

② 흉부는 최대 흡기 시에 촬영한다.

③ 복부를 촬영할 때의 조사범위는 횡경막에서 고관절까지이다.

④ 흉부를 VD 또는 DV로 촬영할 때는, 흉골과 흉추가 겹치지 않도록 몸을 45° 기울인다.

⑤ 복부 촬영은 최대호기 시에 한다.

정답 ④

해설 흉부를 VD 또는 DV로 촬영할 때는, 좌우 골격이 대칭되도록 조절한다.

74 초음파검사에 대한 설명으로 맞는 것은?

① 어떤 장기를 검사하더라도 보정 자세는 바뀌지 않는다.

② 초음파 탐촉자의 초음파 진로에 뼈나 가스가 있으면, 상을 맺지 못한다.

③ 털이 빽빽한 동물은 초음파용 젤을 사용하지 않아도 초음파 검사를 실시할 수 있다.

④ A모드, B모드, C모드가 있다.

⑤ 동물이 팬팅을 하고 있어도 문제없이 검사할 수 있다.

정답 ②

해설 초음파검사에는 A모드, B모드, M모드가 있다.

75 초음파검사에 대한 설명으로 맞는 것은?

① 심장 초음파검사에는 리니어 프로브가 가장 적절하다.

② 초음파검사 중에는, 디스플레이가 잘 보이도록 방의 조명을 최소한으로 한다.

③ 검사 부위의 털이나 오염은 초음파 영상에 촬영되지 않는다.

④ 초음파 셰도잉은 유용한 영상정보가 아니다.

⑤ 초음파검사는 임신진단, 자궁축농증의 진단에는 사용하지 않는다.

정답 ②

해설 초음파검사 중에는 디스플레이가 잘 보이도록 방의 조명을 최소한으로 줄인다.

76 내시경검사에 대한 설명으로 맞는 것은?

① 내시경은 항문부터 삽입하는 경우가 있다.

② 내시경검사는 사전에 금식이 필요하지 않다.

③ 내시경은 사용이 끝나면 주위에 물을 빼기만 하면 된다.

④ 사람의 내시경검사와 동일하게 국소마취로 검사할 수 있다.

⑤ 내시경검사는, 소화기계에 손상을 줄 수 있으므로, 조직채취는 금지된다.

정답 ①

해설 내시경은 전신마취를 해야 하며, 항문부터 삽입하는 경우가 있으므로 미리 관장한다.

77 내시경검사에서는 관찰되지 않는 장기는?

① 위

② 식도

③ 회장

④ 직장

⑤ 십이지장

정답 ③

해설 구강으로 하는 내시경에서는 인두, 식도, 위, 십이지장이 관찰되고 항문으로 삽입 시는 직장, 결장의 관찰이 가능하다.

78 CT 검사 및 MRI 검사에 대한 설명으로 맞는 것은?

① CT 검사에서는 조영검사를 자주 하지만, MRI 검사에서는 거의 하지 않는다.

② MRI 검사는 X선을 이용하여 촬영하는 검사이다.

③ CT 검사는 수소원자핵의 자기공명을 이용하여 촬영하는 검사이다.

④ CT 검사나 MRI 검사 촬영에서는 원칙적으로 마취를 하여 동물을 움직이지 않도록
해야 한다.

⑤ CT 검사보다 MRI 검사가 검사 시간이 짧다.

정답 ④

해설 CT 검사는 X선을 이용하여 촬영하는 검사이며, MRI 검사는 수소원자핵의 자기공명을 이용하여 촬영하는 검사이다.
CT 검사나 MRI 검사 촬영 시, 전신마취를 하여 동물을 움직이지 않도록 해야 한다.

79 CT 검사 및 MRI 검사에 대한 설명으로 잘못된 것은?

① MRI 검사의 결점 중 하나로 금속류 소지가 불가능하다는 점이 있다.

② CT 검사는 컴퓨터 단층 촬영 검사이다.

③ MRI 검사는 자기공명영상 검사이다.

④ MRI 검사에서는 360° X선 조사가 행해진다.

⑤ CT, MRI 검사는 설비가 없는 경우, 타 병원에 검사를 의뢰한다.

정답 ④

해설 CT 검사 시 360도의 X선 조사가 이루어진다.

80 안구검사에 해당하는 것은?

① 우드등 검사 　　　　　　② 뇨 검사

③ CBC 검사 　　　　　　　④ 피부긴장도 검사

⑤ 플루오레세인 염색

정답 ⑤

해설 플루오레세인 염색을 이용한 검사는 각막손상 확인을 위한 검사이다.

81 국소마취 또는 전신마취를 실시하여 행하는 검사로 가장 적절한 것은?

① 초음파검사 　　　　　　② 혈액검사

③ 분변검사 　　　　　　　④ 심전도검사

⑤ 뇌척수액검사

정답 ⑤

해설 뇌척수액검사, 골수액검사 등은 전신마취를 하여 동물이 움직이지 않은 상태에서 진행해야 한다.

82 처치 중 체위에 대한 설명으로 잘못된 것은?

① 중증 심장질환이 있는 동물은 호흡 상태를 확인하면서 신중하게 체위 변환을 한다.
② 흉수 저류가 의심되는 개의 X선 촬영 시, 측면상(횡와위)으로 촬영한 후,
   배복상(복와위)으로 촬영하였다.
③ 초음파 스케일러로 스케일링 시, 동물의 상악치를 스케일링하기 위해
   복배상(앙와위)를 했다.
④ 수술 중의 체위 변환은 수술시간, 마취시간의 연장으로 이어지므로 보통 행하지 않는다.
⑤ X선 검사 시, 다음 촬영을 위해 프로텍터를 착용한 채로 체위 변환을 했다.

정답 ③
해설 동물의 스케일링 처치 때는 물의 오연(잘못 삼킴) 위험성이 있으므로, 복배상(앙와위)는 지양한다.

83 초음파 검사가 진단으로 사용되지 않는 생식기 질환 및 동물의 상태는?

① 임신
② 전립선암
③ 자궁축농증
④ 무정자증
⑤ 종양화된 잠복고환

정답 ④
해설 무정자증은 현미경검사로 진단을 한다.

84 경구투약으로 생체이용률이 높은 약물의 특징을 조합한 것으로 맞는 것은?

a : 초회통과효과가 높다.
b : 지용성이 높다.
c : 초회통과효과가 낮다.
d : 지용성이 낮다.
e : 산에 대한 안정성이 낮다.

① a, e   ② a, b   ③ b, c
④ c, d   ⑤ d, e

정답 ③
해설 초회통과효과라는 것은 약물이 전신에 이르기 전에 대사되어 버리는 것을 의미한다. 빨리 대사되어 체외로의 배출
이 빠른 약물을 초회통과효과가 높다고 일컫고, 이는 생체이용률이 낮다. 높은 지용성 물질이 체내에 오래 머무른다.

85 이버멕틴으로 인해 신경독성을 일으키기 쉬운 견종은?

① 퍼그
② 비글
③ 보더콜리
④ 푸들
⑤ 시츄

정답 ③

해설 콜리계의 견종은 이버멕틴으로 인한 신경독성의 부작용을 보이는 경우가 있다.

86 동물진료에서 방사선방호에 관한 내용으로 가장 적절한 것은?

① 반려동물의 X선 촬영 시의 피폭량은 적기 때문에 방호복은 필요하지 않다.
② X선 촬영자는 방호하게 되면 피폭이 전혀 없다.
③ 초음파 검사 시에도 방사선 피폭은 생겨난다.
④ X선 발생 장치로부터의 거리와 피폭량은 비례한다.
⑤ X선 촬영 종사자의 피폭량을 정기적으로 모니터 해야 한다.

정답 ⑤

해설 반드시 방호기구를 착용해야 하며 정기적으로 피폭량을 모니터링 해야 한다.

87 X선의 흡수가 적어 검게 찍히는 장기는?

① 폐
② 근육
③ 간장
④ 심장
⑤ 뼈

정답 ①

해설 장내 가스, 폐 등은 X선 투과성이 높아(X선 흡수가 낮음), 검게 찍힌다.

88 개의 임신진단을 목적으로 행하는 검사가 아닌 것은?

① X선 검사
② 복부 촉진 검사
③ 질 스미어(smear) 검사
④ 혈액호르몬 검사
⑤ 초음파검사

정답 ③

해설 개의 질 스미어 검사는 발정의 진행 상황을 확인할 때 하는 검사법이다.

89 심전도 검사에 관한 내용으로 맞는 것은?

① T파는 심방의 전기활동을 나타낸다.

② 파형이 나와 있다면 심장은 정상적으로 움직이고 있다.

③ 파형으로부터 부정맥을 알 수 있다.

④ 파형으로부터 혈압을 알 수 있다.

⑤ P파는 심실의 전기활동을 나타낸다.

정답 ③

해설 심전도 검사를 통해 부정맥의 진단, 심장의 형태학적 이상확인, 심박수의 측정이 가능하며, P파는 심방의 탈분극, T파는 심실의 재분극을 나타낸다.

90 X선 촬영에 따른 소화관 조영검사에 관한 내용으로 맞는 것은?

① 통상, 시간의 흐름에 따라 여러장 촬영한다.

② 복부의 촬영을 할 때는 항상 반드시 조영검사를 실시한다.

③ 개를 대상으로 촬영할 때에는 실시하지만 고양이는 하지 않는다.

④ 바륨은 정맥으로부터 주입한다.

⑤ 촬영할 때 피부에 바륨이 묻어도 문제는 없다.

정답 ①

해설 바륨(조영제)은 경구로 투여하고, 시간의 흐름에 따라 연속적으로 촬영한다.

91 처방 약어인 q6h의 의미로 맞는 것은?

① 1일 6정   ② 6시간마다

③ 6일마다   ④ 6주간분

⑤ 1일 6회

정답 ②

해설 q는 마다, 매, h는 시간을 의미한다.

92 투약법과 약어의 조합이 맞는 것은?

① 경구투여 : PO

② 피하주사 : IP

③ 정맥 내주사 : IM

④ 근육 내주사 : IV

⑤ 경막 외주사 : SC

정답 ①

해설 경구투여 : PO, 피하주사 : SC, 복강 내주사 : IP, 근육 내주사 : IM, 정맥 내주사 : IV

93 0.4mg/50mL인 약제를 체중 5kg인 개에게 8μg/kg/h로 지속 투여하고자 하는 경우의 투여
속도로 맞는 것은?

① 8.0mL/h　　　　　　　　　　② 0.4mL/h

③ 0.8mL/h　　　　　　　　　　④ 2.0mL/h

⑤ 5.0mL/h

정답 ⑤

해설 8μg을 mg으로 계산하면 0.008mg이 된다. 개의 체중은 5kg이므로 1시간의 투여량은 5(kg)×0.008mg/kg/h=
0.04mg/h가 된다. 약제는 0.4mg/50mL로 되어 있으므로, 0.04mg/h÷0.4mg/50mL=5mL/h가 된다.

94 동물병원의 위생관리에 관한 내용으로 맞는 것은?

① 감염성 폐기물은 일반적으로 종량제 쓰레기와 함께 폐기한다.

② 증상을 보이지 않는 동물은 감염원이 될 수 없다.

③ 병원체의 관계없이 케이지는 항상 알코올로 소독한다.

④ 공기감염, 비말감염, 접촉감염, 경구감염의 어떤 것이든 일어날 수 있다.

⑤ 본인이 담당하는 동물의 종을 한정하는 것으로 원내 감염을 방지할 수 있다.

정답 ④

해설 병원에는 다양한 동물환자들이 질환을 알지 못하는 상황에서 내원을 하므로 언제든 공기감염, 비말감염, 접촉감염,
경구감염 등이 일어날 수 있다고 생각하고 위생관리를 상시 해야 한다.

95 아포균에 유효한 소독약은 무엇인가?

① 이소프로페놀

② 벤잘코니움

③ 클로르헥시딘

④ 글루타르알데히드

⑤ 알코올

정답 ④

해설 글루타르알데히드는 강한 소독약으로 아포균과 바이러스에 유효한 소독약이다.

96 만성신장병인 동물에게 섭취를 제한하는 미네랄은 무엇인가?

① 아연　　　　　　　　　　② 인

③ 칼슘　　　　　　　　　　④ 마그네슘

⑤ 요오드

정답 ②

해설 신장병이 진행하면 혈중의 인농도가 상승하여 신장의 석회침착이 발생한다. 나트륨의 과잉섭취는 신장에 무리를
주므로, 만성신장병의 경우는 인과 나트륨 섭취를 제한해야 한다.

97 고양이의 식성에 관한 것으로 잘못된 것은?

① 스트레스가 많은 환경에서는 익숙한 음식만 먹는다.
② 단독 포식자이며 무리 져서 사냥하지 않는다.
③ 소량 자주 섭식하는 편이며, 하루에 여러 번 사냥한다.
④ 신선육 섭취자이며 체온보다 따뜻한 음식을 좋아한다.
⑤ 단맛 수용체가 발달해 있어 단 음식을 좋아한다.

정답 ⑤
해설 고양이는 쓴맛과 신맛을 느낄 수 있으나, 단맛은 느낄 수 없다.

98 비만에 관한 설명으로 잘못된 것은?

① 감량은 할 수 있는 한 단기간에 실시하는 것이 바람직하다.
② 체지방률이 과잉된 상태를 말함
③ 섭취 에너지양이 소비 에너지양을 넘어서서 일어난다.
④ 개는 급성췌장염의 위험이 높아진다.
⑤ 고양이는 당뇨병의 위험이 높아진다.

정답 ①
해설 비만은 당뇨병, 급성췌장염, 요석질환, 피부질환악화, 번식장해, 수술 중 마취 리스크 증가 등을 유발시킬 수 있다.

99 쇼크의 병세로 보이는 증상의 조합으로 가장 적절한 것은?

```
a : 진전
b : 황달
c : 충혈
d : 혈압 저하
e : 점막 창백
```

① a, e   ② a, b   ③ b, c
④ c, d   ⑤ d, e

정답 ⑤
해설 쇼크에서는 치아노제, 저혈압, 저체온, CRT연장, 호흡수상승, 뇨생산량 저하 등의 증상이 나타난다.

100 백신접종 후에 발현되는 아나필락스 치료에 사용되지 않는 약물은?

① 아드레날린   ② 디펜히드라민
③ 파모티딘   ④ 덱사메타손
⑤ 프레드니솔론

정답 ③
해설 파모티딘은 히스타민H_2수용체길항약으로 위산 분비를 억제한다.

101 동물의 신체기능이 정지하기 직전의 반응으로 적절하지 않은 것은?

① 심장의 정지
② 근육의 긴장 증가
③ 오줌 또는 실금
④ 동공산대
⑤ 대광반사의 저하

정답 ②

해설 사망 직전에는 근육이 이완된다.

102 고령 동물의 케어에 관한 것으로 맞는 것은?

① 감각 기능이 저하되기 때문에 말을 거는 것 등을 적극적으로 해준다.
② 신체 능력의 저하로 보이지만 대사는 저하되지 않는다.
③ 체온이 저하되기 때문에 여름에도 난방하는 것이 좋다.
④ 인지증상에 대해서는 약물 치료 이외에는 대처법이 없다.
⑤ 병들어 누워있는 경우에는 할 수 있는 한 자세 변경은 해주지 않는 것이 좋다.

정답 ①

해설 고령이 되면 시각과 청각이 둔해진다.

103 장폐색에 관한 것으로 맞는 것은?

① 안정화 조치가 중요하며 자연치유되는 경우도 많다
② 소화관의 통과장애 상태를 말한다.
③ 이물질을 섭취하여 일어나고 종양으로 인해서는 일어나지 않는다.
④ 주요한 증상은 빈혈이다.
⑤ 진단으로는 대변 검사가 유효하다.

정답 ②

해설 장내용물의 통과장애가 발생된 상태로, 진단은 복부촉진 혹은 영상학적 검사를 통해 판단한다.

104 좌심실의 펌프 기능의 저하에 따라 일어나는 증상으로 잘못된 것은?

① 심박수 증가
② 호흡곤란
③ 치아노제
④ 빈뇨
⑤ 기침

정답 ④

해설 좌심실 펌프기능저하는 혈류장애를 초래하여, 기력쇠약, 호흡곤란, 기침, 점막창백, CRT연장 등의 이상을 보이게 된다. 만성화되면 심비대로 인한 기능저하로 심부전으로 진행된다.

105 팔로4징후에서 볼 수 없는 것은?

① 심실중격결손
② 폐동맥 협착
③ 대동맥우방변위
④ 심방중격결손
⑤ 우심실 비대

정답 ④

해설 팔로4징후는 심실중격결손, 폐동맥펍학, 대동맥우방변위, 우심실비대를 말한다.

106 개의 치석에 관한 내용으로 맞는 것은?

① 예방으로는 다량의 자일리톨을 먹이는 것이 유효하다.
② 플러그가 석회화된 것이다.
③ 음식 찌꺼기만으로 구성되어 있다.
④ 치석은 모든 충치의 원인이 된다.
⑤ 이를 닦는 것으로 제거된다.

정답 ②

해설 플러그가 석회화된 것이 치석이며, 개의 경우, 치석에 의한 충치는 자주 발생되지 않으며, 충치보다는 치주염의 원인이 되는 경우가 많다.

107 백내장은 눈의 어느 부위가 비정상적으로 변하여 발생한 질환인가?

① 망막
② 각막
③ 수정체
④ 유리체
⑤ 맥락막

정답 ③

해설 백내장은 수정체가 백탁된 것이다.

108 각막 궤양의 검사법으로 가장 적절한 것은?

① 테스토스테론 검사
② 형광 염색 검사
③ 실머 테스트
④ 안압 검사
⑤ 우드램프 검사

정답 ②

해설 형광염색검사를 통해 각막궤양의 진행정도를 파악한다.

109 일반적인 개의 분만 징후가 아닌 것은?

① 숨을 헐떡인다.
② 식욕이 저하된다.
③ 배뇨 횟수가 감소한다.
④ 체온 저하가 보인다.
⑤ 둥지 만들기 행동을 시작한다.

정답 ③
해설 빈뇨가 보인다.

110 제왕절개 지표가 아닌 것은?

① 양수가 터지고 수 시간 경과 되었는데도 태아가 나오지 않을 때
② 직장 온도가 37℃ 이하로 떨어지기 시작하고 24시간 이상이 경과 되어도 분만이 일어나지 않을 때
③ 강한 진통이 지속되는데도 태아가 나오지 않을 때
④ 태아의 일부가 나왔는데도 불구하고 그 이상으로 진행되지 않을 때
⑤ 땅에 구멍을 파헤치는 행동을 시작할 때

정답 ⑤
해설 땅에 구멍을 파헤치는 행동은 분만 시기의 지표이다.

111 이상분만에 해당하지 않는 것은?

① 난산
② 조산
③ 위임신(상상임신)
④ 사산
⑤ 장기재태

정답 ③
해설 상상임신은 임신하지 않았으나 임신한 것과 같은 행동을 하는 것을 말한다.

112 분만 전후에 보이는 대표적인 질환은?

① 위임신(상상임신)
② 저칼슘 혈증
③ 유방염
④ 자궁축농증
⑤ 질탈

정답 ②
해설 분만 전과 분만 후에 저칼슘 혈증이 나타난다.

113 소화기질환이 있는 동물의 간호로 잘못된 것은?

① 설사는 적절한 소독을 하고 나서 처리한다.
② 병들어 누워 있는 동물이 구토할 때는 몸을 일으켜, 누운 채로 토하지 못하도록 한다.
③ 설사를 하는 동물에게는 고지방식을 제공하며 식이 횟수를 줄이고 1회 식이량을 늘린다.
④ 잦은 설사는 탈수를 일으키기도 하므로 설사 상태나 탈수 상태를 잘 관찰한다.
⑤ 식이요법으로 치료를 할 경우, 음식의 특징이나 치료법의 원리를 보호자에게 설명하고 이해시킨다.

정답 ③

해설 구토나 설사가 심한 경우에는 소화기계를 쉬도록 해야하므로, 소화에 좋은 저지방식을 조금씩 여러 차례 나누어서 식단조절을 한다.

114 심장병이 있는 동물의 간호로 맞는 것은?

① 투약 지도나 투약 확인은 수의사가 하므로, 동물보건사는 약의 작용을 알지 못해도 된다.
② 심장질환에 의해 기침을 하는 경우, 실온을 낮춰 방을 건조하게 한다.
③ 운동은 심장에 부담을 주므로, 절대로 해서는 안 된다.
④ 샤워는 심장에 부담을 주지 않으므로, 수의사와 의논하지 않고 한다.
⑤ 횡와위보다 좌위나 입위가 심장에 부담을 주지 않는다.

정답 ⑤

해설 심장질환의 동물에게 실온과 외부온도의 급격한 변화는 심장에 부담을 주므로 피해야하고, 가능한 범위에서는 운동을 할 수 있도록 한다.

115 신장질환을 가지고 있는 동물의 간호로 잘못된 것은?

① 요도폐색은 긴급성이 높은 질환이다.
② 신부전으로 식이할 수 없는 동물에게는, 중심정맥영양을 행하기도 한다.
③ 신장질환을 가지고 있는 동물은 적절한 식이 관리가 중요한 치료가 된다.
④ 하부요로질환인 고양이는 배설하기 쉽도록 화장실 환경을 정돈하는 것이 중요하다.
⑤ 만성신부전인 동물은 음수량을 제한하고, 탈수가 일어나지 않도록 한다.

정답 ⑤

해설 만성신부전의 동물은 뇨의 농축능력이 저하되고, 다음다뇨가 생길 수 있으므로, 음수량을 제한해 버리면 탈수가 발생할 수 있으므로 주의해야 한다.

116 호흡기 질환을 갖고 있는 동물의 간호로 맞는 것은?

① 비만 동물은 감량을 위해, 강도 높은 운동을 시킨다.
② 기침 증상을 보이는 동물은, 오연을 방지하기 위해 식이량을 제한한다.
③ 숨쉬기 괴로워하는 동물은 횡와위의 자세를 취하게 한다.
④ 치아노제가 보이는 경우, 산염기평형이상이 발생했다고 예상할 수 있다.
⑤ 전용 입원실을 준비하는 등 안정을 취할 수 있는 환경을 마련한다.

정답 ⑤

해설 호흡기 질환의 동물일 경우, 강도 높은 운동은 호흡부전상태가 될 위험이 있으므로 지양하며, 기침은 호흡곤란 및
인후의 통증을 동반하며, 에너지가 소모되므로 저영양상태가 되지 않도록 식사관리가 필요하다. 치아노제의 경우는
저산소혈증시에 보이는 증상이다.

117 피부 질환을 갖고 있는 동물의 간호에 대한 설명으로 맞는 것은?

① 약용 샴푸는 피부 전체에 바른 뒤, 재빨리 닦아낸다.
② 음식물 알레르기의 알레르겐은, 피내 검사로만 판정할 수 있다.
③ 보호자의 정신적 고통이 커질 수 있으므로, 장기적인 치료에는 정신적인 지지가 필요하다.
④ 동물이 몸을 긁는 것은 가려움을 가라앉히기 위해 필요하므로, 마음껏 긁을수 있도록 둔다.
⑤ 샴푸 후에는 피부를 바짝 건조시킴으로써 가려움이나 통증을 막을 수 있다.

정답 ③

해설 약용 샴푸는 피부에 스며들도록 5~10분 두어야 효과가 좋다. 알레르겐은 피내검사뿐 아니라 IgE나 림파구반응
시험등 혈액검사를 통해서도 가능하다. 피부의 온도변화과 건조는 간지러움을 가져올 수 있으므로, 샤워 후에는
보습을 해주어야 한다.

118 초음파 검사의 기본원리와 검사 준비에 관한 사항으로 알맞지 않은 것은?

① 일반적으로 소형견이나 고양이 복부 초음파 검사에는 저주파인 3.0~5.0MHz를 이용하고,
   대형견은 고주파인 7.5~10MHz를 주로 사용한다.
② 탐촉자는 일정한 간격으로 음파를 발산하고 그 음파의 에코를 받아들이는 역할을 한다.
③ 리니어 프로브는 해상도는 좋으나 투과력이 약하다.
④ 컨벡스 프로브는 스크린 영상의 모양이 부채꼴 모양으로 나타난다.
⑤ 초음파영상의 최적화를 위해 검사부위에 맞게 TGC, Depth, Focus, Gain 등을 조절한다.

정답 ①

해설 일반적으로 소형견이나 고양이 복부 초음파 검사에는 고주파인 7.5~10MHz를 이용하고, 대형견은 저주파인
3.0~5.0MHz를 주로 사용한다.

119 항생제 투여 효과가 있는 비뇨기질환은?

① 수신증
② 요로결석증
③ 요로폐색
④ 세균성방광염
⑤ 방광종양

정답 ④
해설 세균성(급성)방광염

120 피부 질환 치료용 샴푸에 포함되는 항진균제는?

① 과산화벤조일
② 살리실산
③ 케토코나졸
④ 글리세린
⑤ 세라마이드

정답 ③
해설 케토코나졸은 항진균제의 일종이다.

3

과목3
임상 동물보건학

1 다음 중 수술실을 이루고 있는 장소와 구역에 관한 설명으로 잘못된 것은?

① 수술준비구역과 수술방이 있으며, 혼합구역은 스크럽을 시행하는 공간이 있다.

② 멸균구역에 있는 것을 비멸균자는 접촉해서는 안 되며, 실수로라도 접촉했을 경우에는 그 자리에서 간단하게 소독하여 재사용한다.

③ 스크럽을 한 멸균수술보조자도 멸균된 것만을 취급해야한다.

④ 오염구역의 보조자는 수술 시 멸균된 것을 만지면 안 된다.

⑤ 수술방의 문은 위생을 위해 청소할 때를 제외하고는 닫아두는 것이 권장된다.

정답 ②

해설 멸균구역의 것을 비멸균자가 접촉한 경우는 멸균제품으로 교체를 해야한다.

2 외과적 창상치유에 대한 설명으로 잘못된 것은?

① 창상치유를 위해 적절한 영양관리는 필수적이다.

② 원활한 혈액공급을 통해 치료를 원활히 한다.

③ 신체의 모든 부위는 외상에 대해 조직적으로 반응한다.

④ 감염 및 이물질로 인해 치유과정이 촉진된다.

⑤ 1차 유합을 유도해 창상치유를 촉진한다.

정답 ④

해설 치유를 촉진하기 위해 감염 및 이물질이 없도록 관리한다.

3 수술을 위한 마취진행을 위해 동물보건사의 역할로 잘못된 것은?

① 마취 기구의 일상점검

② 마취 시작 3시간 전에 고객에 연락하여 절식 요청

③ 마취 도구 준비 및 세팅

④ 수술 및 마취 중의 응급처치 및 수의사 보조

⑤ 환자의 마취 중 바이탈사인 모니터링

정답 ②

해설 마취가 예정된 날의 최소 하루 전에는 미리 절식에 대한 안내를 해주어야한다.

4 **수동배액과 능동배액에 대한 내용으로 맞게 연결된 것은?**

① 수동배액-석션없이 자연스럽게 배액된 것이 빠져나가는 방법이다.

② 능동배액-중력 및 체강 사이의 압력 차이를 이용해 상처의 삼출물을 제거한다.

③ 수동배액-석션을 사용하는 배액법으로 음압을 이용한다.

④ 수동배액-폐쇄성 석션으로 잭슨프랫 배액법이 있다.

⑤ 능동배액-튜브를 통해 삼출물이 자연적으로 빠져나올수 있는 펜로즈 드레인 배액법이 있다.

정답 ①

해설 석션 없이 자연스럽게 배액되도록 하는 수동배액법의 대표적인 방법은 펜로즈 드레인이 있다.

5 **수술 전 기관 내 삽관을 위한 물품 준비에 대한 설명으로 잘못된 것은?**

① 기관 튜브 준비

② 후두경 준비

③ 국소마취용 스프레이 및 윤활제 준비

④ 커프용 주사기 준비

⑤ 도플러 혈압계 준비

정답 ⑤

해설 도플러 혈압계는 기관 내 삽관을 위한 물품에 해당되지 않는다.

6 **내과간호 시, 동물환자에게 약물경구투여 혹은 액상식이 강제급여 과정에 대한 사항으로 잘못된 것은?**

① 액상물질의 실린지를 강하고 빠르게 밀어서, 한꺼번에 신속하게 입안으로 들어가도록 한다.

② 투여한 실린지에 약물이 남아있기 때문에 여러 번 반복하여 정해진 양을 투여하도록 한다.

③ 액체로 차 있는 실린지를 이용하여, 입안에 투여한다.

④ 한 손으로 코나 입을 잡고, 다른 손으로 실린지를 잡고 부드럽게 삼키기 편한 자세로 기울여 투여한다.

⑤ 투여를 마치고 나면, 오염이 된 부위는 위생적으로 청결하게 정리한다.

정답 ①

해설 액상물질의 실린지를 강하고 빠르게 밀어 넣어 한꺼번에 모든 양이 입안으로 들어가게 되면 기도폐색이나 오연성 폐렴 등의 위험이 발생할 수 있으므로, 무리하게 주입하지 않는다.

7 **다음 중 다른 성질을 가진 봉합사는 무엇인가?**

① surgical gut

② polydioxanone

③ nylon

④ polyglactin 910

⑤ polyglycolic acid

정답 ③

해설 비흡수성 봉합사

8 다음 중 피하수액을 주입하는 과정에 대한 설명으로 잘못된 것은?

① 감염의 위험을 줄이기 위해 주사 삽입부위 피부의 털을 클리핑한다.

② 감염 방지를 위해 투여부위는 항상 소독하고, 장갑을 사용한다.

③ 투여 부위 주변을 마사지 하면서 흡수를 도와준다.

④ 가온한 수액, 멸균 실린지 및 바늘, 클리퍼, 장갑, 소독 용품을 준비한다.

⑤ 수액 투여 중, 바늘이 빠지면 재사용할 수 있으며, 한 부위에 모두 투여한다.

정답 ⑤

해설 바늘이 빠지는 경우 다시 멸균바늘을 사용해야하며, 나눠서 여러 부위에 투여하는 것을 권장한다.

9 다음 중 수술도구에 대한 설명으로 맞는 것은?

① Allis Forceps는 작은 조직 절개에 사용되는 가위이다.

② Mayo Scissors는 안구의 조직을 자를 때 사용하는 가위이다.

③ Intestinal Forceps는 딱딱한 조직을 고정할 때 사용하는 포셉이다.

④ Gelpi Retractor는 붕대커팅에 사용하는 가위이다.

⑤ Olsen-Hegar Needle Holder는 가위기능이 있는 니들홀더이다.

정답 ⑤

해설 Mayo-Hegar Needle Holder는 가장 일반적이며, Olsen-Hegar Needle Holder는 가위기능이 있다.

10 감염병 및 전염병 환자의 진료 및 입원 시 주의사항으로 맞은 것은?

① 진료 전에만 장소를 깨끗이 소독하면 진료 후에는 소독이 필요없다.

② 사람의 이동과 전염병 환자의 동선을 제한한다.

③ 수술실 혹은 일반 입원실에 감염환자를 두어, 안전성을 높인다.

④ 눈에 보이는 오염은 바로 제거하고, 바로 소독을 한다.

⑤ 간호하면서 사용하는 물품 등은 일반입원실이나 격리실이나 공동으로 사용한다.

정답 ②

해설 사람의 이동과 전염병 환자의 동선을 제한하고 일반입원실과는 격리하여 감염되는 것을 최소화한다.

11 다음 중 $EtCO_2$의 특징으로 잘못된 것은?

① 환기상태를 평가하기 위해 확인하는 수치이다.

② 호기말 이산화탄소 분압을 나타낸다.

③ 이 수치가 너무 낮으면 과호흡이 원인일 수 있다.

④ 수치가 100mmHg 이상으로 유지 시 안정화된 것이다.

⑤ 마취 시 35~45mmHg 수준을 유지해야 함

정답 ④

해설 보통 45~60mmHg 이상으로 올라가지 않게 하는 것이 좋다.

12 마취 시 모니터링기기로 확인이 가능한 주요 모니터링 항목으로 이루어진 것은?

① 호흡수, 심박수, 체온, 체중

② 호흡수, 심박수, $EtCO_2$, 심전도, 체중

③ 호흡수, 심박수, SpO_2, $EtCO_2$, 심전도

④ 호흡수, 심박수, SpO_2, $EtCO_2$, CRT

⑤ 호흡수, 체온, 심전도, 케타민농도

정답 ③

해설 마취 시 모니터링이 되어야 하는 항목으로 호흡수, 심박수, SpO_2, $EtCO_2$, 심전도, 혈압, 체온 등이 있다.

13 다음 중 마취 모니터링 기록지의 정보로 잘못된 것은?

① 기본정보 : 동물의 체중, TPR, 수술의 종류, 수술자, 수술보조자 등

② 사용약물 : 시용한 약물의 종류, 용량, 투여경로 등

③ 타임라인 : 수술의 시작과 끝나는 시간 등

④ 실시간 모니터링 수치 : 모니터링기에 나오는 파라미터 등을 시간별로 기록

⑤ 기타 기록사항 : 퇴원 후 복용해야하는 약의 성분명 및 기대효과

정답 ⑤

해설 기타 기록사항으로는 수액의 종류 및 속도 등 마취에 관한 사항을 기록한다.

14 호르몬관련 질병 및 진단검사 방법 대한 설명으로 잘못된 것은?

① 에디슨 질환이 의심되는 경우 ACTH자극시험으로 진단한다.

② LDDST는 첫 채혈 후 4시간 간격으로 채혈 및 혈청을 분리한다.

③ 쿠싱의 증상으로 다음, 다뇨, 다식, 좌우 대칭성 탈모 등이 있다.

④ ACTH자극시험시에는 합성ACTH 주사 후 24시간이 지나, 채혈하고 혈청을 분리한다.

⑤ LDDST는 0.01mg/kg를 HDDST는 0.1mg/kg을 투여하는 것 외에, 검사 절차는 동일하다.

정답 ④

해설 ACTH는 첫 채혈 후 1시간 후에 채혈 및 혈청을 분리한다.

15 다음 중 정맥수액 주입준비에 대한 설명으로 잘못된 것은?

① 정맥카테터 장착전에 필요한 모든 도구는 환자를 보정 전에 미리 다 꺼내어 준비해둔다.

② 수액의 유통기한을 확인하고, 이물질 혹은 오염 등이 있는지 확인한다.

③ 수액 비닐을 제거하고, 가온하여, 수액대에 걸어둔다.

④ 환자에 알맞은 수액과 수액세트를 연결하고, 인퓨전 펌프에 장착한다.

⑤ 수액세트의 연결관에는 공기가 들어가도 무방하니 무시한다.

정답 ⑤

해설 수액세트 연결관 등의 관에는 공기가 들어가면 위험해질 수 있으므로, 모든 공기를 제거하고 장착한다.

16 동물환자의 압박배뇨 과정에 대한 설명으로 잘못된 것은?

① 시술자와 보조자, 2인 이상이 있어야 한다.

② 압박배뇨 전에 생식기 주변을 세척 및 소독한다.

③ 한 손으로 배 뒤쪽 부위를 통해 방광을 고립시키고, 반대쪽 손은 복벽에 위치하고, 부드럽게 압박하여 배뇨를 유도한다.

④ 저항감이 있거나, 더 이상 요가 배출이 되지 않아도 바로 압박배뇨를 적극적으로 시도한다.

⑤ 요도폐색 가능성이 있는 환자에게는 요카테터 장착하는 것이 안전한 방법인다.

정답 ④

해설 저항감이 있거나, 더 이상 요배출이 되지 않으면, 중단한다.

17 다음 중 내과적 치료 중, 수혈이 필요한 경우가 있다. 공혈해주는 동물의 조건으로 잘못된 것은?

① CRT가 5초 이상인 동물

② CBC검사에 이상이 없는 동물

③ BCS가 정상이며, 탈수증상이 없는 동물

④ 내복하는 약이 없는 동물

⑤ 심장사상충에 감염되지 않은 동물

정답 ①

해설 CRT(모세혈관재충만시간)이 2초 이상일 경우 탈수가 있는 것으로 판단되어, 공혈이 추천되지 않는다.

18 삼투압과 관련된 수액에 대한 설명 중 맞는 것은?

① 칼륨이나 칼슘 등의 분자량이 적은 물질을 포함하여 혈장의 부피를 증가시키는 데 사용되는 등장액

② 혈장과 같은 삼투압을 지니고, 체액의 이동이 없는 고장액

③ 혈장보다 낮은 삼투압을 지니고, 세포로 체액이 이동하는 저장액

④ 분자량이 큰 물질을 포함하여 혈량의 부피를 증가시키는 등장액

⑤ 혈장보다 높은 삼투압을 지니고, 세포에서 혈액으로 체액이 이동하는 등장액

정답 ③

해설 혈장보다 낮은 삼투압을 지니고, 세포로 체액이 이동하는 수액이 저장액이다.

19 내원하였거나 입원중의 환자에게 산소가 지시되는 상황으로 잘못된 것은?

① 만성피부염　　　　　　② 호흡곤란

③ 저혈압　　　　　　　　④ 중증외상

⑤ 심부전

정답 ①

해설 만성피부염의 경우 응급으로 산소를 요하는 경우는 극히 드물다.

20 고혈압의 증상이 보여지는 질환이나 원인이 아닌 것은?

① 부신피질기능항진증   ② 당뇨병

③ 신장질환   ④ 말초혈관 확장

⑤ 심장질환

정답 ④

해설 말초혈관의 확장은 저혈압의 원인이 된다.

21 다음 중 작은 조직을 절개하거나 둔성분리 및 섬세한 작업에 사용하는 수술용 가위로 맞은 것은?

① Metzenbaum Scissors   ② Stapler

③ Spencer Stitch Scissors   ④ Thumb Forceps

⑤ Needle Holder

정답 ①

해설 Metzenbaum Scissors으로 둔성분리 혹은 섬세한 조직절개 등에 사용한다.

22 수혈에 대한 설명으로 잘못된 것은?

① 수혈 부작용을 최소화하기 위해 항히스타민제를 투여하기도 한다.

② 칼슘은 혈액 응고를 일으킬 수 있으므로, 칼슘이 함유된 수액과 혈액을 같은 관을 통해 주입하지 않도록 주의한다.

③ 냉장 보관된 혈액은 뜨거운 물로 과도하게 가온시킨다.

④ 수혈 전에 수혈 bag을 약하게 여러 번 흔들어서, 혈구를 골고루 부유시키도록 한다.

⑤ 수혈 시작 직후부터 약 48시간까지 면역반응의 부작용 등이 나타날 수 있으므로, 주의깊은 관찰이 요구된다.

정답 ③

해설 과도한 가온은 용혈을 야기하므로 미지근한 물로 가온한다.

23 다음 중 핸들링과 보정에 대한 설명으로 잘못된 것은?

① 유기견 및 유기묘의 경우, 보정에 대한 예상치 못한 거부감이 있으니, 항시 주의한다.

② 동물병원에 내원한 대부분의 보호자와 동물환자들은 핸들링과 보정에 익숙해져 있으므로 안심해도 된다.

③ 핸들링이나 보정은 종과 품종에 맞춰, 적절한 방법으로 정확히 기술을 수행하는 것이 매우 중요하다.

④ 편안한 보정을 받은 동물환자는 안전한 처치를 받기가 수월하다.

⑤ 동물보건사의 핸들링과 보정에 대한 자신감이 중요하며, 최선을 다하는 자세가 필요하다.

정답 ②

해설 핸들링과 보정기술을 적용하기 어려울 정도로 익숙지 않은 동물환자들도 있으므로, 긴장을 늦추지 말고, 안심하지 않도록 주의를 기울인다.

24 마취 후 회복 시 환자를 간호하는 과정 중 잘못된 것은?

① 바이탈 사인 및 혈압 등을 모니터링한다.

② 안정된 환경을 조성하고, 환자가 흥분하지 않도록 순조로운 회복을 유도한다

③ 저체온은 환자의 회복을 지연시킬 수 있으므로, 직접적으로 뜨거운 핫팩을 피부에 접촉하게 하여 신속하게 체온을 올려준다.

④ 다양한 상황의 위험 방지 등을 위해 넥칼라를 착용한다.

⑤ 환자에 알맞은 수액 처치를 진행한다.

정답 ③

해설 직접적인 핫팩은 화상 등의 위험으로 사용하지 않는다.

25 다음 혈액검체용기튜브 중 혈액중의 칼슘이온과 착화결합으로 제거되어 항응고작용이 나타나는 용기는?

① EDTA 튜브   ② Citrate(sodium citrate) 튜브

③ Heparin 튜브   ④ Plain 튜브

⑤ SST(serum separate tube)

정답 ③

해설 EDTA 튜브: 용기 색상이 연보라색이며, CBC검사에 주로 사용한다.

26 다음 중 수술창의 시야를 확보하기 위해 사용되는 기구는?

① Allis forceps   ② Mayo Scissors

③ Intestinal Forceps   ④ Gelpi Retractor

⑤ Olsen-Hegar Needle Holder

정답 ④

해설 Senn / Gelpi / Weitlaner Retractor 등으로 수술 시야를 확보한다.

27 분변검사의 설명으로 잘못된 것은?

① 분변 검체를 통해 육안으로도 성상 및 충란과 원충등을 검사 하는 것을 말한다.

② 동물이 소화기 증상을 나타낼 때 질병을 진단하기 위해 검사한다.

③ 내부기생충 충란과 지알디아, 콕시듐과 같은 원충을 확인하기 좋은 검사 방법은 분변 도말 검사다.

④ 소장 출혈 시 적색변, 대장 출혈 시 흑변을 띈다.

⑤ 분변 도말검사는 슬라이드글라스에 분변을 소량 채취하여 생리식염수에 개어 액상으로 만든 후 기생충란과 원충 등을 관찰하는 검사다.

정답 ④

해설 소장의 출혈이 있는 경우: 흑변 / 대장의 출혈이 있는 경우: 적색변

28 다음 중 임상병리검사에 대한 설명으로 잘못된 것은?

① CBC혈액검사는 혈액성분 중 혈구에 대한 검사가 가능하다.

② 혈액화학검사는 혈장의 각종 생화학성분을 분석한다.

③ 면역혈청학검사는 FNA세침검사법을 이용한 검사이다.

④ 면역혈청학검사는 항원항체반응을 통한 키트검사가 있다.

⑤ 요비중은 굴절계를 이용하여 검사한다.

정답 ③

해설 FNA세침검사법은 얇은 바늘을 이용하여 병변의 세포를 뽑아 현미경으로 검사하는 방법이다.

29 다음 중 각 마취에 대한 설명으로 맞는 것은?

① 국소마취 : 케타민 주사제를 통해 동물을 마취시켜 무의식으로 만든다.

② 주사정맥마취 : 주사투여를 위한 준비단계가 상당히 까다로우며, 과량 투여 시 해독이 어렵다.

③ 호흡마취 : 주사마취보다 안전하고 모니터링이 수월하며, 훈련된 의료인력이 필요하다.

④ 경막외마취 : 보통 고양이 미용이나 수컷 중성화 등에 사용된다.

⑤ 주사정맥마취 : 휘발성 마취제를 기관내튜브를 통해 주입하여 환자를 장시간 무의식으로 만든다.

정답 ③

해설 호흡마취는 기관내삽관 후 휘발성마취제를 사용하며, 주사마취보다 안전하고 모니터링이 수월하며, 훈련된 의료인력이 필요하다.

30 동물이 통증을 표현하는 증상에 대한 설명으로 잘못된 것은?

① 구석으로 들어가려는 증상

② 안으려고 하면 아파서 물려고 하는 증상

③ 움직임이 둔하거나, 강직되는 증상

④ 부위를 깨물거나 핥는 증상

⑤ 점진적으로 식욕이 증가하는 현상

정답 ⑤

해설 통증이 지속되면 식욕이 감소하는 경향을 보인다.

31 동물보건사의 진료보조 및 동물간호에 사용하는 기술로 잘못된 것은?

① 약의 처방

② 입원 동물의 관리기술

③ 감염예방 · 환경위생관리기술

④ 동물의 보호자와의 커뮤니케이션 기술

⑤ 동물을 잡는 보정기술

정답 ①

해설 진단, 예후 판정, 수술 및 처방 등은 수의사 업무에 해당한다.

32 식욕이 없는 동물의 식이 관리에 대한 설명으로 맞는 것은?

① 유동식을 주어도 자발적으로 삼키지 못하거나 사레가 걸리는 경우, 오연을 막기 위해 급여를 중지한다.

② 튜브로 급여하면, 동물에게 스트레스를 주므로 하지 않는 것이 좋다.

③ 식욕이 없는 동물에게는 반드시 식욕 촉진제를 투여한다.

④ 튜브로 급여할 때, 유동식이 매끄럽게 들어가지 않으면 강한 힘을 주어 주입기를 반복적으로 민다.

⑤ 식욕이 없는 입원 동물은 여러 가지 종류의 식이를 모두 시험해보는 것이 좋다.

정답 ①

해설 유동식의 강제 급여 시 자발적으로 삼키지 못하면 오연성 폐렴을 일으킬 수 있으므로, 무리한 강제 급여는 하지 않는다.

33 경장영양 요법에 대한 설명으로 맞는 것은?

① 위루관(PEG)의 끝은 위 내에서 절대 빠지지 않으므로, 전용 옷을 입힐 필요는 없다.

② 비식도관은 동물의 시야에 들어가지 않도록 설치하므로 동물에게 불쾌감을 거의 주지 않는다.

③ 비식도관을 설치한 동물은 자택관리 시, 엘리자베스카라 착용을 해서는 안된다.

④ 위루관(PEG)은 동물의 중~장기적인 영양 치료에 적절하지만 설치할 때 위중한 합병증을 일으킬 수 있어 주의가 필요하다.

⑤ 위루관(PEG)를 설치하려면 수일에 걸쳐 누공이 완성되므로 2~3일 입원하고 자택관리로 전환하여도 문제가 생기지 않는다.

정답 ④

해설 비식도관은 관의 끝이 동물의 시야에 보이지 않도록 설치하고, 엘리자베스칼라를 착용한다.
위루관 설치 후 약 1주일간은 입원하여 경과 관찰을 하는 것이 권장되며, 위 내에서 빠지는 경우, 복막염 등 위중한 합병증을 일으킬 수 있으므로 전용복을 입어야 한다.

34 경정맥 영양요법에 대한 설명으로 잘못된 것은?

① 말초정맥(비경구)영양법(PPN)으로 투여 가능한 칼로리양은, 일반적으로 완천정맥(비경구)영양법(TPN)보다 적다.

② 완전정맥(비경구)영양법(TPN)은 중심정맥을 통해 수액제를 투여한다.

③ 완전정맥(비경구)영양법(TPN)이나 말초정맥(비경구)영양법(PPN)은 부작용이 일어나지 않는다.

④ 경장영양법은 다양한 합병증에 주의하여 동물을 관찰한다.

⑤ 포도당 투여 중에는 칼륨 농도를 자주 모니터링할 필요가 있다.

정답 ③

해설 정맥 카테터로 인한 패혈증이나 혈전형성, 정맥염, 혈관염 등의 부작용이 있으므로 주의해야 한다.

35 동물 보호자에게 약에 대한 설명을 할 때, 동물보건사가 취해야 할 행동으로 맞는 것은?

① 약의 작용, 부작용은 수의사가 전달하기 때문에, 동물보건사는 처방내용과 투약법만 설명한다.

② 정기적으로 동일한 약을 처방하는 경우, 약을 봉투에서 꺼내어 색이나 모양, 개수 등이 평소 처방 받은 약과 다르지 않은지 확인하지 않아도 된다.

③ 내복약과 외용약은 구분하기 쉬우므로 같은 약봉투에 넣는다.

④ 약의 1회 용량, 1일 투약 횟수는 약봉투에 정확히 적어두면, 부가설명을 하지 않아도 된다.

⑤ 내복약의 모양에 따라, 과거에 복용한 적이 있는지 확인하고 복용한 적이 없는 경우에는 복약지도를 한다.

정답 ⑤

해설 보호자 복약지도는 기존의 약과 동일하더라도, 봉투의 기입 내용 및 복용 방법 등을 확인하고 작용 및 부작용 등을 설명하여, 발생할 수 있는 다양한 실수를 최대한 줄여야 한다.

36 동물의 입원환경에 대한 설명으로 잘못된 것은?

① 입원 동물이 더위하면 안에 보냉제를 넣기도 하지만, 이물로 섭취하지 않도록 주의해야 한다.

② 쇠약한 동물이나 수술 후의 동물은 체온이 떨어지는 경우가 많으므로 보온매트를 설치한다.

③ 흥분한 동물을 안정시키기 위해서는, 건강 상태가 나쁘더라도 입원장의 문을 타올로 감싸 주위가 보이지 않도록 한 뒤 사람들과의 접촉을 피하도록 한다.

④ 선회운동을 하는 동물은, 매트로 입원장 안의 모서리를 보호하거나 입원장 안에 빈틈없이 타올을 깔아 동물환자가 다치지 않게 한다.

⑤ 정형외과 질환의 동물은 미끄러지지 않도록 입원장 안에 매트를 깐다.

정답 ③

해설 흥분한 동물을 안정시키기 위해 타올로 입원장 전체를 감싸기는 하지만, 입원장 안의 동물환자 상태가 보이지 않게 되므로, 건강 상태가 좋지 않은 동물환자의 경우에는 추천되지 않는다.

37 입원 중인 동물의 관리에 대한 설명으로 맞는 것은?

① 동물이 정맥 카테터가 꽂혀있던 부위를 핥고 있어, 담당 수의사에게 보고하고, 추후 엘리자베스카라 착용 필요성에 대해 문의한다.

② 동물의 입원은 사람과 달라, 일반적으로, 동의서 등은 필요하지 않다.

③ 입원 중인 동물환자의 관찰 기록 시, 동일한 상황이나 동일한 처방 및 일정 등의 내용은 의무기록지에 작성하지 않아도 된다.

④ 이틀 이상 배변·배뇨를 하지 않으면 수의사에게 보고한다.

⑤ 퇴원일에 감염증을 발견했지만, 동물환자의 퇴원이 미리 정해져 있었으므로, 퇴원 수속을 진행했다.

정답 ①

해설 동물환자가 입원 중 특이 행동 등이 보이면, 담당 수의사와 상의하여 간호 및 처치 보조를 행한다.

38 입원 중인 동물에 대한 보호자의 문의에 대한 대응으로 잘못된 것은?

① 전화로 문의하는 경우에는 조용한 장소로 옮겨, 불안감을 주지 않도록 한다.

② 보호자가 병의 상태에 대해 무조건 보호자에게 긍정적인 답을 하도록 한다.

③ 동물이 얼마나 활발한지, 식이량은 어떤지 등 간호 중에 느낀 것을 전달한다.

④ 항상 입원장을 깨끗이 하여, 위생적으로 청결을 유지하여, 항시 면회에 대비하도록 한다.

⑤ 병의 경과나 모르는 것이 있으면 담당 수의사에게 정확한 설명을 듣도록 안내한다.

정답 ②

해설 육안으로 보이는 동물환자의 상태와 실제 체내의 병적인 상태는 다를 수도 있으며, 근거 없는 긍정적인 답변은 지양해야 한다.

39 수액 투여량을 결정할 때 참고해야 하는 병적인 수분상실 요소는?

① 연하곤란   ② 설사   ③ 기침

④ 절뚝거림   ⑤ 식욕저하

정답 ②

해설 구토, 설사, 배뇨 등의 병적 증상이 탈수 정도에 영향을 미친다.

40 1mL≒60방울이라고 표시된 수액 세트를 사용하여, 24시간 동안 360mL를 점적할 경우에 주입속도로 맞는 것은?

① 30방울/분   ② 10방울/분

③ 15방울/분   ④ 20방울/분

⑤ 25방울/분

정답 ③

해설 360mL÷24시간=15(mL/시간)이고, 60분 동안 15mL를 점적해야 하기 때문에, 15mL÷60분=1/4(mL/분)
60방울x1/4=15(방울/분)

41 체중 36kg의 개에게 체중 1kg당 1시간에 10mL 양으로 수액을 투여할 때의 올바른 주입속도는? (단, 사용하는 수액 세트의 적하수는 1mL≒20방울이다)

① 10방울/초   ② 1방울/초   ③ 2방울/초

④ 4방울/초   ⑤ 6방울/초

정답 ③

해설 10mL/시/kg으로 체중 36kg의 개에게 투여하기 위해 10(mL/시/kg)x36(kg)=360(mL/시)
결국, 1시간에 360mL을 투여해야 하는 것을 알게 되었다. 1mL≒20방울의 수액 튜브로는
1시간에 360mL는 1시간에 7,200방울을 점적하는 것과 동일하다.
7,200(방울/시)÷60분=120(방울/분)
120(방울/분)÷60초=2방울/초

42 움직이지 못하는 동물의 간호에 대한 설명으로 잘못된 것은?

① 스스로 배뇨하지 못하는 동물은, 배뇨를 돕기 위해 압박 배뇨를 하기도 한다.

② 병들어 누워 있는 동물은 근육 마사지를 하여 혈액순환을 좋게 한다.

③ 동물의 다리를 늘리거나 움츠리는 운동은 근육 유지에 효과적이다.

④ 잘못 삼키는 경우가 발생하기 쉬우므로, 스스로 식이하게 해야 한다.

⑤ 욕창을 막기 위해 대략 2~3시간에 1번 정도 자는 자세를 바꿔준다.

정답 ④

해설 거동이 불편한 동물의 경우, 강제 급여를 하거나 먹이를 손으로 직접 주는 등의 간호가 요구된다.

43 입원장 위생관리에 대한 설명으로 잘못된 것은?

① 사용이 끝난 깔개 중, 재활용할 타올은 소독이나 세탁을 한다.

② 입원장은 바닥 부분만 소독약을 적신 걸레로 닦아 청소한다.

③ 입원장 내에 토사물, 고름, 질 분비물 등을 발견할 경우, 바로 수의사에게 보고한다.

④ 감염증 또는 감염증 의심 동물이 사용한 식기는, 다른 동물의 것과 구분하여 소독한다.

⑤ 입원장 바닥은 오염 물질을 제거하고, 대걸레나 걸레로 구석구석 닦은 뒤 소독한다.

정답 ②

해설 입원장의 바닥 부분뿐 아니라, 안쪽 면, 앞면, 옆면 등 모든 면을 청소하고 위생관리를 해야 한다.

44 입원동물의 식이 관리에 대한 설명으로 맞는 것은?

① 동물환자를 맡을 때는, 보호자에게 평소에 먹는 식이의 종류나 양, 횟수를 확인한다.

② 튜브를 이용한 식이 급여는 동물에게 스트레스를 줄 수 있으므로 절대 하지 않는다.

③ 식욕이 없는 동물은 먼저 식욕 촉진제를 투여한다.

④ 가루약을 밥에 섞을 경우, 전체 밥에 약을 골고루 섞는다.

⑤ 소화기계 질환이 있을 경우, 서서히 식이량을 줄일 필요가 있다.

정답 ①

해설 가루약을 전체 밥에 섞는 경우, 밥은 남기게 되면 투약된 양의 가늠이 불가능하므로, 권하는 방법이 아니며, 입원 시 동물환자를 맡을 때는 평상시의 식이 습관을 파악해두어야 입원하는 동안의 식이가 원활하다.

45 반려동물의 수술 중 혈압의 숫자가 몇 이하가 되면 수의사에게 보고해야 하나?

① 50 이하　　　　　② 60 이하　　　　　③ 70 이하

④ 80 이하　　　　　⑤ 90 이하

정답 ②

해설 수술 중 마취 시 평균 혈압은 80~120 mmHg을 유지해야 한다. 단 60 mmHg 이하로 떨어질 경우 관류에 문제가 발생할 수 있으므로 수의사에게 알려야 한다.

46 입원동물의 관리에 대한 설명으로 잘못된 것은?

① 당뇨병이나 신장병으로 입원한 동물은 물을 많이 마시기 때문에, 입원장 내에 반드시 물을 넣어둔다.

② 산책 시의 동물환자의 이탈은, 리드줄을 목에 하나 걸기만 해도 충분히 방지할 수 있다.

③ 1일 간 배변, 배뇨를 하지 않으면 수의사에게 보고한다.

④ 정맥 카테터를 장착하고 있는 동물환자는 그 부위를 핥지 못하도록 엘리자베스카라를 착용하기도 한다.

⑤ 입원 동물의 요도카테터가 빠진 경우에는 즉시 수의사에게 보고한다.

정답 ②

해설 산책 시에 발생할 수 있는 반려동물의 이탈을 방지하기 위해, 각기 다른 리드줄을 2개 사용할 것을 권장한다.

47 입원장 청소에 대한 설명으로 맞는 것은?

① 입원장 안을 소독할 때, 소독액을 수돗물에 희석해서 사용한다.

② 입원장 내에 토사물, 고름, 질 분비물 등을 발견하면 바로 청소한다.

③ 입원장은 바닥뿐만 아니라, 벽이나 천장, 문의 안쪽 등도 청소한다.

④ 입원장은 청소나 소독이 완벽하지 않아도 병원체는 매개되지 않는다.

⑤ 사용하지 않는 입원장은 매일 청소하지 않아도 된다.

정답 ③

해설 입원장 내의 동물환자에게서 분비된 유기물들을 확인하면 담당 수의사에게 보고하고, 수의사 확인 후에 지시에 따라 청소한다. 입원장 소독액은 멸균정제수를 사용하여 희석할 것을 권장한다.

48 네블라이저 요법에 대한 설명으로 맞는 것은?

① 기기의 세정이나 점검은 한 달에 한 번으로 충분하다.

② 실시할 때는 동물을 마취시킬 필요가 있다.

③ 에어로졸화한 약을 마스크 등을 끼운 동물에게 흡인시킨다.

④ 네블라이저 요법을 실시할 경우, 동물에게 통증이 발생한다.

⑤ 집에서는 할 수 없다.

정답 ③

해설 마스크를 씌우거나 네블라이저 실에 동물환자를 넣은 후 에어로졸화한 약을 흡인시킨다.

49 고령 동물의 관리에 대한 설명으로 잘못된 것은?

① 요실금은 음부 및 포피 주위의 염증이나, 냄새의 원인이 된다.

② 양성 전립선 비대증은, 중성화 수술을 하지 않은 고령견에게서 나타난다.

③ 배뇨 능력이 저하되어도, 방광염에는 걸리지 않는다.

④ 오줌이나 변의 상태를 관찰하면, 동물의 건강을 어느 정도 파악할 수 있다.

⑤ 신장 기능이 쇠퇴하거나 다뇨 증상이 나타나는 경우가 있다.

정답 ③

해설 배뇨 능력이 저하되면 방광 내에 저류되는 오줌의 양이 많아지면서 방광염에 걸리기 쉬워진다.

50 고령 동물에 대한 설명으로 잘못된 것은?

① 시각, 청각은 쇠퇴되지만, 후각 기능은 변하지 않는다.

② 근력이 약해져, 넘어지기 쉬워진다.

③ 삼키는 능력이 떨어져 식기는 높은 위치에 두는 것이 좋다.

④ 같은 나이더라도, 견종에 따라 케어 방법이나 정도가 다르다.

⑤ 소화 기능 저하를 고려하여, 소량씩 자주 식이를 한다.

정답 ①

해설 노화로 인해 모든 장기의 능력이 대체적으로 저하된다.

51 고령견의 케어에 관한 설명 중, 밤중에 우는 현상에 대한 설명으로 잘못된 것은?

① 밤중에 우는 것은 불안해서인 경우가 많으므로, 쓰다듬기, 간식 주기 등의 행동으로 안심시킨다.

② 몸의 통증이나 상태가 좋지 않아 밤중에 잠들지 못하는 것이 원인이 되기도 한다.

③ 체내리듬이 망가진 것이 원인이 되기도 한다.

④ 안심할 수 있는 곳으로 수면 장소를 바꾸거나, 부드러운 소재를 사용하여 개선할 수 있다.

⑤ 낮에 적당한 산책을 하거나, 간식을 사용한 놀이를 하는 것이 효과적이다.

정답 ①

해설 고령견의 경우 치매(인지증)에 의한 수면리듬의 변화로 인해, 불면증이나 밤중에 우는 이상증상을 보이게 된다.

52 욕창에 대한 설명으로 맞는 것은?

> a : 피부에 지속적인 압력이 가해지면 생긴다.
> b : 욕창에서 감염을 일으켜, 패혈증이 진행되기도 한다.
> c : 동물의 자세를 자주 바꿔주면 욕창이 악화된다.
> d : 피부의 피하조직을 넘어 근육까지 도달한 상태를 말한다.
> e : 한번 치유하면 재발하지 않는다.

① a, e   ② a, b   ③ b, c
④ c, d   ⑤ d, e

정답 ②
해설 욕창은 거동이 어려운 동물환자의 피부에 지속적인 압력이 가해지면서 발생한다.
미란, 궤양, 괴사 등이 보이며, 감염을 일으켜 패혈증으로 진행되기도 한다.

53 인지기능장애증후군에 대한 설명으로 맞는 것은?

① 인지기능장애증후군의 증상은 동물 개체에 따라 차이가 없으므로,
　모든 동물에게 동일하게 대응해도 된다.
② 만지기, 음악 틀기 등의 경미한 자극이라도 절대 주지 않는 것이 좋다.
③ 모서리가 있는 곳에서 움직이지 못하는 경우가 있으므로, 방의 모서리 등을
　매트 등으로 감싼다.
④ 시력, 청력은 정상이므로, 지금까지와 같이 스킨쉽이 가능하다.
⑤ 개에게는 발생하는 경우가 많지만, 고양이에게는 발생하는 경우는 거의 없다.

정답 ③
해설 생활의 불편함이 없도록, 사고가 발생하지 않도록 안전한 환경을 마련해준다.

54 고령견의 배설 문제와 그 대처에 대한 설명으로 잘못된 것은?

① 시력이 저하된 경우, 화장실을 포함한 물건이나 장소는 가능한 한 변경하지 않는다.
② 배설 자세를 취하기 어려울 경우에는, 화장실 주변을 잘 미끄러지지 않는 소재로 바꾼다.
③ 하네스 등으로 배설 자세를 보조하기도 한다.
④ 배설을 제어하지 못하는 경우에는 기저귀의 착용을 고려한다.
⑤ 인지기능장애증후군 고령 동물이라도 배변 훈련은 어렵지 않다.

정답 ⑤
해설 인지기능장애증후군 증상이 보이면 배변 훈련을 시키는 것은 어렵다.

55 주사기에 대한 설명으로 맞는 것은?

① 주사기를 흡인할 때는 피스톤을 비스듬하게 당기면 된다.

② 항암제는 주사기를 만질 때에도 장갑을 착용하는 등 엄중히 취급하여 투여한다.

③ 일회용 주사기는, 건강한 동물에 백신 접종으로 사용하였다면, 확실히 세정·멸균한 뒤 다른 동물에게 재사용할 수 있다.

④ 사용이 끝난 주사기는, 모두 불연성 쓰레기로 폐기한다.

⑤ 주사기를 사용하기 전에 손을 씻을 필요는 없다.

정답 ②

해설 일회용 주사기는 재사용이 금지되며, 사용 후 주사 바늘은 손상성 위해 의료폐기물, 주사기 실린지는 일반의료용 폐기물로 분류하여 폐기한다. 피스톤은 정방향으로 당겨주어야 한다.

56 동물 보정에 대한 설명으로 맞는 것은?

① 동물이 뛰어내리지 못하도록 진료대와 동물을 끈으로 연결한다.

② 동물을 올바르게 보정해야 하는 이유 중, 가장 중요한 이유는 보호자의 마음이 힘들지 않도록 하는 것이 가장 중요하다.

③ 개가 물려고 할 때는 엘리자베스칼라 없이 뒤에서 접근하는 것이 좋다.

④ 고양이의 경정맥에서 채혈을 할 때는 보정용 주머니를 사용하기도 한다.

⑤ 약을 사용한 보정법은 동물에게 큰 부담이 되므로 절대로 행해서는 안 된다.

정답 ④

해설 동물 보정을 올바르게 해야 하는 가장 중요한 이유는 진료 혹은 치료, 처치를 정확하게 그리고 안전하게 하기 위함이다. 고양이의 채혈 시에는 보정용 주머니를 사용하기도 한다.

57 진료보조 시의 바이탈 사인 측정법으로 맞는 것은?

① 모세혈관재충만시간(CRT)은 잇몸을 압박하여 측정한다.

② 체온은 구강체온으로 측정한다.

③ 혈압은 맥박수로 측정한다.

④ 심박수와 호흡수는 회/시간으로 표기한다.

⑤ 심박수는 타진을 통해 측정한다.

정답 ①

해설 체온은 항문 체온으로 측정하고, 혈압은 도플러 혈압계나 오실로메트릭 혈압계를 이용하여 측정한다. 심박수와 호흡수 표기는 회/분이며, 심박수는 청진을 통해 측정한다.

58 건강한 개의 경우에 해당하는 바이탈 사인으로 적절하지 않은 것은?

① 평균 혈압 : 95mmHg

② 체온 : 38.4℃

③ 호흡수 : 45회/분

④ 심박수 : 95회/분

⑤ 모세혈관재충만시간(CRT) : 약 1초

정답 ③

해설 건강한 개의 정상 호흡수 범위의 최대치는 대략 20~30(회/분) 정도이다.

59 건강한 고양이의 바이탈 사인으로 적절하지 않은 것은?

① 이완기 혈압 : 100mmHg

② 체온 : 36.5℃

③ 심박수 : 185회/분

④ 호흡수 : 25회/분

⑤ 모세혈관재충만시간(CRT) : 약 1초

정답 ②

해설 건강한 고양이의 정상 체온은 약 38~39℃ 정도이다.

60 개나 고양이의 호흡을 측정하는 방법에 대한 설명으로 잘못된 것은?

① 뛰고 난 후는 호흡수가 증가되므로, 안정을 취한 후에 호흡수를 측정한다.

② 호흡수는 흉부의 움직임을 보고 측정한다.

③ 안정 시의 정상 호흡수는 45회/분 이상이다.

④ 산소포화도 측정기는 혈중 산소포화도를 측정하는 데 사용한다.

⑤ 통증이나 발열이 있는 경우에 호흡수가 증가한다.

정답 ③

해설 개나 고양이의 정상 호흡수 범위의 최대치는 대략 20~30(회/분) 정도이다.

61 맥박을 측정하는데 가장 적절한 측정 부위는?

① 넙다리 동맥

② 경정맥

③ 경동맥

④ 요골쪽정맥

⑤ 복재정맥

정답 ①

해설 맥박 측정은 주로 대퇴부위 안쪽의 넙다리동맥에서 측정한다.

62 체온 측정과 그 평가에 대한 설명으로 맞는 것은?

① 대형견이 소형견보다 조금 체온이 높은 편이다.

② 체온은 겨드랑이로 재는 것이 일반적이다.

③ 개의 정상 체온은 36.0℃ 이하이다.

④ 측정 시에 프로브 커버나 젤이 필요한 경우가 있다.

⑤ 강아지보다 성견의 체온이 높다.

정답 ④

해설 직장체온 측정 시에 프로브커버나 젤이 필요한 경우가 있다.
대형견보다 소형견의 체온이 약간 높으며, 성견보다 강아지의 체온이 높다.

63 개의 적절한 혈압계 커프 착용 부위는?

① 목   ② 뒷다리

③ 몸통   ④ 혀

⑤ 귀

정답 ②

해설 혈압계 커프는 일반적으로 전지나 후지의 원위부, 꼬리의 근위부에 장착하여 혈압을 측정한다.

64 개와 고양이의 일반 케어에 대한 설명으로 잘못된 것은?

① 귓바퀴는 적신 탈지면 등으로 누르듯이 닦는다.

② 고양이는 샴푸를 자주 하면 털이나 피부 통증의 원인이 된다.

③ 샴푸를 헹굴 때는 둔부나 다리 쪽부터 물을 뿌린다.

④ 엉킨 털을 효과적으로 풀기 위해, 빗질은 털이 자란 반대 방향으로 한다.

⑤ 양치는 주2~3회 정도 한다.

정답 ④

해설 빗질은 털이 나는 결의 정방향으로 해주어야 한다.

65 개의 발톱 손질에 대한 설명으로 잘못된 것은?

① 동물은 산책 등 일상 운동으로 인해 발톱을 깎을 필요가 없다.

② 피가 날 정도로 짧게 깎는다.

③ 오랫동안 발톱을 깎지 않은 동물은 혈관이나 신경이 자라있을 가능성이 있다.

④ 다리 하나에 며느리발톱이 2개인 경우도 있다.

⑤ 발톱이 너무 많이 자라면 걸을 때 지장이 생긴다.

정답 ②

해설 발톱의 혈관과 신경을 건드리지 않도록 약간의 여유를 두고 깎는다.

66 항문낭에 대한 설명으로 맞는 것은?

> a : 항문낭을 짤 때는 보정하지 않아도 된다.
> b : 개의 항문낭은 항문을 정면으로 하여 9시 또는 3시 방향에 있다.
> c : 항문낭에 분비물이 너무 많이 쌓이면 파열될 수도 있다.
> d : 항문샘에서 나오는 분비물은 견종에 상관없이 자연 배출되므로, 기본적으로 짤 필요는 없다.
> e : 항문낭 분비물은 끈적거리지 않는 것부터 걸쭉하게 덩어리지는 것까지 형태가 다양하다.

① d, e   ② a, b   ③ b, c
④ a, e   ⑤ c, e

정답 ⑤
해설 항문낭은 정기적으로 확인하고 짜주어야 하며, 항문낭의 위치는 4시와 8시 방향에 있다.

67 개의 귀 관리에 대한 설명으로 잘못된 것은?

① 귀의 오염이 심각할 경우에는 귀 세정을 해야 한다.
② 귀지는 면봉으로 강력하게 문지르듯이 제거한다.
③ 귀에 이상이 있을 경우, 동물은 머리를 자주 흔든다.
④ 귀 청소로 파낸 귀지는 검체로 사용될 수 있으므로 함부로 버리지 않는다.
⑤ 시진이나 촉진 시에 귀의 냄새, 귓바퀴 안쪽의 상태를 관찰한다.

정답 ②
해설 면봉으로 귀지 제거 시 상처가 생길 수 있으므로 권장하지는 않는다.

68 동물의 배설과 관련해서 간호할 때의 내용으로 잘못된 것은?

① 방광염은 빈뇨나 배뇨통을 동반한다.
② 기저귀는 피부 질환으로 이어질 수 있으니 절대 사용하지 않는다.
③ 배뇨곤란인 동물의 배설지원으로 방광을 압박하는 압박 배뇨를 한다.
④ 요실금이 있는 경우, 자주 닦는 것이 중요하다.
⑤ 변비가 생긴 동물은 관장 등의 처치가 필요하다.

정답 ②
해설 기저귀로 인해 피부 질환이 발생되는 경우도 있을 수 있으나, 필요에 따라서는 기저귀를 사용해야 하는 경우도 있다.

69 외부기생충의 예방에 대한 설명으로 잘못된 것은?

① 동물은 벼룩이나 진드기가 다수 기생할 경우, 빈혈이 나타나기도 한다.
② 체중에 따라 외부기생충 구충제의 사용량이 다르다.
③ 외부기생충은 감염증을 매개할 수 있으니, 감염증 예방을 위해서라도 실시해야 한다.
④ 외부기생충 구충제는 일반적으로 1회 투여로 약 1개월간 효과가 지속된다.
⑤ 외부기생충 구충제는 점적도포형(spot on solution)만 있다.

정답 ⑤
해설 내부기생충 구충제뿐 아니라 외부기생충 구충제도 정제 등의 내복 가능한 형태로 판매되고 있다.

70 심장사상충증 예방에 대한 내용으로 맞는 것은?

> a : 심장사상충 예방약을 경구 투약할 수 없는 경우에는 주사 투약도 가능하다.
> b : 필라리아 검사에는 직접법(현미경검사법) 이외에 항원 검사법이 있다.
> c : 모기가 발생하기 시작하는 1개월 전부터 모기가 보이지 않는 1개월 전까지의 기간 동안 예방한다.
> d : 필라리아 예방약은 체내의 필라리아 성충을 죽이는 약이다.
> e : 필라리아 검사에서 양성이 나온 개는 곧바로 필라리아 예방약을 투여한다.

① a, e   ② a, b   ③ b, c
④ c, d   ⑤ d, e

정답 ②

해설 심장사상충증 예방약 투약은 모기가 발생한 1개월 후부터 모기가 사라지고 1개월 후까지의 기간 동안의 심장사상충증 예방을 위함이며, 심장사상충 예방약은 체내의 성충을 제거하지는 못한다.

71 심장사상충 예방법에 대한 설명으로 맞는 것은?

① 심장사상충 예방약을 먹이기 시작하는 시기는 겨울이다.
② 예방약은 모기가 발생하기 시작한 때부터 3개월 후에 투여한다.
③ 예방약의 투여 빈도는 보통 반년에 한 번이다.
④ 심장사상충 예방약은 내복약 형태만 있다.
⑤ 체내에 마이크로 필라리아가 있는 동물은 예방약을 투여하면 쇼크를 일으키기도 한다.

정답 ⑤

해설 체내에 마이크로 필라리아가 있는 동물은 예방약을 투여하면 쇼크를 일으키기도 하므로, 심장사상충 예방약 복용 전에 심장사상충증 감염 여부를 확인하는 것이 중요하다.

72 개와 고양이의 정기검진에 대한 설명으로 잘못된 것은?

① 견종·묘종에 따라 다발하는 질환들이 다르므로, 세부항목 등은 선택하여 정기검진 프로그램을 구성할 수 있다.
② 동물이 건강할 때의 정상 수치를 알기 위해 행한다.
③ 정기검진에서는 MRI 검사가 필수이다.
④ 질환의 조기 진단 및 조기 치료가 가능해 병이 진행된 때보다 치료비를 줄일 수 있다.
⑤ 질환의 조기 발견에 의미가 있다는 것이 중요하다.

정답 ③

해설 MRI검사는 마취를 필요로 하는 검사이므로, 동물 개체의 건강 상태에 따라 달라지며, 정기검진 시 반드시 해야 하는 필수적인 검사는 아니다.

73 수술한 동물의 퇴원 전후의 동물보건사의 간호 행위에 대한 설명으로 맞는 것은?

① 퇴원한 동물이 구토를 한다고 보호자에게 연락이 왔지만, 수술 스트레스에 의한
　일회성으로 판단되어 문제가 없다고 전했다.

② 퇴원 전, 배설물에 의해 털의 오염이 발견되어 수의사에게 확인하고 샴푸를 했다.

③ 퇴원 전, 동물의 몸에 혈액이 묻은 것을 알았지만 시간이 없어 별다른 처치를 하지 않았다.

④ 퇴원한 동물이 가끔 운다고 보호자에게 연락이 왔지만, 심각한 문제는 아니라고 알렸다.

⑤ 퇴원한 동물이 상처 부위를 핥는다고 보호자에게 연락이 왔지만, 엘리자베스카라를
　착용하고 있어 문제가 없다고 판단했다.

정답 ②

해설 배설물에 의해 털이 오염되면, 수술 부위에 따라서는 샴푸가 불가능한 경우가 발생하기 때문에 담당 수의사에게
　확인 후 샴푸를 해서 퇴원을 시킨다.

74 개와 고양이 중성화 수술의 단점으로 잘못된 것은?

① 번식능력 상실　　　　　　　② 문제행동의 억제

③ 비만　　　　　　　　　　　④ 수술의 위험성

⑤ 봉합사에 의한 알레르기

정답 ②

해설 문제행동이 억제되는 것은 중성화 수술의 장점이다.

75 붕대의 목적으로 잘못된 것은?

① 배출액의 흡수　　　　　　　② 건조의 방지

③ 환부의 혈류 제한　　　　　　④ 사강의 압박

⑤ 창상의 보호

정답 ③

해설 환부 혹은 수술창의 혈류를 제한하면 치유가 지연된다.

76 붕대법에 대한 설명으로 잘못된 것은?

① 보정이 어려우면 진정제를 투여하거나 마취시켜 붕대를 감는다.

② 창상 부위에 적절한 습윤밴드를 부착하여 치유를 촉진할 수 있다.

③ 수술 후 부종 예방을 위해 감는 붕대도 있다.

④ 부목은 골절이나 염좌로 인한 손상 부위를 고정할 때 사용한다.

⑤ 붕대는 강하게 감을수록 좋다.

정답 ⑤

해설 붕대를 너무 강하게 감으면 혈행장애를 일으킬 수 있으므로 주의해야 한다.

77 동물의 수술 전 준비에 대한 설명으로 맞는 것은?

① 삽관해야 하는 기관 튜브는 동물의 기관 직경에 맞춰 준비한다.
② 마취 전 투약을 하는 이유는 수술 중 마취약 사용량을 늘리려는 것이다.
③ 전신 마취를 동반하는 수술은, 수술 전 충분한 물과 식이를 제공한다.
④ 마취 전에는 맥박, 호흡, 체온 등의 동물의 상태를 확인하지 않아도 된다.
⑤ 기관 삽관 후에 공기가 새지 않는지 확인하지 않아도 된다.

정답 ①

해설 기관 튜브는 동물의 크기 및 기관 직경에 따라 종류가 다양하며, 크기에 맞춰 준비한다.

78 동물의 수술 준비에 대한 설명으로 맞는 것은?

| a : 매끄럽게 수술을 시작할 수 있도록 당일 아침에 수술팩 멸균을 시작한다. |
| b : 반년에 한 번, 마취 가스의 잔량을 확인한다. |
| c : 마취 모니터링기는 특수한 수술에만 사용하므로 준비하지 않아도 된다. |
| d : 수술 직전뿐만 아니라 평소에도 수술실은 청결하게 해두어야 한다. |
| e : 매번 수술 시작 전에 흡입마취제의 양을 확인한다. |

① a, e   ② a, b   ③ b, c
④ c, d   ⑤ d, e

정답 ⑤

해설 수술팩은 전날에 멸균해두어야 하며, 수술 전 매회 마취 가스의 잔량을 확인하고, 모니터링기는 항시 준비해 둔다.

79 기구 멸균에 대한 내용으로 잘못된 것은?

① 플라즈마 멸균은 과산화수소를 사용하는 멸균법이다.
② 오토클레이브멸균은 유리 등 열에 강한 기구를 멸균하는 데 적합하다.
③ 고압증기멸균한 멸균팩은 영구적으로 무균상태가 보증된다.
④ 고압증기멸균은 121℃, 15분 이상의 조건에서 실시된다.
⑤ 가스멸균에 사용되는 EO가스는 독성이 있으므로 사용 시 주의가 필요하다.

정답 ③

해설 모든 멸균법으로는 영구적으로 멸균이 유지되지 않으므로, 각각의 보존기간이 지나면 재멸균하여 사용해야 한다.

80 수술 전 손 씻기(스크럽)에 대한 설명으로 맞는 것은?

① 물기를 닦는 방향은 특별히 신경쓰지 않아도 된다.
② 손가락 끝은 항상 위를 향하게 한다.
③ 밴드를 붙인 경우에는 떼지 않은 상태에서 손을 씻는다.
④ 특히 꼼꼼히 씻어야 하는 부위는 손바닥과 손목의 경계 부분이다.
⑤ 팔꿈치부터 손끝 방향으로 씻어나간다.

정답 ②

해설 밴드 등은 제거를 하고 손을 씻어야 하며, 손가락 끝은 항상 위를 향하게 하고, 가장 신경 써서 씻어야 하는 부분은 손가락 끝(손톱 등)이다.
비누칠 소독, 물기 제거 등도 항상 손가락 끝에서부터 팔꿈치 방향으로 진행해야 한다.

81 수술 가운 및 장갑 착용에 대한 설명으로 맞는 것은?

① 장갑 손목 끝이 가운 소매 안에 들어가도록 착용한다.
② 장갑을 착용할 때는 반지나 시계 등을 빼지 않아도 된다.
③ 장갑을 착용하고 난 후 가운을 입어야 한다.
④ 가운의 끈이 등 쪽에 있다면 착용할 때 보조자가 필요하다.
⑤ 장갑이 찢어져도 올바른 손 씻기(스크럽)를 하였다면 위생상 문제가 없다.

정답 ④

해설 가운을 입은 후 장갑을 착용해야 하며, 장갑의 손목 끝부분은 가운 소매를 밖으로 감싸주어야 한다.

82 동물의 수술 전 준비에 대한 설명으로 맞는 것은?

① 드레이프는 멸균된 상태이므로 잡을 때 특별히 주의해야 한다.
② 동물의 털은 수술실에서 깎는 것이 바람직하다.
③ 수술 부위 소독은 절개할 부분의 바깥쪽부터 원을 그리듯이 중심으로 향한다.
④ 수술 부위 소독은 소독용 스크럽과 알코올을 사용하며, 번갈아 1회 시행한다.
⑤ 후두경 없이 기관 튜브를 삽관한다.

정답 ①

해설 동물의 털은 수술전실이나 처치실에서 미리 삭모해야 하며, 술부 소독은 안쪽에서부터 원을 그리듯 바깥쪽으로 향하도록 시행한다.

83 암컷 개의 난소자궁적출수술에 적절한 체위는?

① 입위   ② 우측와위
③ 좌측와위   ④ 앙와위
⑤ 복와위

정답 ④

84 건강한 성견의 중성화 수술 중 측정된 각 모니터링 항목과 그 수치 가운데, 정상범위의 수치가 아닌 것은?

① 체온 : 36.5℃
② 호흡수 : 15회/분
③ EtCO$_2$: 38mmHg
④ 평균 혈압 : 84mmHg
⑤ SpO$_2$: 99%

정답 ①

해설 개의 정상 체온은 38.3~40℃이다.

85 수술 중의 전신마취 중인 동물모니터링 및 간호에 대한 설명으로 잘못된 것은?

① 마취 시간이 길어져 저체온이 염려되므로 드레이프 위에 보온 물주머니를 올렸다.
② 체온이 저하되므로 수액 라인을 데웠다.
③ 수술 중 출혈이 많았기 때문에 수의사에게 확인하여 수액 속도를 올렸다.
④ 마취유도가 안정된 뒤 안연고를 도포했다.
⑤ 심전도 파형이 불안정하므로 수의사에게 확인하고 전극패드 부착 부위를 다시 확인하고 재부착하였다.

정답 ①

해설 수술 중 드레이프 위에 물건을 두는 것은 멸균유지에 반하는 행동이다.

86 수술 어시스턴트(수술보조자)의 대한 설명으로 맞는 것은?

a : 실을 절단할 때는 텐션을 주어, 매듭에서 최대한 길게 절단한다.
b : 수술이 장시간 이어질 경우, 청결한 마른 거즈로 장기를 감싼다.
c : 수술보조자는 동물환자의 심박, 호흡수, 체온 등을 측정한다.
d : 집도의가 감은 실의 가닥이 수술 중 시야에 방해되지 않도록 적절한 텐션과 방향으로 쥐어준다.
e : 피하조직 박리 중 미량의 출혈이 발생한 경우, 거즈 지혈을 시행한다.

① a, e   ② a, b   ③ b, c
④ c, d   ⑤ d, e

정답 ⑤

해설 실 절단 시에는 매듭에서 5~10mm 정도 남겨서 자르고, 생리식염수에 적신 거즈로 장기를 덮어준다.
동물환자의 모니터링은 수술보조자가 아닌 비수술팀의 인원이 맡아서 하는 임무이다.

87 봉합사와 그 특징으로 잘못된 것은?

① 천연사 : 실크 등이 있다.
② 흡수성 봉합사 : 7일 정도 지나면 흡수가 된다.
③ 모노필라멘트 : 단일 섬유로 만들어졌다.
④ 합성사 : 강한 염증반응을 잘 일으키지 않는다.
⑤ 비흡수성 봉합사 : 치유가 오래 걸리는 조직에 사용한다.

정답 ②
해설 흡수성 봉합사는 평균적으로 60일 정도 이상이 지나야 흡수가 된다.

88 수술 전후 기간의 동물 간호 시 수액 관리에 대한 설명으로 잘못된 것은?

① 동물환자의 보온을 위해서는 수액제제를 따뜻하게 한 뒤에 투여하는 경우가 있다.
② 동물의 상태 변화를 살펴보며 수액 속도를 조절한다.
③ 질환에 따라 수액제제를 선택하여 투여한다.
④ 출혈이 계속될 경우, 수액 투여 속도를 높인다.
⑤ 신장 질환의 동물은 수액 투여 속도를 높인다.

정답 ⑤
해설 신장질환 혹은 심장질환의 동물에게 투여수액 속도가 빠르면, 부종 혹은 폐수종 등이 증상이 나타날 가능성이 있으
므로, 수액 투여 속도를 낮추어야 할 필요가 있다.

89 마취유도에 대한 설명으로 맞는 것은?

① 전신 마취 전에는 특별히 약제 투여가 필요하지 않다.
② 마취유도 후부터 동물에게 심전도 전극을 부착하고 심전도를 확인한다.
③ 기관 튜브는 예상 사이즈만 준비되면 된다.
④ 기관 튜브 삽관 시에는, 동물의 몸을 수의사가 보는 방향과 반대로 체위를 보정해서
  잘 안 보이도록 한다.
⑤ 삽관이 끝나면, 기 관튜브를 고정해주는 끈으로 턱이나 머리 쪽에 고정한다.

정답 ⑤
해설 마취유도 전부터 심전도 검사를 하여 정상인지 확인해야 하고, 기관 튜브는 예상되는 사이즈와 그 앞과 뒤 사이즈도
여분으로 준비한다.
기관튜브 삽관이 되면, 기관튜브를 고정하기 위해 끈으로 턱이나 머리쪽에 고정한다.

90 적절한 마취상태 파악을 위한 요소로 잘못된 것은?

① 유해반응의 억제　　　　　② 진정
③ 근긴장　　　　　　　　　④ 진통
⑤ 근이완

정답 ③
해설 마취는 근이완을 유도하기 위함이다.

91 수술 후 동물간호에 대한 설명으로 맞는 것은?

① 통증은 창상 부위의 치유를 촉진하기 위한 것이므로 동물이 통증을 느껴도 그대로 둔다.

② 수술 후 동물은 빠르게 회복하므로 바이탈 사인을 확인하지 않아도 된다.

③ 수술 후에는 반드시 체온이 낮아지므로 미리 입원실에 온열 매트나 보온 물주머니를 준비한다.

④ 수술 부위의 삼출액은 자주 닦아 내고 수술창이 건조되도록 관리한다.

⑤ 수술 후에는 소화·흡수에 좋은 식이를 소량 제공하고 서서히 처방식으로 바꾼다.

[정답] ⑤

[해설] 수술 후에는 통증, 염증 등으로 상태가 안좋아 질 수 있기 때문에 바이탈 사인 등을 수시로 확인하여야 하며, 체온은 수술 중에는 떨어지기 쉬우나, 수술 후에는 정상으로 올라가야 한다.
수술창은 건조되지 않도록 관리되어야 하며, 수술 후 통증에 대해서는 페인 컨트롤이 되도록 동물환자를 간호해야 한다.

92 동물이 마취에서 깨어날 때, 동물보건사가 취해야 할 행동으로 잘못된 것은?

① 혀의 색과 잇몸 색이 정상으로 돌아오지 않아, 산소공급을 하고 신속하게 수의사에게 보고하였다.

② 수술 후 동물환자의 각성이 완벽한 상태가 아니였지만, 다른 동물환자의 수술이 예정되어 있어 입원실로 이동시킨 후, 2시간 뒤에 상태를 확인했다.

③ 동물이 머리를 부딪치지 않도록 입원실 입원장에 수건을 깔았다.

④ 동물이 떨고 있어 체온을 측정하고, 수의사에게 보고했다.

⑤ 각성이 늦어져 동물의 이름을 부르면서 체위를 바꿨다.

[정답] ②

[해설] 수술 후에 각성이 완벽하게 되기 전에는 반드시 수시로 동물환자를 확인해야 하며, 이상이 있는 경우는 즉시 수의사에게 보고해야 한다.

93 다음의 약물 중 마약성 진통제로 맞게 묶인 것은?

| a : 펜타닐 |
| b : 코카인 |
| c : 피로콕시브 |
| d : 모르핀 |
| e : 멜록시캄 |

① a, e   ② a, b   ③ b, c

④ c, d   ⑤ d, e

[정답] ②

[해설] 펜타닐, 코카인, 모르핀 등이 마약성 진통제에 속한다.

94 통증관리를 위한 간호 시, 통증이 있다고 판단되는 동물의 변화가 아닌 것은?

① 식욕 저하　　　　　　　　　　　② 운동량의 저하
③ 등이 구부러진 자세　　　　　　　④ 숙면
⑤ 침 분비량의 증가

정답 ④

해설 숙면은 대체로 통증이 없을 경우 나타나는 증상이다.

95 수술 후, 동물이 통증을 느끼는 경우라고 판단되는 검사소견으로 잘못된 것은?

① 코르티솔 수치 상승　　　　　　　② 호중구의 증가
③ 림프구의 증가　　　　　　　　　④ 혈당 상승
⑤ 적혈구의 증가

정답 ③

해설 수술 후 통증으로 인한 임상검사 소견으로는 호중구의 증가, 림프구의 감소, 혈당 상승, 적혈구의 증가,
　　코르티솔 수치 상승, 카테콜아민 수치 상승 등이 있다.

96 수술창상 관리에 대한 설명으로 맞는 것은?

a : 거즈에 많이 번져서 묻어나올 정도의 출혈은 먼저 압박 지혈을 한다.
b : 수술창은 거즈 등으로 보호한다.
c : 안과 수술 직후에는 냉각한다.
d : 소염을 목적으로 수술 창상에 스테로이드 약을 도포한다.
e : 동물이 수술 창상을 핥아도 문제없다.

① a, e　　　　　　　② a, b　　　　　　　③ b, c
④ c, d　　　　　　　⑤ d, e

정답 ②

해설 거즈에 많이 번져서 묻을 정도의 출혈은 먼저 압박 지혈을 한 후에, 붕대를 감아주고, 수술창은 일반적으로 거즈 등
　　으로 밴딩을 해주어 수술창을 보호한다.

97 현미경 사용법에 대한 설명으로 맞는 것은?

① 대물렌즈가 검체와 접촉하여 더러워진 경우, 티슈페이퍼로 깨끗이 닦아낸다.
② 저배율 대물렌즈를 사용하여 표본을 관찰할 때는, 유침 오일을 사용한다.
③ 접안렌즈를 x10, 대물렌즈를 x40으로 한 경우, 50배의 배율로 표본을 관찰하게 된다.
④ 표본을 관찰할 때는, 먼저 저배율에서 관찰하고 고배율로 바꾼다.
⑤ 현미경은 무겁고 튼튼하므로 조금 거칠게 다뤄도 문제없다.

정답 ④

해설 고배율 대물렌즈를 사용할 때 유침 오일을 사용하며, 대물렌즈가 유침 오일 등으로 오염되었다면 에탄올이나
　　자일렌 등을 이용하여 깨끗하게 사용한다.

98 분변검사 시, 분변부유법으로 검출되는 것의 조합으로 맞는 것은?

```
a : 간흡충란
b : 콕시듐 오오시스트
c : 개회충란
d : 개사상충의 마이크로필라리아
e : 동양안충
```

① a, e   ② a, b   ③ b, c
④ c, d   ⑤ d, e

정답 ③
해설 부유액의 비중(1.20)보다 비중이 가벼운 충란 검사법이다.

99 분변검사에 대한 설명으로 맞는 것은?

① 이상이 있는 변에서는 다양한 모양의 간균이 확인되는 경우가 많다.
② 현미경으로 기생충 알을 확인할 때는 바로 싼 변이 아니어도 괜찮다.
③ 설사의 원인이 되는 병원체는 현미경으로 모두 확인할 수 있다.
④ 분변검사를 할 때는 장갑을 착용하고 주위를 오염시키지 않도록 주의한다.
⑤ 타르변은 선혈이 섞인 변을 말한다.

정답 ④
해설 분변검사 시 배설 후 1시간 이내의 분변으로 검사를 해야 하며, 설사의 원인은 다양하기 때문에 현미경 검사로
모두 확인하는 것은 불가능하다.
타르변은 상부 소화기의 출혈로 인한 검붉은 색의 변을 뜻하며, 정상변에서도 다양한 모양의 간균이 확인된다.

100 피부질환 검사가 아닌 것은?

① 슬릿램프 검사   ② 피부소파검사
③ 테잎압인검사   ④ 직접도말검사
⑤ 피부생검사

정답 ①
해설 슬릿램프 검사는 안과 검사법 중 하나이다.

101 동물간호에 관한 내용으로 잘못된 것은?

① 동물간호기록은 일련의 모든 간호 과정을 기록하는 것이다.
② 수의학을 단순히 간략화한 것이 아니다.
③ 사람의 의료에 사용 가능한 간호이론을 그대로 응용할 수 있다.
④ 사육환경의 차이, 동물 종마다 개별성을 중시한다.
⑤ 동물 개체마다 개선할 수 있는 문제를 발견하고 개입한다.

정답 ③
해설 사람 의료의 간호와 동일하지 않다.

102 맥박·체온·호흡수 각각의 약어 조합이 맞는 것은?

① 맥박 : H   체온 : M   호흡수 : B
② 맥박 : P   체온 : T   호흡수 : R
③ 맥박 : P   체온 : R   호흡수 : T
④ 맥박 : H   체온 : M   호흡수 : R
⑤ 맥박 : P   체온 : T   호흡수 : B

정답 ②
해설 맥박 : Pulse, 체온 : Temperature, 호흡수 : Respiration

103 흡입마취의 순서로 맞는 것은?

① 도입 - 전투여 - 유지 - 기관 내 삽관 - 각성
② 전마취 - 도입 - 기관 내 삽관 - 유지 - 각성
③ 도입 - 기관 내 삽관 - 전마취 - 유지 - 각성
④ 도입 - 기관 내 삽관 - 유지 - 전마취 - 각성
⑤ 전마취 - 기관 내 삽관 - 도입 - 유지 - 각성

정답 ②
해설 흡입마취는 마취전평가 – 전마취 – 도입 – 기관내 삽관 – 유지관리 – 각성의 순으로 이루어진다.

104 봉합사와 바늘에 관한 내용으로 맞는 것은?

① 연부조직을 봉합할 때에는 각침을 사용한다..
② 나일론실은 흡수사로 분류된다.
③ 피부를 봉합할 때에는 일반적으로 비흡수성 실을 사용한다.
④ 봉합사는 '10-0'이 가장 두껍고, 0이 가장 얇다.
⑤ 피부 등의 딱딱한 조직에는 환침을 사용한다.

정답 ③
해설 ['숫자'-0]로 표기하는 경우, '숫자'부분의 수치가 클수록 얇아지고, 숫자만(0, 1, 2 등)으로 표기된 경우는 수치가 커질수록 두꺼워진다.

105 고압증기멸균에 적합하지 않은 것은?

① 수술용 장갑
② 일반외과 기구
③ 수술복
④ 거즈
⑤ 면수술포

정답 ①
해설 고무제품인 수술용 장갑은 열에 약하므로 가스멸균으로 멸균을 실시한다.

106 마취 중에 감시하는 항목과 단위의 조합으로 잘못된 것은?

① 체온 : ℃

② 혈압 : mmHg

③ 마취가스 농도 : %

④ 이산화탄소분압 : %

⑤ 산소포화도 : %

정답 ④

해설 이산화탄소분압(EtCo₂)의 단위는 mmHg이다.

107 조직의 미세한 절단과 분리에 사용하는 가위는?

① 올슨헤이거 가위

② 메젬바움 가위

③ 가위

④ 메이오 가위

⑤ 엘리스 가위

정답 ②

해설 메젬바움 가위는 지방이나 얇은 근육 등의 조직을 자를 때, 혹은 둔성 분리 등에 사용한다.

108 욕창에 관한 내용으로 맞는 것은?

① 체위를 일정하게 한 채로 안정을 취한다.

② 어린 동물들에게는 일어나지 않는다.

③ 피하지방이 많으면 발병 위험이 높아진다.

④ 어깨, 허리 등이 발생 빈도가 높은 부위이다.

⑤ 부드러운 방석은 피하고 두꺼운 바닥에서 자게 한다.

정답 ④

해설 거동이 불편한 경우 물리적으로 자주 닿는 부위에 욕창이 생기기 쉽다.

109 수혈용의 혈액을 채혈할 때 사용하는 항응고제로 맞는 것은?

① 구연산나트륨

② EDTA(에틸렌디아민테트라아세트산)

③ 피브린

④ 헤파린

⑤ 플라스민

정답 ①

해설 구연산나트륨이 수혈용의 혈액을 채혈할 때 사용하는 항응고제이다.

110 당뇨병에 걸린 개의 부족한 호르몬은?

① 당질 코르티코이드
② 갑상선 호르몬
③ 글루카곤
④ 인슐린
⑤ 아드레날린

정답 ④
해설 당뇨병은 췌장에서의 인슐린 분비부족 혹은 작용저하에 의한 것이다.

111 만성신장병 스테이지 분류의 기준이 되는 생화학 검사 항목은?

① ALB
② BUN
③ CRE
④ ALT
⑤ ALP

정답 ③
해설 크레아티닌의 수치에 의해 만성신장병의 스테이지를 분류한다.

112 혈중지질의 생화학 검사 항목으로 맞는 것은?

① TG - TCHO
② GLU - ALB
③ AST - ALT
④ ALP - GGT
⑤ AMY - LIP

정답 ①
해설 TG(Triglyceride, 중성지방) - TCHO(total cholesterol(총콜레스테롤)은 혈중의 지질대사를 반영한다.

113 골절 시 외부에서 고정하는 법으로 맞는 것은?

① 와이어
② 골내핀
③ 깁스
④ 플레이트
⑤ 스크류

정답 ③
해설 골절 시 밖에서 고정하는 방법은 깁스이다.

114 다음 피부질환 중 자가면역성 질환은?

① 피부사상균증　　　　　　　　② 옴

③ 탈모　　　　　　　　　　　　④ 낙엽상천포창

⑤ 농피증

정답 ④

해설 낙엽성 천포창(Pemphigus Foliaceus)은 자가면역성 피부질환이다.

115 개의 유선 종양에 관한 기술로 맞는 것은?

① 처음 발정 전 중성화 수술을 하면 발생률이 저하된다.

② 항상 좌우 어느 한쪽에만 발생한다.

③ 수캐에게는 발생하지 않는다.

④ 90% 이상이 악성이다.

⑤ 가장 전이되기 쉬운 장기는 간장이다.

정답 ①

해설 유선종양은 중성화 수술을 하면 발생률이 저하된다.

116 피부소파검사(스크래치 검사)에서 검출 가능한 것은?

① 모낭충

② 말라세지아

③ 포도상구균

④ 바이러스

⑤ 항핵항체

정답 ①

해설 피부소파검사로 모낭충, 개선충 검출이 가능하다.

117 문맥전신순환션트에서 수치가 상승하는 혈액검사항목으로 맞는 것은?

| a : 총담즙산(TBA) |
| b : 글루코오스(Glu) |
| c : 총단백(TP) |
| d : 혈액요소질소(BUN) |
| e : 암모니아(NH_3) |

① a, b　　　　　　　② b, c　　　　　　　③ c, d

④ d, e　　　　　　　⑤ a, e

정답 ⑤

해설 문맥체순환션트 동물환자에서는 AST, ALT, TBA, NH_3의 검사항목수치가 상승한다.

118 형광염색 검사법으로 진단할 수 있는 질환은?

① 녹내장
② 백내장
③ 건성각결막염
④ 각막궤양
⑤ 망막박리

정답 ④

해설 각막궤양 안질환은 형광염색(Fluorescein dye)을 이용하여 검사한다.

119 재활치료의 목적으로 잘못된 것은?

① QOL의 개선
② 근육이나 신경의 기능 회복
③ 통증 완화
④ NSAIDs 투여량의 증가
⑤ 회복 촉진

정답 ④

해설 NSAIDs(비스테로이드성항염증약)투여기간을 단축하기 위함이다.

120 개의 자궁축농증에 대한 설명으로 맞는 것은?

① 어린 개의 발병이 많다.
② 출산경험이 없는 개에게 발병이 많다.
③ 발정기에 발병이 많다.
④ 원인은 바이러스 감염이다.
⑤ 내과요법으로 완치되며 재발하지 않는다.

정답 ②

해설 개의 자궁축농증은 미경산의 고령견이나 오랫동안 번식을 하지 않은 개에게서 자주 발생한다. 원인균으로 대부분은 대장균이며, 황체기에 다발하며, 프로게스테론이 관여되어있다고 알려져있다. 치료는 1차적으로 난소자궁적출술을 행하는 것이 일반적이며, 내과적 요법으로는 치료에 한계가 있다.

과목4
동물 보건·윤리 및 복지 관련 법규

1 동물보건사 자격증에 관한 내용으로 맞는 것은?

① 앞으로는 동물보건사가 아닌 자는 동물보건사 혹은 이것과 헷갈리기 쉬운 명칭을 사용해서는 안 된다.

② 동물보건사는 민간 자격이다.

③ 특례자의 경우 120시간의 실습 교육을 이수하는 것으로 동물보건사 자격을 취득할 수 있다.

④ 동물보건사 면허는 농림축산식품부장관으로부터 수여받는다

⑤ 동물보건사는 동물병원 내에서 수의사의 지도 하에 진료보조, 동물간호, 진단·치료, 지시서·처방전의 교부를 행하는 것이 가능하다.

정답 ①

해설 동물보건사 자격증 취득을 한 전문인력에게만 동물보건사 명칭을 사용해야한다.

2 동물의 5대 자유에 관한 설명으로 잘못된 것은?

① 동물의 5대 자유는 생활의 질(QOL)을 판단할 수 있는 지표이기도 하다.

② 산업동물의 복지평가를 위한 최초의 '5대 자유'는 영국에서 공표되었다.

③ 일반적으로 동물복지는 동물의 생리·환경·영양·행동·사회의 면에 따른 욕구가 충족되어 있는가를 판단하기 위한 것이다.

④ 동물복지는 동물을 어떻게 다룰지 생각하는 방식의 하나이다.

⑤ 5대 자유는 산업동물, 반려동물만을 대상으로 한 사고방식이다.

정답 ⑤

해설 모든 등물을 대상으로 하는 개념이다.

3 수술등중대진료의 범위 및 수술등중대진료의 고지 등에 관한 설명으로 잘못된 것은?

① 수술등중대진료는 동물의 생명 또는 신체에 중대한 위해를 발생하게 할 우려가 있는 수술, 수혈 등 농림축산식품부령으로 정하는 진료를 의미한다.

② 전신마취를 동반하는 내부장기, 뼈, 관절에 대한 수술을 포함한다.

③ 전신마취를 동반하는 수혈을 포함한다.

④ 수술등중대진료의 설명과 수술등중대진료비용은 문서로 통보하고, 동의를 받을 때는 동의서에 동물소유자 등의 서명이나 기명날인을 받아야 한다.

⑤ 수의사는 동의서를 동의를 받은 날부터 1년간 보존해야한다.

정답 ④

해설 수술등중대진료의 설명과 수술등중대진료비용은 구두로 고지한다.(수의사법 시행규칙 제13조의2제1항, 제18조의2 참고)

4 2023년 1월 5일부터 시행하는 '진찰, 입원, 예방접종, 검사 등 농림축산식품부령으로 정하는 동물진료업의 행위에 대한 진료비용 게시' 대상 및 방법에 대한 설명으로 잘못된 것은?

① 동물병원 개설자는 진찰 등의 진료비용을 게시하고 그 금액을 초과하여 진료비용을 받아서는 아니 된다.

② 초진 및 재진 진찰료, 진찰에 대한 상담료, 입원비 진료비용을 게시한다.

③ 개 종합백신, 고양이 종합백신, 광견병백신, 켄넬코프백신 및 인플루엔자백신의 접종비를 게시한다.

④ 보호자가 알아보기 쉬운 장소에 책자나 인쇄물을 비치하거나 벽보 등을 부착하여 진료비용을 게시한다.

⑤ 수술등중대진료가 지체되면 동물의 생명에 지장을 가져올 우려가 있어 진료비용이 수술등중대진료 과정에서 추가되는 경우, 게시된 진찰 등의 진료비용의 금액을 초과하여 진료비용을 받을 수 없다.

정답 ⑤

해설 동물병원 개설자는 '진찰 등의 진료비용'의 게시한 금액을 초과하여 진료비용을 받아서는 안되지만, 수술등 중대진료의 경우는 진료비용의 게시의무는 없으며, 과정에서 수술 및 수혈 등의 진료비용이 추가되는 경우 수술등 중대진료 이후에 진료비용을 변경하여 고지할 수 있다.

5 동물보건사가 해야 할 일의 범위에서 벗어난 것은?

① 동물병원 위생 관리를 한다.

② 진료 시 고양이를 보정한다.

③ 수의사에게 들은 주의사항을 보호자에게 다시 전달한다.

④ 입원 강아지에게 근육주사를 투여한다.

⑤ 고양이 혈액생화학검사를 한다.

정답 ④

해설 주사 같은 침습행위는 수의사의 영역에 해당한다.

6 다음 중 동물보호법상의 동물관련 영업의 정의가 잘못된 것은?

① 동물전시업 - 반려동물을 보여주거나 접촉하게 할 목적으로 5마리 이상 전시하는 영업

② 동물수입업 – 반려동물을 수입해 소비자에게 판매하는 영업행위

③ 동물생산업 – 반려동물을 번식시켜 동물 판매업자, 동물수입업자 등 영업자에게 판매하는 영업행위

④ 동물판매업 - 소비자에게 동물을 판매하거나 알선하는 영업행위

⑤ 동물장묘업 - 동물전용의 장례식장, 화장시설 및 납골시설을 설치, 운영하는 영업행위

정답 ②

해설 동물수입업자는 동물판매업자에게 반려동물을 판매한다.
소비자에게 반려동물을 판매, 알선 또는 중개하는 영업은 동물판매업이다.

7 수의사법 혹은 동물보호법의 내용으로 잘못된 것은?

① 동물보호법 제13조제2항을 위반하여 사람의 신체를 상해에 이르게 한 자는
　2년 이하의 징역 또는 2천만 원 이하의 벌금에 처한다.
② 동물병원의 조제실은 약제기구 등을 갖추고, 임상병리검사실과 같은 공간에 배치한다.
③ 예후가 불명확한 수술을 할 때, 그 위험성 및 비용을 알리지 아니하고 이를 하는
　행위는 수의사법에 의한 과잉진료행위에 속한다.
④ 시, 도지사는 동물보호법 제4조1항에 따른 종합계획에 따라, 5년마다 각 시도 단위의
　동물복지계획을 수립해야한다.
⑤ 동물생산업을 하려는 자는 농림축산식품부령으로 정하는 바에 따라 시장, 군수,
　구청장에게 허가를 받아야한다.

정답 ②
해설 수의사법 시행규칙에 동물병원의 임상병리 검사실은 다른 장소와 구획되도록 규정되어 있다.

8 동물복지(Animal welfare)의 정신으로 맞는 것은?

① 전시동물의 생활환경은 최대한 본래의 자연환경과 유사하게 만들어 주어야 한다.
② 동물의 권리는 인간과 동일하다.
③ 어떤 경우라도 동물의 생명을 빼앗아서는 안 된다.
④ 동물은 식용으로 할 것이 아니다.
⑤ 동물실험은 폐지해야 한다.

정답 ①
해설 전시동물도 동물 원래의 행동을 하도록 사육환경에 노력을 기울여 자연환경과 유사하게 만들어 주는 것이
　　동물복지의 정신에 가깝다.

9 수의사법이 지정하는 진료부의 보존 기간은 언제까지인가?

① 10년
② 1년
③ 3년
④ 5년
⑤ 8년

정답 ②
해설 수의사법 시행규칙 제13조에 의하면, 진료부 또는 검안부는 1년간 보존해야 한다.

10 다음 중 수의사법 내용 중 잘못된 것은?

① 동물병원이란 동물진료업을 하는 장소로 제17조에 따른 신고를 한 진료기관을 말한다.

② 동물보건사는 수의사랑 수의 업무를 담당하는 사람으로서 농림축산식품부장관의 면허를 받은 사람이다.

③ 수의사법에서의 동물이란 소, 말, 돼지, 양, 개, 토끼, 고양이, 조류, 꿀벌, 수생동물, 그 밖에 대통령령으로 정하는 동물을 말한다.

④ 동물진료업이란 동물을 진료하거나 동물의 질병을 예방하는 업을 말한다.

⑤ 동물보건사란 동물병원 내에서 수의사의 지도 아래 동물의 간호 또는 진료보조 업무에 종사하는 사람으로서 보건복지부장관의 면허를 받은 사람을 말한다.

[정답] ⑤

[해설] 동물보건사는 동물병원 내에서 수의사의 지도 아래 동물의 간호 또는 진료보조 업무에 종사하는 사람으로서 농림축산식품부장관의 자격을 받은 사람을 뜻한다.

11 수의사법 시행규칙 제14조의7에 명시된 동물보건사의 업무 범위와 한계에 대한 설명으로 잘못된 것은?

① 마취보조, 수술보조 등 수의사의 지도아래 수행하는 진료보조

② 동물에 대한 관찰인 동물간호업무

③ 동물체온 심박수 등의 기초검진 자료의 수집인 동물간호업무

④ 동물간호판단 및 요양을 위한 간호업무

⑤ 약물도포, 약물 조제, 경구 투여, 주사 투약 등 수의사의 지도아래 수행하는 진료보조

[정답] ⑤

[해설] 약물 조제, 주사 투약은 시행규칙에 명시되어 있지 않다.

12 동물보건사자격시험의 시험과목이 아닌 것은?

① 진단 동물보건학

② 기초 동물보건학

③ 예방 동물보건학

④ 임상 동물보건학

⑤ 동물 보건·윤리 및 복지 관련 법규

[정답] ①

[해설] 기초 동물보건학, 예방 동물보건학, 임상 동물보건학, 동물 보건·윤리 및 복지 관련 법규 총 4개의 시험과목으로 구성되어 있다.

13 동물보건사 자격시험의 특례대상자의 근무기간의 기준을 정한 시점이 되는 일자는?

① 2021년 8월 31일

② 2021년 8월 27일

③ 2021년 8월 28일

④ 2021년 8월 29일

⑤ 2021년 8월 30일

정답 ③

해설 2019년 8월 27일자로 개정된 규정은 공표 후, 2년이 경과한 날(2021년 8월 28일)로부터 시행하도록 부칙 제16546호에 명시되어 있다.

14 동물보건사 양성과정을 운영하려는 학교 또는 교육기관(양성기관)의 필수전공교과목으로 잘못된 것은?

① 동물보건행동학

② 동물해부생리학

③ 동물보건응급간호학

④ 의약품관리학

⑤ 동물보건미용학

정답 ⑤

해설 동물보건사 양성기관의 필수전공 교과목은 동물해부생리학, 동물질병학, 동물보건영양학, 반려동물학, 동물공중보건학, 동물보건행동학, 동물병원실무, 동물보건응급간호학, 의약품관리학, 동물보건영상학, 동물보건내과학, 동물보건외과학, 동물보건임상병리학, 동물보건복지 및 법규, 동물병원 현장실습 총 15개 교과목이다.

15 동물보호법 시행규칙에 명시된 맹견이 아닌 것은?

① 시바견과 그 잡종의 개

② 도사견과 그 잡종의 개

③ 아메리칸 핏불테리어와 그 잡종의 개

④ 아메리칸 스태퍼드셔 테리어와 그 잡종의 개

⑤ 로트와일러와 그 잡종의 개

정답 ①

해설 동물보호법에 명시된 맹견은 도사견과 그 잡종의 개, 아메리칸 핏불테리어와 그 잡종의 개, 아메리칸 스태퍼드셔 테리어와 그 잡종의 개, 스태퍼드셔 불테리어와 그 잡종의 개, 로트와일러와 그 잡종의 개다.

16 농림축산식품부령으로 정하는 정당한 사유 없이 신체적 고통을 주거나 상해를 입히는 행위에 해당하지 않는 것은?

① 동물의 사육·훈련 등을 위하여 필요한 방식이 아님에도 불구하고 다른 동물과 싸우게 하거나 도구를 사용하는 등 잔인한 방식으로 신체적 고통을 주거나 상해를 입히는 행위
② 동물의 습성에 따라 신체적으로 안락함을 주는 안식처를 제공하는 행위
③ 사람의 생명·신체에 대한 직접적 위협이나 재산상의 피해를 방지하기 위하여 다른 방법이 있음에도 불구하고 동물에게 신체적 고통을 주거나 상해를 입히는 행위
④ 동물의 습성 또는 사육환경 등의 부득이한 사유가 없음에도 불구하고 동물을 혹서·혹한 등의 환경에 방치하여 신체적 고통을 주거나 상해를 입히는 행위
⑤ 갈증이나 굶주림의 해소 또는 질병의 예방이나 치료 등의 목적 없이 동물에게 음식이나 물을 강제로 먹여 신체적 고통을 주거나 상해를 입히는 행위

정답 ②
해설 동물의 습성에 따라 신체적으로 안락함을 마련해주는 것은 동물의 복지 및 동물보호의 기본원칙에 적합한 행위이다.

17 동물보호법에 명시되어 있는 동물의 도살방법으로 잘못된 것은?

① 자격법(刺擊法)
② 가스법
③ 수타법(手打法)
④ 전살법(電殺法)
⑤ 타격법(打擊法)

정답 ③
해설 동물도살법으로 가스법, 약물 투여, 전살법(電殺法), 타격법(打擊法), 총격법(銃擊法), 자격법(刺擊法)이 있다.

18 동물보호법에 명시되지 않는 동물관련 영업은?

① 동물훈련업
② 동물장묘업
③ 동물전시업
④ 동물생산업
⑤ 동물위탁관리업

정답 ①
해설 동물보호법 제36조에 동물장묘업, 동물판매업, 동물수입, 동물생산업, 동물전시업, 동물위탁관리업, 동물미용업, 동물운송업이 명시되어 있다.

19 등록대상동물을 등록하지 아니한 소유자에게 부과되는 과태료는 얼마인가?

① 500만 원 　　　　　　　　　② 30만 원
③ 50만 원 　　　　　　　　　④ 100만 원
⑤ 300만 원

정답 ④
해설 동물보호법 제47조 제2항 제5호

20 월령이 3개월 이상인 맹견을 동반하고 외출할 때 안전장치 및 이동장치를 하지 아니한 소유자에게 부과되는 과태료는 얼마인가?

① 500만 원
② 30만 원
③ 50만 원
④ 100만 원
⑤ 300만 원

정답 ⑤
해설 동물보호법 제47조 제1항 제2의3호

21 현재 우리나라의 동물보호법에 명시된 반려동물의 범위에 해당 되지 않는 동물은?

① 고슴도치 　　　　　　　　　② 개
③ 고양이 　　　　　　　　　　④ 토끼
⑤ 햄스터

정답 ①
해설 현재 우리나라의 동물보호법에 명시된 반려동물은 개, 고양이, 토끼, 페럿, 기니피그, 햄스터로 총 6종이다.

22 동물보호법에서 언급되는 정의에 대한 설명 중 맞는 것은?

① 동물보호법에서의 동물의 정의에는 파충류, 양서류, 어류는 포함이 되지 않는다.
② 동물보호법에서의 반려동물의 정의에는 토끼, 페럿, 햄스터, 기니피그가 포함된다.
③ 등록대상동물이란 동물의 보호, 유실유기방지, 질병의 고나리, 공중위생상의 위해방지를 위해 등록이 필요하다고 인정하여 농림축산식품부령으로 정하는 동물을 말한다.
④ 맹견이란 도사견, 핏불테리어, 로트와일러 등의 사람의 생명이나 신체에 위해를 가할 우려가 있는 개로서 대통령령으로 정하는 개를 말한다.
⑤ 동물실험시행기관은 실험동물을 생산하는 곳을 의미한다.

정답 ②
해설 동물보호법에는 파충류, 양서류, 어류는 포함이 되며, 등록대상동물은 대통령령으로, 맹견의 상세종류는 농림축산식품부령으로 정한다.

23 동물보호법의 제2조의 등록대상동물은 몇 개월 이상의 월령의 개를 주택, 준주택에서 기르거나, 그 외의 장소에서 반려를 목적으로 기르는 것을 의미하는가?

① 1개월 이상

② 2개월 이상

③ 3개월 이상

④ 4개월 이상

⑤ 5개월 이상

정답 ②

해설 동물보호법 시행령 제3조에 '월령 2개월 이상'으로 명시되어 있다.

24 특별시장, 광역시장, 특별자치시장, 도지사 및 특별자치도지사, 시장, 군수, 구청장 등은 동물보호법 제17조에 따라 동물보호조치에 관한 공고를 하려면 어디에 공고를 해야하는가?

① 동물보호관리시스템

② 유기동물보호소

③ 동물병원

④ 동물유치원

⑤ 동물미용샵

정답 ①

해설 특별시장, 광역시장, 특별자치시장, 도지사 및 특별자치도지사, 시장, 군수, 구청장 등은 동물보호법 제17조에 따라 '동물보호관리시스템'에 동물보호조치에 관한 공고를 해야한다.

25 동물을 운송하는 자가 준수해야 하는 사항으로 잘못된 것은?

① 운송 중인 동물에게 적합한 사료와 물을 공급하고, 급격한 출발·제동 등으로 충격과 상해를 입지 아니하도록 할 것

② 동물을 운송하는 차량은 동물이 운송 중에 상해를 입지 아니하고, 급격한 체온 변화, 호흡곤란 등으로 인한 고통을 최소화할 수 있는 구조로 되어 있을 것

③ 병든 동물, 어린 동물 또는 임신 중이거나 젖먹이가 딸린 동물을 운송할 때에는 함께 운송 중인 다른 동물에 의하여 상해를 입지 아니하도록 칸막이의 설치 등 필요한 조치를 할 것

④ 동물을 싣고 내리는 과정에서 동물이 들어있는 운송용 우리를 던지거나 떨어뜨려서 동물을 다치게 하는 행위를 하지 아니할 것

⑤ 운송을 위하여 전기(電氣) 몰이도구를 사용할 것

정답 ⑤

해설 운송을 위하여 전기(電氣) 몰이도구를 사용해서는 안된다.

26 동물보호법의 내용 설명 중 잘못된 것은?

① 등록대상동물의 소유자는 동물의 보호와 유실·유기방지 등을 위하여 시장·군수·구청장 (자치구의 구청장을 말한다. 이하 같다)·특별자치시장(이하 '시장·군수·구청장'이라 한다) 에게 등록대상동물을 등록하여야 한다.

② 소유자등은 등록대상동물을 기르는 곳에서 벗어나게 하는 경우에는 소유자등의 연락처 등 농림축산식품부령으로 정하는 사항을 표시한 인식표를 등록대상동물에게 부착하여야 한다.

③ 등록대상동물을 잃어버린 경우에는 등록대상동물을 잃어버린 날부터 30일 이내에 시장· 군수·구청장에게 신고하여야 한다.

④ 소유자등은 등록대상동물을 동반하고 외출할 때에는 목줄 등 안전조치를 하여야 하며, 배설물(소변의 경우에는 공동주택의 엘리베이터·계단 등 건물 내부의 공용공간 및 평상· 의자 등 사람이 눕거나 앉을 수 있는 기구 위의 것으로 한정한다)이 생겼을 때에는 즉시 수거하여야 한다.

⑤ 월령이 3개월 이상인 맹견을 동반하고 외출할 때에는 목줄 및 입마개 등 안전장치를 하거나 맹견의 탈출을 방지할 수 있는 적정한 이동장치를 할 것

정답 ③

해설 등록대상동물을 잃어버린 경우에는 등록대상동물을 잃어버린 날부터 10일 이내에 시장·군수·구청장에게 신고해야 한다.

27 주인이 없다고 생각되는 동물을 소유하게 되는 과정에 있어, 동물보호법 제20조(동물의 소유권 취득)에 대한 사항을 따라야한다. 동물소유에 관한 법에 맞지 않은 잘못된 행동은?

① 공고한 날부터 10일이 지나도 동물의 소유자 등을 알 수 없는 경우 나의 소유자로 등록한다.

② 학대를 받아 적정하게 치료·보호받을 수 없다고 판단되는 동물의 소유자가 그 동물의 소유권을 포기한 경우 나를 소유자로 등록한다.

③ 학대를 받아 적정하게 치료·보호받을 수 없다고 판단되는 동물의 소유자가 동물의 보호 비용의 납부기한이 종료된 날부터 10일이 지나도 보호비용을 납부하지 아니한 경우 나를 소유로 등록한다.

④ 동물의 소유자를 확인한 날부터 10일이 지나도 정당한 사유 없이 동물의 소유자와 연락이 되지 아니하거나 소유자가 반환받을 의사를 표시하지 아니한 경우, 나를 소유자로 등록한다.

⑤ 유기묘라 생각되는 고양이를 발견한 당일 바로 집으로 데려오고 나를 소유자로 등록한다.

정답 ⑤

해설 동물보호관리시스템에 공고한 날부터 10일이 지나도 소유자를 알 수 없는 경우, 새로운 소유자로 등록이 가능하다.

28 반려동물과 관련된 다음에 해당되는 영업을 하려는 자는 농림축산식품부령으로 정하는 기준에 맞는 시설과 인력을 갖추어야 하며, 시장·군수·구청장에게 등록 혹은 허가를 받아야한다. 성격이 다른 하나는?

① 동물장묘업
② 동물판매업
③ 동물수입업
④ 동물생산업
⑤ 동물전시업

정답 ④

해설 동물생산업은 영업등록이 아니고 영업허가를 받아야 한다.

29 반려동물과 관련된 영업을 하려는 자가 농림축산식품부령으로 정하는 사항을 지키지 않아도 되는 것은?

① 동물의 사육·관리에 관한 사항
② 동물의 생산등록, 동물의 반입·반출 기록의 작성·보관에 관한 사항
③ 동물의 판매가격 사전고시에 관한 사항
④ 동물 사체의 적정한 처리에 관한 사항
⑤ 영업시설 운영기준에 관한 사항

정답 ③

해설 동물의 판매가격에 관한 것이 아니라, 가능 월령, 건강상태 등 판매에 관한 사항을 지켜야 한다.

30 과태료나 벌금의 금액이 다른 조항은?

① 대상동물의 등록을 정해진 기간 내에 신고를 하지 아니한 소유자
② 등록대상동물의 소유권을 이전 받은 자 중 소유권을 이전받은 날부터 30일 이내에 자신의 주소로 변경신고를 하지 아니한 자
③ 등록대상동물을 기르는 곳에서 벗어나게 하는 경우에는 인식표를 부착하지 아니한 소유자
④ 등록대상동물을 동반하고 외출할 때에 안전조치를 하지 아니하거나 배설물을 수거하지 아니한 소유자등
⑤ 동물을 유기한 소유자

정답 ⑤

해설 동물보호법 「제7장 벌칙」에 의해, 보기 ①~④의 경우는 50만 원 이하의 과태료이며, 동물을 유기한 소유자의 경우는 300만 원이하의 벌금에 처한다.

31 수의사법에서 동물병원 이용자의 알권리와 진료 선택권을 보장하고, 동물 진료의 체계적인 발전을 위하여 농림축산식품부장관으로 하여금 동물 진료에 대한 표준화된 분류체계를 작성하여 고시하도록 하는 등 현행 제도의 운영상 나타난 일부 미비점을 개선·보완하려 2022년 1월 4일 법이 신설이 되었다. 신설된 법에 대한 설명으로 잘못된 것은?

① 수의사는 동물의 생명 또는 신체에 중대한 위해를 발생하게 할 우려가 있는 수술 등 중대진료를 하는 경우에는 반드시 무조건 수술 등 중대진료 전에, 동물의 소유자 또는 관리자에게 동물에게 발생하거나 발생 가능한 증상의 진단명, 진료의 필요성·방법 및 내용 등의 사항을 설명하고 서면으로 동의를 받아야한다.

② 동물병원 개설자는 수술 등 중대진료 전에 예상 진료비용을 동물 소유자 또는 관리자에게 고지하도록 하되, 해당 진료가 지체되면 동물의 생명 또는 신체에 중대한 장애를 가져올 우려가 있거나 진료과정에서 진료비용이 추가되는 경우에는 진료 후에 진료비용을 고지하거나 변경하여 고지할 수 있도록 함(제19조 신설).

③ 동물병원 개설자는 진찰, 입원, 예방접종, 검사 등 농림축산식품부령으로 정하는 동물진료업의 행위에 대한 진료비용을 동물 소유자 또는 관리자가 쉽게 알 수 있도록 게시하고, 게시한 금액을 초과하여 진료비용을 받을 수 없도록 함(제20조 신설).

④ 농림축산식품부장관은 동물 진료의 체계적인 발전을 위하여 동물의 질병명, 진료항목 등 동물 진료에 관한 표준화된 분류체계를 작성하여 고시하도록 함(제20조의3 신설).

⑤ 농림축산식품부장관은 동물병원에 대하여 동물병원 개설자가 제20조에 따라 게시한 진료비용 및 그 산정기준 등에 관한 현황을 조사·분석하여 그 결과를 공개할 수 있도록 하고, 이를 위하여 동물병원 개설자에게 관련 자료의 제출을 요구할 수 있도록 함(제20조의4 신설).

> **정답** ①
> **해설** ① 수의사는 동물의 생명 또는 신체에 중대한 위해를 발생하게 할 우려가 있는 수술 등 중대진료를 하는 경우에는 수술 등 중대진료 전에 동물의 소유자 또는 관리자에게 동물에게 발생하거나 발생 가능한 증상의 진단명, 진료의 필요성·방법 및 내용 등의 사항을 설명하고 서면으로 동의를 받도록 하되, 설명 및 동의 절차로 수술 등 중대진료가 지체되면 동물의 생명이 위험해지거나 동물의 신체에 중대한 장애를 가져올 우려가 있는 경우에는 수술 등 중대진료 이후에 설명하고 동의를 받을 수 있도록 함(제13조의2 신설), ② 제19조 신설 ③ 제20조 신설 ④ 제20조의3 신설, ⑤ 제20조의4 신설

32 동물병원의 시설기준에 대한 설명으로 잘못된 것은?

① 개설자가 수의사인 동물병원은 진료실·처치실·조제실, 그 밖에 청결유지와 위생관리에 필요한 시설을 갖추어야한다.

② 축산 농가가 사육하는 가축(소·말·돼지·염소·사슴·닭·오리)에 대한 출장진료만을 하는 동물병원은 진료실과 처치실을 갖추지 아니할 수 있다.

③ 개설자가 수의사가 아닌 동물병원은 진료실·처치실·조제실·임상병리검사실, 그 밖에 청결유지와 위생관리에 필요한 시설을 갖추어야 한다.

④ 지방자치단체가 「동물보호법」 제15조제1항에 따라 설치·운영하는 동물보호센터의 동물만을 진료·처치하기 위하여 직접 설치하는 동물병원의 경우에는 임상병리검사실을 갖추지 아니할 수 있다.

⑤ 동물병원 시설의 세부 기준은 대통령령으로 정한다

정답 ⑤

해설 동물병원 시설의 세부 기준은 농림축산식품부령으로 정한다.[수의사법 시행령 제13조(동물병원의 시설기준)]

33 동물병원에서의 과잉진료행위에 대한 범위 및 설명으로 잘못된 것은?

① 불필요한 검사·투약 또는 수술 등 과잉진료행위를 하거나 부당하게 많은 진료비를 요구하는 행위

② 정당한 사유 없이 동물의 고통을 줄이기 위한 조치를 하지 아니하고 시술하는 행위나 그 밖에 이에 준하는 행위로서 농림축산식품부령으로 정하는 행위

③ 동물병원홍보를 위한 옥외광고 또는 인터넷광고 행위

④ 동물병원의 개설자격이 없는 자에게 고용되어 동물을 진료하는 행위

⑤ 다른 동물병원을 이용하려는 동물의 소유자 또는 관리자를 자신이 종사하거나 개설한 동물병원으로 유인하거나 유인하게 하는 행위

정답 ③

해설 허위광고 또는 과대광고 행위가 과잉진료행위로 해당이 된다. [수의사법 시행령 제20조의2(과잉진료행위 등)]

34 수의사법 시행규칙 별표2의 행정처분의 세부기준에 대한 설명으로 잘못된 것은?

① 수의사가 거짓이나 그 밖의 부정한 방법으로 진단서, 검안서, 증명서 또는 처방전을 발급하였을 때, 법 제32조제2항제1호에 따라 행정처분 1차로 면허효력정지 3개월이다.

② 수의사가 관련 서류를 위조하거나 변조하는 등 부정한 방법으로 진료비를 청구하였을 때, 법 제32조제2항제2호에 따라 행정처분 2차로 면허효력정지 6개월이다.

③ 수의사가 임상수의학적으로 인정되지 아니하는 진료행위를 하였을 때, 법 제32조제2항제4호에따라 행정처분 3차로 면허효력정지 6개월이다.

④ 수의사가 학위 수여 사실을 거짓으로 공표하였을 때, 법 제32조제2항제5호에 따라 행정처분 1차로 면허효력정지 6개월이다.

⑤ 동물병원이 무자격자에게 진료행위를 하도록 한 사실이 있을 때, 법 제33조제3호 행정처분 2차로 업무정지 6개월이다.

정답 ④

해설 수의사가 학위 수여 사실을 거짓으로 공표하였을 때 법 제32조제2항제5호에 따라 행정처분 3차로 면허효력정지 6개월이 적용된다.

35 동물보건사 자격시험에 관한 설명으로 잘못된 것은?

① 동물보건사 자격인정을 받으려는 사람은 합격한 후 농림축산식품부장관에게 의사의 진단서 또는 정신건강의학과전문의의 진단서를 제출해야한다.

② 동물보건사자격시험의 합격자는 시험과목에서 각 과목당 시험점수가 100점을 만점으로 하여 40점 이상이고, 전 과목의 평균 점수가 60점 이상인 사람으로 한다.

③ 동물보건사자격시험의 합격자 발표일부터 50일 이내에 동물보건사 자격증을 발급해야 한다.

④ 농림축산식품부장관은 동물보건사자격시험을 실시하려는 경우에는 시험일 90일 전까지 시험일시, 시험장소, 응시원서 제출기간 및 그 밖에 시험에 필요한 사항을 농림축산식품부의 인터넷 홈페이지 등에 공고해야 한다.

⑤ 동물보건사자격시험의 시험과목은 1. 기초수의학, 2. 예방수의학, 3. 임상수의학, 4. 수의법규·축산학으로 총 4과목이다.

정답 ⑤

해설 ⑤번의 설명은 수의사면허국가시험의 시험과목에 대한 설명이다. 동물보건사자격시험의 시험과목은 1. 기초 동물보건학, 2. 예방 동물보건학, 3. 임상 동물보건학, 4. 동물 보건·윤리 및 복지 관련 법규로 총 4과목이다.

36 동물보건사 자격대장에 등록해야 할 사항이 아닌 것은?

① 자격번호 및 자격 연월일

② 성명 및 주민등록번호(외국인은 성명·국적·생년월일·여권번호 및 성별)

③ 출신학교 및 졸업 연월일

④ 동물보건사자격시험 실시일자

⑤ 자격증을 재발급하거나 자격을 재부여했을 때에는 그 사유

정답 ④

해설 동물보건사 자격대장에 등록해야 할 사항으로는 '동물보건사자격시험 실시일자'가 아니라 '자격취소 등 행정처분에 관한 사항'이 있다.

37 동물보호법 제5조에 의해 보기의 자문을 받기위해 농림축산식품부에 동물복지위원회를 두어야한다. 자문의 내용설명 중에 잘못된 것은?

① 동물보건사 자격시험 운영에 관한 사항

② 동물복지종합계획의 수립·시행에 관한 사항

③ 동물실험윤리위원회의 구성 등에 대한 지도·감독에 관한 사항

④ 동물복지축산농장의 인증과 동물복지축산정책에 관한 사항

⑤ 그 밖에 동물의 학대방지·구조 및 보호 등 동물복지에 관한 사항

정답 ①

해설 동물보건사 자격시험 운영에 관한 사항은 수의사법에 해당한다.

38 맹견의 소유자등은 동물보호법 제13조의3(맹견의 출입금지 등)의 법에 의해 맹견이 출입하지 못하는 곳으로 지정된 곳에 해당되지 않는 것은?

① 「영유아보육법」 제2조제3호에 따른 어린이집
② 「유아교육법」 제2조제2호에 따른 유치원
③ 「초·중등교육법」 제38조에 따른 초등학교 및 같은 법 제55조에 따른 특수학교
④ 그 밖에 불특정 다수인이 이용하는 장소로서 시·도의 조례로 정하는 장소
⑤ 「동물보호법」 제13조제1호에 따른 동물보호소

정답 ⑤
해설 동물보호소는 해당이 되지 않는다.

39 직무상 학대를 받는 동물 및 유실·유기동물을 발견한 때에는 지체없이 관할 지방자치단체의 장 또는 동물보호센터에 신고하여야 하는 자에 해당되지 않는 자는?

① 동물보호센터로 지정된 기관이나 단체의 장 및 그 종사자
② 소비자보호단체의 임원 및 회원
③ 동물실험윤리위원회를 설치한 동물실험시행기관의 장 및 그 종사자
④ 동물복지축산농장으로 인증을 받은 자
⑤ 수의사, 동물병원의 장 및 그 종사자

정답 ②
해설 소비자보호단체가 아니라, 국가와 지방자치단체가 대통령령으로 정하는 동물보호운동활동의 민간단체의 임원 및 회원에 해당된다.

40 동물보호법 위반시 벌칙의 정도가 다른 하나는?

① 동물을 죽음에 이르게 하는 학대행위를 한 자
② 유실·유기동물을 포획하여 판매하거나, 알선·구매하는 자
③ 맹견을 유기한 소유자
④ 목줄 등 안전조치 의무를 위반하여 사람의 신체를 상해에 이르게 한 자
⑤ 소유자 등 없이 맹견을 기르는 곳에서 벗어나게 하여 사람의 신체를 상해에 이르게 한 자

정답 ①
해설 '제8조제1항을 위반하여 동물을 죽음에 이르게 하는 학대행위를 한 자'는 3년 이하의 징역 또는 3천만 원 이하의 벌금에 처하며, '제8조 제2항 및 제3항을 위반하여 동물을 학대한 자', '맹견을 유기한 소유자', '목줄 등 안전조치 의무를 위반하여 사람의 신체를 상해에 이르게 한 자', '소유자 등 맹견을 기르는 곳에서 벗어나게 하여 사람의 신체를 상해에 이르게 한 자들'은 2년 이하의 징역 또는 2천만 원 이하의 벌금에 처한다.

특별
부록

동물보건사 시험을 준비하는 학습자들의
효율적인 학습에 도움이 되고자
알아두면 좋은 법령을 제공합니다.
법령을 이해하면 시험 대비가 쉬워집니다.

I 수의사법
II 동물보호법

I-1 수의사법

[시행 2022. 7. 5.] [법률 제18691호, 2022. 1. 4., 일부개정]

제1장 총칙 〈개정 2010. 1. 25.〉

제1조(목적) 이 법은 수의사(獸醫師)의 기능과 수의(獸醫)업무에 관하여 필요한 사항을 규정함으로써 동물의 건강증진, 축산업의 발전과 공중위생의 향상에 기여함을 목적으로 한다.

[전문개정 2010. 1. 25.]

제2조(정의) 이 법에서 사용하는 용어의 뜻은 다음과 같다. 〈개정 2013. 3. 23., 2019. 8. 27.〉

1. "수의사"란 수의업무를 담당하는 사람으로서 농림축산식품부장관의 면허를 받은 사람을 말한다.

2. "동물"이란 소, 말, 돼지, 양, 개, 토끼, 고양이, 조류(鳥類), 꿀벌, 수생동물(水生動物), 그 밖에 대통령령으로 정하는 동물을 말한다.

3. "동물진료업"이란 동물을 진료[동물의 사체 검안(檢案)을 포함한다. 이하 같다]하거나 동물의 질병을 예방하는 업(業)을 말한다.

3의2. "동물보건사"란 동물병원 내에서 수의사의 지도 아래 동물의 간호 또는 진료 보조 업무에 종사하는 사람으로서 농림축산식품부장관의 자격인정을 받은 사람을 말한다.

4. "동물병원"이란 동물진료업을 하는 장소로서 제17조에 따른 신고를 한 진료기관을 말한다.

[전문개정 2010. 1. 25.]

제3조(직무) 수의사는 동물의 진료 및 보건과 축산물의 위생 검사에 종사하는 것을 그 직무로 한다.

[전문개정 2010. 1. 25.]

제2장 수의사 〈개정 2010. 1. 25.〉

제4조(면허) 수의사가 되려는 사람은 제8조에 따른 수의사 국가시험에 합격한 후 농림축산식품부령으로 정하는 바에 따라 농림축산식품부장관의 면허를 받아야 한다. 〈개정 2013. 3. 23.〉

[전문개정 2010. 1. 25.]

제5조(결격사유) 다음 각 호의 어느 하나에 해당하는 사람은 수의사가 될 수 없다. 〈개정 2010. 5. 25., 2011. 8. 4., 2014. 3. 18., 2019. 8. 27.〉

1. 「정신건강증진 및 정신질환자 복지서비스 지원에 관한 법률」 제3조제1호에 따른 정신질환자. 다만, 정신건강의학과전문의가 수의사로서 직무를 수행할 수 있다고 인정하는 사람은 그러하지 아니하다.

2. 피성년후견인 또는 피한정후견인

3. 마약, 대마(大麻), 그 밖의 향정신성의약품(向精神性醫藥品) 중독자. 다만, 정신건강의학과전문의가 수의사로서 직무를 수행할 수 있다고 인정하는 사람은 그러하지 아니하다.

4. 이 법, 「가축전염병예방법」, 「축산물위생관리법」, 「동물보호법」, 「의료법」, 「약사법」, 「식품위생법」 또는 「마약류관리에 관한 법률」을 위반하여 금고 이상의 실형을 선고받고 그 집행이 끝나지(집행이 끝난 것으로 보는 경우를 포함한다) 아니하거나 면제되지 아니한 사람

[전문개정 2010. 1. 25.]

제6조(면허의 등록) ① 농림축산식품부장관은 제4조에 따라 면허를 내줄 때에는 면허에 관한 사항을 면허대장에 등록하고 그 면허증을 발급하여야 한다. 〈개정 2013. 3. 23.〉

② 제1항에 따른 면허증은 다른 사람에게 빌려주거나 빌려서는 아니 되며, 이를 알선하여서도 아니 된다. 〈개정 2020. 2. 11.〉

③ 면허의 등록과 면허증 발급에 필요한 사항은 농림축산식품부령으로 정한다. 〈개정 2013. 3. 23.〉

[전문개정 2010. 1. 25.]

제7조 삭제 〈1994. 3. 24.〉

제8조(수의사 국가시험) ① 수의사 국가시험은 매년 농림축산식품부장관이 시행한다. 〈개정 2013. 3. 23.〉

② 수의사 국가시험은 동물의 진료에 필요한 수의학과 수의사로서 갖추어야 할 공중위생에 관한 지식 및 기능에 대하여 실시한다.

③ 농림축산식품부장관은 제1항에 따른 수의사 국가시험의 관리를 대통령령으로 정하는 바에 따라 시험 관리 능력이 있다고 인정되는 관계 전문기관에 맡길 수 있다. 〈개정 2013. 3. 23.〉

④ 수의사 국가시험 실시에 필요한 사항은 대통령령으로 정한다.

[전문개정 2010. 1. 25.]

제9조(응시자격) ① 수의사 국가시험에 응시할 수 있는 사람은 제5조 각 호의 어느 하나에 해당되지 아니하는 사람으로서 다음 각 호의 어느 하나에 해당하는 사람으로 한다. 〈개정 2012. 2. 22., 2013. 3. 23.〉

1. 수의학을 전공하는 대학(수의학과가 설치된 대학의 수의학과를 포함한다)을 졸업하고 수의학사 학위를 받은 사람. 이 경우 6개월 이내에 졸업하여 수의학사 학위를 받을 사람을 포함한다.

2. 외국에서 제1호 전단에 해당하는 학교(농림축산식품부장관이 정하여 고시하는 인정기준에 해당하는 학교를 말한다)를 졸업하고 그 국가의 수의사 면허를 받은 사람

② 제1항제1호 후단에 해당하는 사람이 해당 기간에 수의학사 학위를 받지 못하면 처음부터 응시자격이 없는 것으로 본다.

[전문개정 2010. 1. 25.]

제9조의2(수험자의 부정행위) ① 부정한 방법으로 제8조에 따른 수의사 국가시험에 응시한 사람 또는 수의사 국가시험에서 부정행위를 한 사람에 대하여는 그 시험을 정지시키거나 그 합격을 무효로 한다.

② 제1항에 따라 시험이 정지되거나 합격이 무효가 된 사람은 그 후 두 번까지는 제8조에 따른 수의사 국가시험에 응시할 수 없다.

[전문개정 2010. 1. 25.]

제10조(무면허 진료행위의 금지) 수의사가 아니면 동물을 진료할 수 없다. 다만, 「수산생물질병 관리법」 제37조의2에 따라 수산질병관리사 면허를 받은 사람이 같은 법에 따라 수산생물을 진료하는 경우와 그 밖에 대통령령으로 정하는 진료는 예외로 한다. 〈개정 2011. 7. 21.〉

[전문개정 2010. 1. 25.]

제11조(진료의 거부 금지) 동물진료업을 하는 수의사가 동물의 진료를 요구받았을 때에는 정당한 사유 없이 거부하여서는 아니 된다.

[전문개정 2010. 1. 25.]

제12조(진단서 등) ① 수의사는 자기가 직접 진료하거나 검안하지 아니하고는 진단서, 검안서, 증명서 또는 처방전(「전자서명법」에 따른 전자서명이 기재된 전자문서 형태로 작성한 처방전을 포함한다. 이하 같다)을 발급하지 못하며, 「약사법」 제85조제6항에 따른 동물용 의약품(이하 "처방대상 동물용 의약품"이라 한다)을 처방·투약하지 못한다. 다만, 직접 진료하거나 검안한 수의사가 부득이한 사유로 진단서, 검안서 또는 증명서를 발급할 수 없을 때에는 같은 동물병원에 종사하는 다른 수의사가 진료부 등에 의하여 발급할 수 있다. 〈개정 2012. 2. 22., 2019. 8. 27.〉

② 제1항에 따른 진료 중 폐사(斃死)한 경우에 발급하는 폐사 진단서는 다른 수의사에게서 발급받을 수 있다.

③ 수의사는 직접 진료하거나 검안한 동물에 대한 진단서, 검안서, 증명서 또는 처방전의 발급을 요구받았을 때에는 정당한 사유 없이 이를 거부하여서는 아니 된다. 〈개정 2012. 2. 22.〉

④ 제1항부터 제3항까지의 규정에 따른 진단서, 검안서, 증명서 또는 처방전의 서식, 기재사항, 그 밖에 필요한 사항은 농림축산식품부령으로 정한다. 〈신설 2012. 2. 22., 2013. 3. 23.〉

⑤ 제1항에도 불구하고 농림축산식품부장관에게 신고한 축산농장에 상시고용된 수의사와 「동물원 및 수족관의 관리에 관한 법률」 제3조제1항에 따라 등록한 동물원 또는 수족관에 상시고용된 수의사는 해당 농장, 동물원 또는 수족관의 동물에게 투여할 목적으로 처방대상 동물용 의약품에 대한 처방전을 발급할 수 있다. 이 경우 상시고용된 수의사의 범위, 신고방법, 처방전 발급 및 보존 방법, 진료부 작성 및 보고, 교육, 준수사항 등 그 밖에 필요한 사항은 농림축산식품부령으로 정한다. 〈신설 2012. 2. 22., 2013. 3. 23., 2019. 8. 27., 2020. 5. 19.〉

[전문개정 2010. 1. 25.]

제12조의2(처방대상 동물용 의약품에 대한 처방전의 발급 등) ① 수의사(제12조제5항에 따른 축산농장, 동물원 또는 수족관에 상시고용된 수의사를 포함한다. 이하 제2항에서 같다)는 동물에게 처방대상 동물용 의약품을 투약할 필요가 있을 때에는 처방전을 발급하여야 한다. 〈개정 2019. 8. 27., 2020. 5. 19.〉

② 수의사는 제1항에 따라 처방전을 발급할 때에는 제12조의3제1항에 따른 수의사처방관리시스템(이하 "수의사처방관리시스템"이라 한다)을 통하여 처방전을 발급하여야 한다. 다만, 전산장애, 출장진료 그 밖에 대통령령으로 정하는 부득이한 사유로 수의사처방관리시스템을 통하여 처방전을 발급하지 못할 때에는 농림축산식품부령으로 정하는 방법에 따라 처방전을 발급하고 부득이한 사유가 종료된 날부터 3일 이내에 처방전을 수의사처방관리시스템에 등록하여야 한다. 〈신설 2019. 8. 27.〉

③ 제1항에도 불구하고 수의사는 본인이 직접 처방대상 동물용 의약품을 처방·조제·투약하는 경우에는 제1항에 따른 처방전을 발급하지 아니할 수 있다. 이 경우 해당 수의사는 수의사처방관리시스템에 처방대상 동물용 의약품의 명칭, 용법 및 용량 등 농림축산식품부령으로 정하는 사항을 입력하여야 한다. 〈개정 2019. 8. 27.〉

④ 제1항에 따른 처방전의 서식, 기재사항, 그 밖에 필요한 사항은 농림축산식품부령으로 정한다. 〈개정 2013. 3. 23., 2019. 8. 27.〉

⑤ 제1항에 따라 처방전을 발급한 수의사는 처방대상 동물용 의약품을 조제하여 판매하는 자가 처방전에 표시된 명칭·용법 및 용량 등에 대하여 문의한 때에는 즉시 이에 응답하여야 한다. 다만, 다음 각 호의 어느 하나에 해당하는 경우에는 그러하지 아니하다. 〈개정 2019. 8. 27., 2020. 2. 11.〉

1. 응급한 동물을 진료 중인 경우

2. 동물을 수술 또는 처치 중인 경우

3. 그 밖에 문의에 응답할 수 없는 정당한 사유가 있는 경우

[본조신설 2012. 2. 22.]

[제목개정 2019. 8. 27.]

제12조의3(수의사처방관리시스템의 구축·운영) ① 농림축산식품부장관은 처방대상 동물용 의약품을 효율적으로 관리하기 위하여 수의사처방관리시스템을 구축하여 운영하여야 한다.

② 수의사처방관리시스템의 구축·운영에 필요한 사항은 농림축산식품부령으로 정한다.

[본조신설 2019. 8. 27.]

제13조(진료부 및 검안부) ① 수의사는 진료부나 검안부를 갖추어 두고 진료하거나 검안한 사항을 기록하고 서명하여야 한다.

② 제1항에 따른 진료부 또는 검안부의 기재사항, 보존기간 및 보존방법, 그 밖에 필요한 사항은 농림축산식품부령으로 정한다. 〈개정 2013. 3. 23.〉

③ 제1항에 따른 진료부 또는 검안부는 「전자서명법」에 따른 전자서명이 기재된 전자문서로 작성·보관할 수 있다.

[전문개정 2010. 1. 25.]

제13조의2(수술등중대진료에 관한 설명) ① 수의사는 동물의 생명 또는 신체에 중대한 위해를 발생하게 할 우려가 있는 수술, 수혈 등 농림축산식품부령으로 정하는 진료(이하 "수술등중대진료"라 한다)를 하는 경우에는 수술등중대진료 전에 동물의 소유자 또는 관리자(이하 "동물소유자등"이라 한다)에게 제2항 각 호의 사항을 설명하고, 서면(전자문서를 포함한다)으로 동의를 받아야 한다. 다만, 설명 및 동의 절차로 수술등중대진료가 지체되면 동물의 생명이 위험해지거나 동물의 신체에 중대한 장애를 가져올 우려가 있는 경우에는 수술등중대진료 이후에 설명하고 동의를 받을 수 있다.

② 수의사가 제1항에 따라 동물소유자등에게 설명하고 동의를 받아야 할 사항은 다음 각 호와 같다.

1. 동물에게 발생하거나 발생 가능한 증상의 진단명

2. 수술등중대진료의 필요성, 방법 및 내용

3. 수술등중대진료에 따라 전형적으로 발생이 예상되는 후유증 또는 부작용

4. 수술등중대진료 전후에 동물소유자등이 준수하여야 할 사항

③ 제1항 및 제2항에 따른 설명 및 동의의 방법·절차 등에 관하여 필요한 사항은 농림축산식품부령으로 정한다.

[본조신설 2022. 1. 4.]

제14조(신고) 수의사는 농림축산식품부령으로 정하는 바에 따라 그 실태와 취업상황(근무지가 변경된 경우를 포함한다) 등을 제23조에 따라 설립된 대한수의사회에 신고하여야 한다. 〈개정 2013. 3. 23.〉

[본조신설 2011. 7. 25.]

제15조(진료기술의 보호) 수의사의 진료행위에 대하여는 이 법 또는 다른 법령에 규정된 것을 제외하고는 누구든지 간섭하여서는 아니 된다.

[전문개정 2010. 1. 25.]

제16조(기구 등의 우선 공급) 수의사는 진료행위에 필요한 기구, 약품, 그 밖의 시설 및 재료를 우선적으로 공급받을 권리를 가진다.

[전문개정 2010. 1. 25.]

제2장의2 동물보건사 〈신설 2019. 8. 27.〉

제16조의2(동물보건사의 자격) 동물보건사가 되려는 사람은 다음 각 호의 어느 하나에 해당하는 사람으로서 동물보건사 자격시험에 합격한 후 농림축산식품부령으로 정하는 바에 따라 농림축산식품부장관의 자격인정을 받아야 한다.

1. 농림축산식품부장관의 평가인증(제16조의4제1항에 따른 평가인증을 말한다. 이하 이 조에서 같다)을 받은 「고등교육법」 제2조제4호에 따른 전문대학 또는 이와 같은 수준 이상의 학교의 동물 간호 관련 학과를 졸업한 사람(동물보건사 자격시험 응시일부터 6개월 이내에 졸업이 예정된 사람을 포함한다)
2. 「초·중등교육법」 제2조에 따른 고등학교 졸업자 또는 초·중등교육법령에 따라 같은 수준의 학력이 있다고 인정되는 사람(이하 "고등학교 졸업학력 인정자"라 한다)으로서 농림축산식품부장관의 평가인증을 받은 「평생교육법」 제2조제2호에 따른 평생교육기관의 고등학교 교과 과정에 상응하는 동물 간호에 관한 교육과정을 이수한 후 농림축산식품부령으로 정하는 동물 간호 관련 업무에 1년 이상 종사한 사람
3. 농림축산식품부장관이 인정하는 외국의 동물 간호 관련 면허나 자격을 가진 사람

[본조신설 2019. 8. 27.]

제16조의3(동물보건사의 자격시험) ① 동물보건사 자격시험은 매년 농림축산식품부장관이 시행한다.

② 농림축산식품부장관은 제1항에 따른 동물보건사 자격시험의 관리를 대통령령으로 정하는 바에 따라 시험 관리 능력이 있다고 인정되는 관계 전문기관에 위탁할 수 있다.

③ 농림축산식품부장관은 제2항에 따라 자격시험의 관리를 위탁한 때에는 그 관리에 필요한 예산을 보조할 수 있다.

④ 제1항부터 제3항까지에서 규정한 사항 외에 동물보건사 자격시험의 실시 등에 필요한 사항은 농림축산식품부령으로 정한다.

[본조신설 2019. 8. 27.]

제16조의4(양성기관의 평가인증) ① 동물보건사 양성과정을 운영하려는 학교 또는 교육기관(이하 "양성기관"이라 한다)은 농림축산식품부령으로 정하는 기준과 절차에 따라 농림축산식품부장관의 평가인증을 받을 수 있다.

② 농림축산식품부장관은 제1항에 따라 평가인증을 받은 양성기관이 다음 각 호의 어느 하나에 해당하는 경우에는 농림축산식품부령으로 정하는 바에 따라 평가인증을 취소할 수 있다. 다만, 제1호에 해당하는 경우에는 평가인증을 취소하여야 한다.

1. 거짓이나 그 밖의 부정한 방법으로 평가인증을 받은 경우
2. 제1항에 따른 양성기관 평가인증 기준에 미치지 못하게 된 경우

[본조신설 2019. 8. 27.]

제16조의5(동물보건사의 업무) ① 동물보건사는 제10조에도 불구하고 동물병원 내에서 수의사의 지도 아래 동물의 간호 또는 진료 보조 업무를 수행할 수 있다.

② 제1항에 따른 구체적인 업무의 범위와 한계 등에 관한 사항은 농림축산식품부령으로 정한다.

[본조신설 2019. 8. 27.]

제16조의6(준용규정) 동물보건사에 대해서는 제5조, 제6조, 제9조의2, 제14조, 제32조제1항제1호·제3호, 같은 조 제3항, 제34조, 제36조제3호를 준용한다. 이 경우 "수의사"는 "동물보건사"로, "면허"는 "자격"으로, "면허증"은 "자격증"으로 본다.

[본조신설 2019. 8. 27.]

제3장 동물병원 〈개정 2010. 1. 25.〉

제17조(개설) ① 수의사는 이 법에 따른 동물병원을 개설하지 아니하고는 동물진료업을 할 수 없다.

② 동물병원은 다음 각 호의 어느 하나에 해당되는 자가 아니면 개설할 수 없다. 〈개정 2013. 7. 30.〉

1. 수의사

2. 국가 또는 지방자치단체

3. 동물진료업을 목적으로 설립된 법인(이하 "동물진료법인"이라 한다)

4. 수의학을 전공하는 대학(수의학과가 설치된 대학을 포함한다)

5. 「민법」이나 특별법에 따라 설립된 비영리법인

③ 제2항제1호부터 제5호까지의 규정에 해당하는 자가 동물병원을 개설하려면 농림축산식품부령으로 정하는 바에 따라 특별자치도지사·특별자치시장·시장·군수 또는 자치구의 구청장(이하 "시장·군수"라 한다)에게 신고하여야 한다. 신고 사항 중 농림축산식품부령으로 정하는 중요 사항을 변경하려는 경우에도 같다. 〈개정 2011. 7. 25., 2013. 3. 23.〉

④ 시장·군수는 제3항에 따른 신고를 받은 경우 그 내용을 검토하여 이 법에 적합하면 신고를 수리하여야 한다. 〈신설 2019. 8. 27.〉

⑤ 동물병원의 시설기준은 대통령령으로 정한다. 〈개정 2019. 8. 27.〉

[전문개정 2010. 1. 25.]

제17조의2(동물병원의 관리의무) 동물병원 개설자는 자신이 그 동물병원을 관리하여야 한다. 다만, 동물병원 개설자가 부득이한 사유로 그 동물병원을 관리할 수 없을 때에는 그 동물병원에 종사하는 수의사 중에서 관리자를 지정하여 관리하게 할 수 있다.

[전문개정 2010. 1. 25.]

제17조의3(동물 진단용 방사선발생장치의 설치·운영) ① 동물을 진단하기 위하여 방사선발생장치(이하 "동물 진단용 방사선발생장치"라 한다)를 설치·운영하려는 동물병원 개설자는 농림축산식품부령으로 정하는 바에 따라 시장·군수에게 신고하여야 한다. 이 경우 시장·군수는 그 내용을 검토하여 이 법에 적합하면 신고를 수리하여야 한다. 〈개정 2013. 3. 23., 2019. 8. 27.〉

② 동물병원 개설자는 동물 진단용 방사선발생장치를 설치·운영하는 경우에는 다음 각 호의 사항을 준수하여야 한다. 〈개정 2013. 3. 23., 2015. 1. 20.〉

1. 농림축산식품부령으로 정하는 바에 따라 안전관리 책임자를 선임할 것

2. 제1호에 따른 안전관리 책임자가 그 직무수행에 필요한 사항을 요청하면 동물병원 개설자는 정

당한 사유가 없으면 지체 없이 조치할 것

3. 안전관리 책임자가 안전관리업무를 성실히 수행하지 아니하면 지체 없이 그 직으로부터 해임하고 다른 직원을 안전관리 책임자로 선임할 것

4. 그 밖에 안전관리에 필요한 사항으로서 농림축산식품부령으로 정하는 사항

③ 동물병원 개설자는 동물 진단용 방사선발생장치를 설치한 경우에는 제17조의5제1항에 따라 농림축산식품부장관이 지정하는 검사기관 또는 측정기관으로부터 정기적으로 검사와 측정을 받아야 하며, 방사선 관계 종사자에 대한 피폭(被曝)관리를 하여야 한다. 〈개정 2013. 3. 23., 2015. 1. 20.〉

④ 제1항과 제3항에 따른 동물 진단용 방사선발생장치의 범위, 신고, 검사, 측정 및 피폭관리 등에 필요한 사항은 농림축산식품부령으로 정한다. 〈개정 2013. 3. 23.〉

[본조신설 2010. 1. 25.]

제17조의4(동물 진단용 특수의료장비의 설치·운영) ① 동물을 진단하기 위하여 농림축산식품부장관이 고시하는 의료장비(이하 "동물 진단용 특수의료장비"라 한다)를 설치·운영하려는 동물병원 개설자는 농림축산식품부령으로 정하는 바에 따라 그 장비를 농림축산식품부장관에게 등록하여야 한다. 〈개정 2013. 3. 23.〉

② 동물병원 개설자는 동물 진단용 특수의료장비를 농림축산식품부령으로 정하는 설치 인정기준에 맞게 설치·운영하여야 한다. 〈개정 2013. 3. 23.〉

③ 동물병원 개설자는 동물 진단용 특수의료장비를 설치한 후에는 농림축산식품부령으로 정하는 바에 따라 농림축산식품부장관이 실시하는 정기적인 품질관리검사를 받아야 한다. 〈개정 2013. 3. 23.〉

④ 동물병원 개설자는 제3항에 따른 품질관리검사 결과 부적합 판정을 받은 동물 진단용 특수의료장비를 사용하여서는 아니 된다.

[본조신설 2010. 1. 25.]

제17조의5(검사·측정기관의 지정 등) ① 농림축산식품부장관은 검사용 장비를 갖추는 등 농림축산식품부령으로 정하는 일정한 요건을 갖춘 기관을 동물 진단용 방사선발생장치의 검사기관 또는 측정기관(이하 "검사·측정기관"이라 한다)으로 지정할 수 있다.

② 농림축산식품부장관은 제1항에 따른 검사·측정기관이 다음 각 호의 어느 하나에 해당하는 경우에는 지정을 취소하거나 6개월 이내의 기간을 정하여 업무의 정지를 명할 수 있다. 다만, 제1호부터 제3호까지의 어느 하나에 해당하는 경우에는 그 지정을 취소하여야 한다.

1. 거짓이나 그 밖의 부정한 방법으로 지정을 받은 경우

2. 고의 또는 중대한 과실로 거짓의 동물 진단용 방사선발생장치 등의 검사에 관한 성적서를 발급한 경우

3. 업무의 정지 기간에 검사·측정업무를 한 경우

4. 농림축산식품부령으로 정하는 검사·측정기관의 지정기준에 미치지 못하게 된 경우

5. 그 밖에 농림축산식품부장관이 고시하는 검사·측정업무에 관한 규정을 위반한 경우

③ 제1항에 따른 검사·측정기관의 지정절차 및 제2항에 따른 지정 취소, 업무 정지에 필요한 사항은 농림축산식품부령으로 정한다.

④ 검사·측정기관의 장은 검사·측정업무를 휴업하거나 폐업하려는 경우에는 농림축산식품부령으로 정하는 바에 따라 농림축산식품부장관에게 신고하여야 한다. 〈신설 2019. 8. 27.〉

[본조신설 2015. 1. 20.]

제18조(휴업·폐업의 신고) 동물병원 개설자가 동물진료업을 휴업하거나 폐업한 경우에는 지체 없이 관할 시장·군수에게 신고하여야 한다. 다만, 30일 이내의 휴업인 경우에는 그러하지 아니하다.

[전문개정 2010. 1. 25.]

제19조(수술 등의 진료비용 고지) ① 동물병원 개설자는 수술등중대진료 전에 수술등중대진료에 대한 예상 진료비용을 동물소유자등에게 고지하여야 한다. 다만, 수술등중대진료가 지체되면 동물의 생명 또는 신체에 중대한 장애를 가져올 우려가 있거나 수술등중대진료 과정에서 진료비용이 추가되는 경우에는 수술등중대진료 이후에 진료비용을 고지하거나 변경하여 고지할 수 있다.

② 제1항에 따른 고지 방법 등에 관하여 필요한 사항은 농림축산식품부령으로 정한다.

[본조신설 2022. 1. 4.]

제20조(진찰 등의 진료비용 게시) ① 동물병원 개설자는 진찰, 입원, 예방접종, 검사 등 농림축산식품부령으로 정하는 동물진료업의 행위에 대한 진료비용을 동물소유자등이 쉽게 알 수 있도록 농림축산식품부령으로 정하는 방법으로 게시하여야 한다.

② 동물병원 개설자는 제1항에 따라 게시한 금액을 초과하여 진료비용을 받아서는 아니 된다.

[본조신설 2022. 1. 4.]

제20조의2(발급수수료) ① 제12조 및 제12조의2에 따른 진단서 등 발급수수료 상한액은 농림축산식품부령으로 정한다. 〈개정 2013. 3. 23.〉

② 동물병원 개설자는 의료기관이 동물소유자등으로부터 징수하는 진단서 등 발급수수료를 농림축산식품부령으로 정하는 바에 따라 고지·게시하여야 한다. 〈개정 2013. 3. 23., 2019. 8. 27., 2022. 1. 4.〉

③ 동물병원 개설자는 제2항에서 고지·게시한 금액을 초과하여 징수할 수 없다.

[본조신설 2012. 2. 22.]

제20조의3(동물 진료의 분류체계 표준화) 농림축산식품부장관은 동물 진료의 체계적인 발전을 위하여 동물의 질병명, 진료항목 등 동물 진료에 관한 표준화된 분류체계를 작성하여 고시하여야 한다.

[본조신설 2022. 1. 4.]

제20조의4(진료비용 등에 관한 현황의 조사·분석 등) ① 농림축산식품부장관은 동물병원에 대하여 제20조제1항에 따라 동물병원 개설자가 게시한 진료비용 및 그 산정기준 등에 관한 현황을 조사·분석하여 그 결과를 공개할 수 있다.

② 농림축산식품부장관은 제1항에 따른 조사·분석을 위하여 필요한 때에는 동물병원 개설자에게 관련 자료의 제출을 요구할 수 있다. 이 경우 자료의 제출을 요구받은 동물병원 개설자는 정당한 사유가 없으면 이에 따라야 한다.

③ 제1항에 따른 조사·분석 및 결과 공개의 범위·방법·절차에 관하여 필요한 사항은 농림축산식품부령으로 정한다.

[본조신설 2022. 1. 4.]

제21조(공수의) ① 시장·군수는 동물진료 업무의 적정을 도모하기 위하여 동물병원을 개설하고 있는 수의사, 동물병원에서 근무하는 수의사 또는 농림축산식품부령으로 정하는 축산 관련 비영리법인에서 근무하는 수의사에게 다음 각 호의 업무를 위촉할 수 있다. 다만, 농림축산식품부령으로 정하는 축산 관련 비영리법인에서 근무하는 수의사에게는 제3호와 제6호의 업무만 위촉할 수 있다. 〈개정 2013. 3. 23., 2020. 2. 11.〉

1. 동물의 진료

2. 동물 질병의 조사·연구

3. 동물 전염병의 예찰 및 예방

4. 동물의 건강진단

5. 동물의 건강증진과 환경위생 관리

6. 그 밖에 동물의 진료에 관하여 시장·군수가 지시하는 사항

② 제1항에 따라 동물진료 업무를 위촉받은 수의사[이하 "공수의(公獸醫)"라 한다]는 시장·군수의 지휘·감독을 받아 위촉받은 업무를 수행한다.

[전문개정 2010. 1. 25.]

제22조(공수의의 수당 및 여비) ① 시장·군수는 공수의에게 수당과 여비를 지급한다.

② 특별시장·광역시장·도지사 또는 특별자치도지사·특별자치시장(이하 "시·도지사"라 한다)은 제1항에 따른 수당과 여비의 일부를 부담할 수 있다. 〈개정 2011. 7. 25.〉

[전문개정 2010. 1. 25.]

제3장의2 동물진료법인 〈신설 2013. 7. 30.〉

제22조의2(동물진료법인의 설립 허가 등) ① 제17조제2항에 따른 동물진료법인을 설립하려는 자는 대통령령으로 정하는 바에 따라 정관과 그 밖의 서류를 갖추어 그 법인의 주된 사무소의 소재지를 관할하는 시·도지사의 허가를 받아야 한다.

② 동물진료법인은 그 법인이 개설하는 동물병원에 필요한 시설이나 시설을 갖추는 데에 필요한 자금을 보유하여야 한다.

③ 동물진료법인이 재산을 처분하거나 정관을 변경하려면 시·도지사의 허가를 받아야 한다.

④ 이 법에 따른 동물진료법인이 아니면 동물진료법인이나 이와 비슷한 명칭을 사용할 수 없다.

[본조신설 2013. 7. 30.]

제22조의3(동물진료법인의 부대사업) ① 동물진료법인은 그 법인이 개설하는 동물병원에서 동물진료업무 외에 다음 각 호의 부대사업을 할 수 있다. 이 경우 부대사업으로 얻은 수익에 관한 회계는 동물진료법인의 다른 회계와 구분하여 처리하여야 한다.

1. 동물진료나 수의학에 관한 조사·연구

2. 「주차장법」 제19조제1항에 따른 부설주차장의 설치·운영

3. 동물진료업 수행에 수반되는 동물진료정보시스템 개발·운영 사업 중 대통령령으로 정하는 사업

② 제1항제2호의 부대사업을 하려는 동물진료법인은 타인에게 임대 또는 위탁하여 운영할 수 있다.

③ 제1항 및 제2항에 따라 부대사업을 하려는 동물진료법인은 농림축산식품부령으로 정하는 바에 따라 미리 동물병원의 소재지를 관할하는 시·도지사에게 신고하여야 한다. 신고사항을 변경하려는 경우에도 또한 같다.

④ 시·도지사는 제3항에 따른 신고를 받은 경우 그 내용을 검토하여 이 법에 적합하면 신고를 수리하여야 한다. 〈신설 2019. 8. 27.〉

[본조신설 2013. 7. 30.]

제22조의4(「민법」의 준용) 동물진료법인에 대하여 이 법에 규정된 것 외에는 「민법」 중 재단법인에 관한 규정을 준용한다.

[본조신설 2013. 7. 30.]

제22조의5(동물진료법인의 설립 허가 취소) 농림축산식품부장관 또는 시·도지사는 동물진료법인이 다음 각 호의 어느 하나에 해당하면 그 설립 허가를 취소할 수 있다.

1. 정관으로 정하지 아니한 사업을 한 때
2. 설립된 날부터 2년 내에 동물병원을 개설하지 아니한 때
3. 동물진료법인이 개설한 동물병원을 폐업하고 2년 내에 동물병원을 개설하지 아니한 때
4. 농림축산식품부장관 또는 시·도지사가 감독을 위하여 내린 명령을 위반한 때
5. 제22조의3제1항에 따른 부대사업 외의 사업을 한 때

[본조신설 2013. 7. 30.]

제4장 대한수의사회 〈개정 2011. 7. 25.〉

제23조(설립) ① 수의사는 수의업무의 적정한 수행과 수의학술의 연구·보급 및 수의사의 윤리 확립을 위하여 대통령령으로 정하는 바에 따라 대한수의사회(이하 "수의사회"라 한다)를 설립하여야 한다. 〈개정 2011. 7. 25.〉

② 수의사회는 법인으로 한다.

③ 수의사는 제1항에 따라 수의사회가 설립된 때에는 당연히 수의사회의 회원이 된다. 〈신설 2011. 7. 25.〉

[전문개정 2010. 1. 25.]

제24조(설립인가) 수의사회를 설립하려는 경우 그 대표자는 대통령령으로 정하는 바에 따라 정관과 그 밖에 필요한 서류를 농림축산식품부장관에게 제출하여 그 설립인가를 받아야 한다. 〈개정 2013. 3. 23.〉

[전문개정 2010. 1. 25.]

제25조(지부) 수의사회는 대통령령으로 정하는 바에 따라 특별시·광역시·도 또는 특별자치도·특별자치시에 지부(支部)를 설치할 수 있다. 〈개정 2011. 7. 25.〉

[전문개정 2010. 1. 25.]

제26조(「민법」의 준용) 수의사회에 관하여 이 법에 규정되지 아니한 사항은 「민법」 중 사단법인에 관한 규정을 준용한다.

[전문개정 2010. 1. 25.]

제27조 삭제 〈2010. 1. 25.〉

제28조 삭제 〈1999. 3. 31.〉

제29조(경비 보조) 국가나 지방자치단체는 동물의 건강증진 및 공중위생을 위하여 필요하다고 인정하는 경우 또는 제37조제3항에 따라 업무를 위탁한 경우에는 수의사회의 운영 또는 업무 수행에 필요한 경비의 전부 또는 일부를 보조할 수 있다.

[전문개정 2010. 1. 25.]

제5장 감독 〈개정 2010. 1. 25.〉

제30조(지도와 명령) ① 농림축산식품부장관, 시·도지사 또는 시장·군수는 동물진료 시책을 위하여 필요하다고 인정할 때 또는 공중위생상 중대한 위해가 발생하거나 발생할 우려가 있다고 인정할 때에는 대통령령으로 정하는 바에 따라 수의사 또는 동물병원에 대하여 필요한 지도와 명령을 할 수 있다. 이 경우 수의사 또는 동물병원의 시설·장비 등이 필요한 때에는 농림축산식품부령으로 정하는 바에 따라 그 비용을 지급하여야 한다. 〈개정 2011. 7. 25., 2013. 3. 23.〉

② 농림축산식품부장관 또는 시장·군수는 동물병원이 제17조의3제1항부터 제3항까지 및 제17조의4제1항부터 제3항까지의 규정을 위반하였을 때에는 농림축산식품부령으로 정하는 바에 따라 기간을 정하여 그 시설·장비 등의 전부 또는 일부의 사용을 제한 또는 금지하거나 위반한 사항을 시정하도록 명할 수 있다. 〈개정 2013. 3. 23.〉

③ 농림축산식품부장관 또는 시장·군수는 동물병원이 정당한 사유 없이 제20조제1항 또는 제2항을 위반하였을 때에는 농림축산식품부령으로 정하는 바에 따라 기간을 정하여 위반한 사항을 시정하도록 명할 수 있다. 〈신설 2022. 1. 4.〉

④ 농림축산식품부장관은 인수공통감염병의 방역(防疫)과 진료를 위하여 질병관리청장이 협조를 요청하면 특별한 사정이 없으면 이에 따라야 한다. 〈개정 2013. 3. 23., 2020. 8. 11., 2022. 1. 4.〉

[전문개정 2010. 1. 25.]

제31조(보고 및 업무 감독) ① 농림축산식품부장관은 수의사회로 하여금 회원의 실태와 취업상황 등 농림축산식품부령으로 정하는 사항에 대하여 보고를 하게 하거나 소속 공무원에게 업무 상황과 그 밖의 관계 서류를 검사하게 할 수 있다. 〈개정 2011. 7. 25., 2013. 3. 23.〉

② 시·도지사 또는 시장·군수는 수의사 또는 동물병원에 대하여 질병 진료 상황과 가축 방역 및 수의업무에 관한 보고를 하게 하거나 소속 공무원에게 그 업무 상황, 시설 또는 진료부 및 검안부를 검사하게 할 수 있다.

③ 제1항이나 제2항에 따라 검사를 하는 공무원은 그 권한을 표시하는 증표를 지니고 이를 관계인에게 보여 주어야 한다.

[전문개정 2010. 1. 25.]

제32조(면허의 취소 및 면허효력의 정지) ① 농림축산식품부장관은 수의사가 다음 각 호의 어느 하나에 해당하면 그 면허를 취소할 수 있다. 다만, 제1호에 해당하면 그 면허를 취소하여야 한다. 〈개정 2013. 3. 23.〉

1. 제5조 각 호의 어느 하나에 해당하게 되었을 때

2. 제2항에 따른 면허효력 정지기간에 수의업무를 하거나 농림축산식품부령으로 정하는 기간에 3회 이상 면허효력 정지처분을 받았을 때

3. 제6조제2항을 위반하여 면허증을 다른 사람에게 대여하였을 때

② 농림축산식품부장관은 수의사가 다음 각 호의 어느 하나에 해당하면 1년 이내의 기간을 정하여 농림축산식품부령으로 정하는 바에 따라 면허의 효력을 정지시킬 수 있다. 이 경우 진료기술상의 판단이 필요한 사항에 관하여는 관계 전문가의 의견을 들어 결정하여야 한다. 〈개정 2013. 3. 23.〉

1. 거짓이나 그 밖의 부정한 방법으로 진단서, 검안서, 증명서 또는 처방전을 발급하였을 때

2. 관련 서류를 위조하거나 변조하는 등 부정한 방법으로 진료비를 청구하였을 때

3. 정당한 사유 없이 제30조제1항에 따른 명령을 위반하였을 때

4. 임상수의학적(臨床獸醫學的)으로 인정되지 아니하는 진료행위를 하였을 때

5. 학위 수여 사실을 거짓으로 공표하였을 때

6. 과잉진료행위나 그 밖에 동물병원 운영과 관련된 행위로서 대통령령으로 정하는 행위를 하였을 때

③ 농림축산식품부장관은 제1항에 따라 면허가 취소된 사람이 다음 각 호의 어느 하나에 해당하면 그 면허를 다시 내줄 수 있다. 〈개정 2013. 3. 23.〉

1. 제1항제1호의 사유로 면허가 취소된 경우에는 그 취소의 원인이 된 사유가 소멸되었을 때

2. 제1항제2호 및 제3호의 사유로 면허가 취소된 경우에는 면허가 취소된 후 2년이 지났을 때

④ 동물병원은 해당 동물병원 개설자가 제2항제1호 또는 제2호에 따라 면허효력 정지처분을 받았을 때에는 그 면허효력 정지기간에 동물진료업을 할 수 없다.

[전문개정 2010. 1. 25.]

제33조(동물진료업의 정지) 시장·군수는 동물병원이 다음 각 호의 어느 하나에 해당하면 농림축산식품부령으로 정하는 바에 따라 1년 이내의 기간을 정하여 그 동물진료업의 정지를 명할 수 있다. 〈개정 2013. 3. 23., 2022. 1. 4.〉

1. 개설신고를 한 날부터 3개월 이내에 정당한 사유 없이 업무를 시작하지 아니할 때

2. 무자격자에게 진료행위를 하도록 한 사실이 있을 때

3. 제17조제3항 후단에 따른 변경신고 또는 제18조 본문에 따른 휴업의 신고를 하지 아니하였을 때

4. 시설기준에 맞지 아니할 때

5. 제17조의2를 위반하여 동물병원 개설자 자신이 그 동물병원을 관리하지 아니하거나 관리자를 지정하지 아니하였을 때

6. 동물병원이 제30조제1항에 따른 명령을 위반하였을 때

7. 동물병원이 제30조제2항에 따른 사용 제한 또는 금지 명령을 위반하거나 시정 명령을 이행하지 아니하였을 때

7의2. 동물병원이 제30조제3항에 따른 시정 명령을 이행하지 아니하였을 때

8. 동물병원이 제31조제2항에 따른 관계 공무원의 검사를 거부·방해 또는 기피하였을 때

[전문개정 2010. 1. 25.]

제33조의2(과징금 처분) ① 시장·군수는 동물병원이 제33조 각 호의 어느 하나에 해당하는 때에는 대통령령으로 정하는 바에 따라 동물진료업 정지 처분을 갈음하여 5천만원 이하의 과징금을 부과할 수 있다.

② 제1항에 따른 과징금을 부과하는 위반행위의 종류와 위반정도 등에 따른 과징금의 금액과 그 밖에 필요한 사항은 대통령령으로 정한다.

③ 시장·군수는 제1항에 따른 과징금을 부과받은 자가 기한 안에 과징금을 내지 아니한 때에는 「지방행정제재·부과금의 징수 등에 관한 법률」에 따라 징수한다. 〈개정 2020. 3. 24.〉

[본조신설 2020. 2. 11.]

제6장 보칙 〈개정 2010. 1. 25.〉

제34조(연수교육) ① 농림축산식품부장관은 수의사에게 자질 향상을 위하여 필요한 연수교육을 받게 할 수 있다. 〈개정 2013. 3. 23.〉

② 국가나 지방자치단체는 제1항에 따른 연수교육에 필요한 경비를 부담할 수 있다.

③ 제1항에 따른 연수교육에 필요한 사항은 농림축산식품부령으로 정한다. 〈개정 2013. 3. 23.〉

[전문개정 2010. 1. 25.]

제35조 삭제 〈1999. 3. 31.〉

제36조(청문) 농림축산식품부장관 또는 시장·군수는 다음 각 호의 어느 하나에 해당하는 처분을 하려면 청문을 실시하여야 한다. 〈개정 2013. 3. 23., 2015. 1. 20.〉

1. 제17조의5제2항에 따른 검사·측정기관의 지정취소

2. 제30조제2항에 따른 시설·장비 등의 사용금지 명령

3. 제32조제1항에 따른 수의사 면허의 취소

[전문개정 2010. 1. 25.]

제37조(권한의 위임 및 위탁) ① 이 법에 따른 농림축산식품부장관의 권한은 대통령령으로 정하는 바에 따라 그 일부를 시·도지사에게 위임할 수 있다. 〈개정 2013. 3. 23.〉

② 농림축산식품부장관은 대통령령으로 정하는 바에 따라 제17조의4제1항에 따른 등록 업무, 제17조의4제3항에 따른 품질관리검사 업무, 제17조의5제1항에 따른 검사·측정기관의 지정 업무, 제17조의5제2항에 따른 지정 취소 업무 및 제17조의5제4항에 따른 휴업 또는 폐업 신고에 관한 업무를 수의업무를 전문적으로 수행하는 행정기관에 위임할 수 있다. 〈개정 2013. 3. 23., 2015. 1. 20., 2019. 8. 27.〉

③ 농림축산식품부장관 및 시·도지사는 대통령령으로 정하는 바에 따라 수의(동물의 간호 또는 진료 보조를 포함한다) 및 공중위생에 관한 업무의 일부를 제23조에 따라 설립된 수의사회에 위탁할 수 있다. 〈개정 2011. 7. 25., 2013. 3. 23., 2019. 8. 27.〉

④ 농림축산식품부장관은 대통령령으로 정하는 바에 따라 제20조의3에 따른 동물 진료의 분류체계 표준화 및 제20조의4제1항에 따른 진료비용 등의 현황에 관한 조사·분석 업무의 일부를 관계 전문기관 또는 단체에 위탁할 수 있다. 〈신설 2022. 1. 4.〉

[전문개정 2010. 1. 25.]

제38조(수수료) 다음 각 호의 어느 하나에 해당하는 자는 농림축산식품부령으로 정하는 바에 따라 수수료를 내야 한다. 〈개정 2013. 3. 23., 2019. 8. 27.〉

1. 제6조(제16조의6에서 준용하는 경우를 포함한다)에 따른 수의사 면허증 또는 동물보건사 자격증을 재발급받으려는 사람

2. 제8조에 따른 수의사 국가시험에 응시하려는 사람

2의2. 제16조의3에 따른 동물보건사 자격시험에 응시하려는 사람

3. 제17조제3항에 따라 동물병원 개설의 신고를 하려는 자

4. 제32조제3항(제16조의6에서 준용하는 경우를 포함한다)에 따라 수의사 면허 또는 동물보건사 자격을 다시 부여받으려는 사람

[본조신설 2010. 1. 25.]

제7장 벌칙 〈개정 2010. 1. 25.〉

제39조(벌칙) ① 다음 각 호의 어느 하나에 해당하는 사람은 2년 이하의 징역 또는 2천만원 이하의 벌금에 처하거나 이를 병과(倂科)할 수 있다. 〈개정 2013. 7. 30., 2016. 12. 27., 2019. 8. 27., 2020. 2. 11.〉

1. 제6조제2항(제16조의6에 따라 준용되는 경우를 포함한다)을 위반하여 수의사 면허증 또는 동물보건사 자격증을 다른 사람에게 빌려주거나 빌린 사람 또는 이를 알선한 사람

2. 제10조를 위반하여 동물을 진료한 사람

3. 제17조제2항을 위반하여 동물병원을 개설한 자

② 다음 각 호의 어느 하나에 해당하는 자는 300만원 이하의 벌금에 처한다. 〈신설 2013. 7. 30.〉

1. 제22조의2제3항을 위반하여 허가를 받지 아니하고 재산을 처분하거나 정관을 변경한 동물진료법인

2. 제22조의2제4항을 위반하여 동물진료법인이나 이와 비슷한 명칭을 사용한 자

[전문개정 2010. 1. 25.]

제40조 삭제 〈1999. 3. 31.〉

제41조(과태료) ① 다음 각 호의 어느 하나에 해당하는 자에게는 500만원 이하의 과태료를 부과한다.

1. 제11조를 위반하여 정당한 사유 없이 동물의 진료 요구를 거부한 사람

2. 제17조제1항을 위반하여 동물병원을 개설하지 아니하고 동물진료업을 한 자

3. 제17조의4제4항을 위반하여 부적합 판정을 받은 동물 진단용 특수의료장비를 사용한 자

② 다음 각 호의 어느 하나에 해당하는 자에게는 100만원 이하의 과태료를 부과한다. 〈개정 2011. 7. 25., 2012. 2. 22., 2013. 7. 30., 2015. 1. 20., 2019. 8. 27., 2022. 1. 4.〉

1. 제12조제1항을 위반하여 거짓이나 그 밖의 부정한 방법으로 진단서, 검안서, 증명서 또는 처방전을 발급한 사람

1의2. 제12조제1항을 위반하여 처방대상 동물용 의약품을 직접 진료하지 아니하고 처방·투약한 자

1의3. 제12조제3항을 위반하여 정당한 사유 없이 진단서, 검안서, 증명서 또는 처방전의 발급을 거부한 자

1의4. 제12조제5항을 위반하여 신고하지 아니하고 처방전을 발급한 수의사

1의5. 제12조의2제1항을 위반하여 처방전을 발급하지 아니한 자

1의6. 제12조의2제2항 본문을 위반하여 수의사처방관리시스템을 통하지 아니하고 처방전을 발급한 자

1의7. 제12조의2제2항 단서를 위반하여 부득이한 사유가 종료된 후 3일 이내에 처방전을 수의사처방관리시스템에 등록하지 아니한 자

1의8. 제12조의2제3항 후단을 위반하여 처방대상 동물용 의약품의 명칭, 용법 및 용량 등 수의사처방관리시스템에 입력하여야 하는 사항을 입력하지 아니하거나 거짓으로 입력한 자

2. 제13조를 위반하여 진료부 또는 검안부를 갖추어 두지 아니하거나 진료 또는 검안한 사항을 기록하지 아니하거나 거짓으로 기록한 사람

2의2. 제13조의2를 위반하여 동물소유자등에게 설명을 하지 아니하거나 서면으로 동의를 받지 아니한 자

2의3. 제14조(제16조의6에 따라 준용되는 경우를 포함한다)에 따른 신고를 하지 아니한 자

3. 제17조의2를 위반하여 동물병원 개설자 자신이 그 동물병원을 관리하지 아니하거나 관리자를 지정하지 아니한 자

4. 제17조의3제1항 전단에 따른 신고를 하지 아니하고 동물 진단용 방사선발생장치를 설치·운영한 자

4의2. 제17조의3제2항에 따른 준수사항을 위반한 자

5. 제17조의3제3항에 따라 정기적으로 검사와 측정을 받지 아니하거나 방사선 관계 종사자에 대한 피폭관리를 하지 아니한 자

6. 제18조를 위반하여 동물병원의 휴업·폐업의 신고를 하지 아니한 자

6의2. 제20조의2제3항을 위반하여 고지·게시한 금액을 초과하여 징수한 자

6의3. 제22조의3제3항을 위반하여 신고하지 아니한 자

6의4. 제20조의4제2항에 따른 자료제출 요구에 정당한 사유 없이 따르지 아니하거나 거짓으로 자료를 제출한 자

7. 제30조제2항에 따른 사용 제한 또는 금지 명령을 위반하거나 시정 명령을 이행하지 아니한 자

7의2. 제30조제3항에 따른 시정 명령을 이행하지 아니한 자

8. 제31조제2항에 따른 보고를 하지 아니하거나 거짓 보고를 한 자 또는 관계 공무원의 검사를 거부·방해 또는 기피한 자

9. 정당한 사유 없이 제34조(제16조의6에 따라 준용되는 경우를 포함한다)에 따른 연수교육을 받지 아니한 사람

③ 제1항이나 제2항에 따른 과태료는 대통령령으로 정하는 바에 따라 농림축산식품부장관, 시·도지사 또는 시장·군수가 부과·징수한다. 〈개정 2013. 3. 23.〉

[전문개정 2010. 1. 25.]

[시행일: 2023. 1. 5.] 제41조제2항제6호의4, 제41조제2항제7호의2

부칙 〈제16546호, 2019. 8. 27.〉

제1조(시행일) 이 법은 공포 후 6개월이 경과한 날부터 시행한다. 다만, 제5조, 제17조, 제17조의3, 제20조의2, 제22조의3, 법률 제5953호 수의사법중개정법률 부칙 제4항의 개정규정은 공포한 날부터 시행하고, 제2조제3호의2, 제16조의2부터 제16조의6까지, 제38조 및 제39조제1항제1호의 개정규정은 공포 후 2년이 경과한 날부터 시행한다.

제2조(동물보건사 자격시험 응시에 관한 특례) 부칙 제1조 단서에 따른 제16조의2의 개정규정 시행 당시 다음 각 호의 어느 하나에 해당하는 사람이 제16조의4제1항의 개정규정에 따라 평가인증을 받은 양성기관에서 농림축산식품부령으로 정하는 실습교육을 이수하는 경우에는 제16조의2의 개정규정에도 불구하고 동물보건사 자격시험에 응시할 수 있다.

1. 「고등교육법」 제2조제4호에 따른 전문대학 또는 이와 같은 수준 이상의 학교에서 동물 간호에 관한 교육과정을 이수하고 졸업한 사람

2. 「고등교육법」 제2조제4호에 따른 전문대학 또는 이와 같은 수준 이상의 학교를 졸업(이와 동등 수준 이상의 학력이 있다고 인정되는 것을 포함한다)한 후 동물병원에서 동물 간호 관련 업무에 1년 이상 종사한 사람(「근로기준법」에 따른 근로계약 또는 「국민연금법」에 따른 국민연금 사업장

가입자 자격취득을 통하여 업무 종사 사실을 증명할 수 있는 사람에 한정한다)

3. 고등학교 졸업학력 인정자 중 동물병원에서 동물 간호 관련 업무에 3년 이상 종사한 사람(「근로기준법」에 따른 근로계약 또는 「국민연금법」에 따른 국민연금 사업장가입자 자격취득을 통하여 업무 종사 사실을 증명할 수 있는 사람에 한정한다)

제3조(동물보건사 양성기관 평가인증을 위한 준비행위) 농림축산식품부장관은 이 법 시행을 위하여 필요하다고 인정하는 경우에는 부칙 제1조 단서에 따른 제16조의4의 개정규정의 시행일 전에 같은 조 제1항의 개정규정에 따라 양성기관에 대한 평가인증을 할 수 있다. 이 경우 평가인증의 효과는 부칙 제1조 단서에 따른 제16조의4의 개정규정의 시행일부터 발생한다.

부칙 〈제18691호, 2022. 1. 4.〉

제1조(시행일) 이 법은 공포 후 6개월이 경과한 날부터 시행한다. 다만, 다음 각 호의 개정규정은 각 호의 구분에 따른 날부터 시행한다.

1. 제19조, 제20조, 제20조의4, 제30조제3항, 제33조제7호의2, 제41조제2항제6호의4 및 제7호의2의 개정규정: 공포 후 1년이 경과한 날

2. 제20조의3 및 제41조제2항제6호의2의 개정규정: 공포 후 2년이 경과한 날

제2조(수술등중대진료에 관한 설명 및 진료비용 고지에 대한 적용례) 제13조의2 및 제19조의 개정규정은 각각의 개정규정 시행일 이후 수술등중대진료를 하는 경우부터 적용한다.

제3조(진찰 등의 진료비용 게시에 대한 특례) 부칙 제1조제1호에도 불구하고 그 시행일 당시 1명의 수의사가 동물 진료를 하는 동물병원에 대하여는 같은 호의 시행일 이후 1년이 경과한 날(1년이 경과하기 전에 수의사의 수가 1명에서 2명 이상으로 변경된 경우 변경된 날)부터 제20조, 제30조제3항, 제33조제7호의2 및 제41조제2항제7호의2의 개정규정을 적용한다.

개정문

국회에서 의결된 수의사법 일부개정법률을 이에 공포한다.
> 대통령 　　　　　　　　　　　문재인 (인)
> 2022년 1월 4일
> 국무총리 　　　　　　　　　　김부겸
> 국무위원 농림축산식품부 장관 　　김현수

◉ 법률 제18691호

수의사법 일부개정법률

수의사법 일부를 다음과 같이 개정한다.

제13조의2를 다음과 같이 신설한다.
제13조의2(수술등중대진료에 관한 설명) ① 수의사는 동물의 생명 또는 신체에 중대한 위해를 발생

하게 할 우려가 있는 수술, 수혈 등 농림축산식품부령으로 정하는 진료(이하 "수술등중대진료"라 한다)를 하는 경우에는 수술등중대진료 전에 동물의 소유자 또는 관리자(이하 "동물소유자등"이라 한다)에게 제2항 각 호의 사항을 설명하고, 서면(전자문서를 포함한다)으로 동의를 받아야 한다. 다만, 설명 및 동의 절차로 수술등중대진료가 지체되면 동물의 생명이 위험해지거나 동물의 신체에 중대한 장애를 가져올 우려가 있는 경우에는 수술등중대진료 이후에 설명하고 동의를 받을 수 있다.

② 수의사가 제1항에 따라 동물소유자등에게 설명하고 동의를 받아야 할 사항은 다음 각 호와 같다.

1. 동물에게 발생하거나 발생 가능한 증상의 진단명

2. 수술등중대진료의 필요성, 방법 및 내용

3. 수술등중대진료에 따라 전형적으로 발생이 예상되는 후유증 또는 부작용

4. 수술등중대진료 전후에 동물소유자등이 준수하여야 할 사항

③ 제1항 및 제2항에 따른 설명 및 동의의 방법·절차 등에 관하여 필요한 사항은 농림축산식품부령으로 정한다.

제19조를 다음과 같이 신설한다.

제19조(수술 등의 진료비용 고지) ① 동물병원 개설자는 수술등중대진료 전에 수술등중대진료에 대한 예상 진료비용을 동물소유자등에게 고지하여야 한다. 다만, 수술등중대진료가 지체되면 동물의 생명 또는 신체에 중대한 장애를 가져올 우려가 있거나 수술등중대진료 과정에서 진료비용이 추가되는 경우에는 수술등중대진료 이후에 진료비용을 고지하거나 변경하여 고지할 수 있다.

② 제1항에 따른 고지 방법 등에 관하여 필요한 사항은 농림축산식품부령으로 정한다.

제20조를 다음과 같이 신설한다.

제20조(진찰 등의 진료비용 게시) ① 동물병원 개설자는 진찰, 입원, 예방접종, 검사 등 농림축산식품부령으로 정하는 동물진료업의 행위에 대한 진료비용을 동물소유자등이 쉽게 알 수 있도록 농림축산식품부령으로 정하는 방법으로 게시하여야 한다.

② 동물병원 개설자는 제1항에 따라 게시한 금액을 초과하여 진료비용을 받아서는 아니 된다.

제20조의2제2항 중 "동물의 소유자 또는 관리자(이하 "동물 소유자등"이라 한다)"를 "동물소유자등"으로 한다.

제20조의3 및 제20조의4를 각각 다음과 같이 신설한다.

제20조의3(동물 진료의 분류체계 표준화) 농림축산식품부장관은 동물 진료의 체계적인 발전을 위하여 동물의 질병명, 진료항목 등 동물 진료에 관한 표준화된 분류체계를 작성하여 고시하여야 한다.

제20조의4(진료비용 등에 관한 현황의 조사·분석 등) ① 농림축산식품부장관은 동물병원에 대하여 제20조제1항에 따라 동물병원 개설자가 게시한 진료비용 및 그 산정기준 등에 관한 현황을 조사·분석하여 그 결과를 공개할 수 있다.

② 농림축산식품부장관은 제1항에 따른 조사·분석을 위하여 필요한 때에는 동물병원 개설자에게 관련 자료의 제출을 요구할 수 있다. 이 경우 자료의 제출을 요구받은 동물병원 개설자는 정당한 사

유가 없으면 이에 따라야 한다.

③ 제1항에 따른 조사·분석 및 결과 공개의 범위·방법·절차에 관하여 필요한 사항은 농림축산식품부령으로 정한다.

제30조제3항을 제4항으로 하고, 같은 조에 제3항을 다음과 같이 신설한다.

④ 농림축산식품부장관 또는 시장·군수는 동물병원이 정당한 사유 없이 제20조제1항 또는 제2항을 위반하였을 때에는 농림축산식품부령으로 정하는 바에 따라 기간을 정하여 위반한 사항을 시정하도록 명할 수 있다.

제33조에 제7호의2를 다음과 같이 신설한다.

7의2. 동물병원이 제30조제3항에 따른 시정 명령을 이행하지 아니하였을 때

제37조에 제4항을 다음과 같이 신설한다.

⑤ 농림축산식품부장관은 대통령령으로 정하는 바에 따라 제20조의3에 따른 동물 진료의 분류체계 표준화 및 제20조의4제1항에 따른 진료비용 등의 현황에 관한 조사·분석 업무의 일부를 관계 전문 기관 또는 단체에 위탁할 수 있다.

제41조제2항제2호의2를 제2호의3으로 하고, 같은 항에 제2호의2를 다음과 같이 신설하며, 같은 항 제 6호의2 및 제6호의3을 각각 제6호의3 및 제6호의5로 하고, 같은 항에 제6호의2, 제6호의4 및 제7호 의2를 각각 다음과 같이 신설한다.

2의2. 제13조의2를 위반하여 동물소유자등에게 설명을 하지 아니하거나 서면으로 동의를 받지 아니 한 자

6의2. 제19조를 위반하여 수술등중대진료에 대한 예상 진료비용 등을 고지하지 아니한 자

6의4. 제20조의4제2항에 따른 자료제출 요구에 정당한 사유 없이 따르지 아니하거나 거짓으로 자 료를 제출한 자

7의2. 제30조제3항에 따른 시정 명령을 이행하지 아니한 자

부칙

제1조(시행일) 이 법은 공포 후 6개월이 경과한 날부터 시행한다. 다만, 다음 각 호의 개정규정은 각 호의 구분에 따른 날부터 시행한다.

1. 제19조, 제20조, 제20조의4, 제30조제3항, 제33조제7호의2, 제41조제2항제6호의4 및 제7호의2 의 개정규정: 공포 후 1년이 경과한 날

2. 제20조의3 및 제41조제2항제6호의2의 개정규정: 공포 후 2년이 경과한 날

제2조(수술등중대진료에 관한 설명 및 진료비용 고지에 대한 적용례) 제13조의2 및 제19조의 개정규 정은 각각의 개정규정 시행일 이후 수술등중대진료를 하는 경우부터 적용한다.

제3조(진찰 등의 진료비용 게시에 대한 특례) 부칙 제1조제1호에도 불구하고 그 시행일 당시 1명의 수의사가 동물 진료를 하는 동물병원에 대하여는 같은 호의 시행일 이후 1년이 경과한 날(1년이 경

과하기 전에 수의사의 수가 1명에서 2명 이상으로 변경된 경우 변경된 날)부터 제20조, 제30조제3항, 제33조제7호의2 및 제41조제2항제7호의2의 개정규정을 적용한다.

개정이유

[일부개정]
◇ 개정이유

　동물병원 이용자의 알권리와 진료 선택권을 보장하기 위하여 수의사에게는 동물의 수술 등 중대진료를 하는 경우에 동물 소유자 또는 관리자에게 설명하고 동의를 받을 의무를, 동물병원 개설자에게는 수술 등 중대진료의 예상 진료비용을 사전에 고지할 의무와 진찰 등의 일정한 진료비용은 이용자가 알기 쉽도록 게시할 의무를 각각 부과하는 한편,

　동물 진료의 체계적인 발전을 위하여 농림축산식품부장관으로 하여금 동물 진료에 대한 표준화된 분류체계를 작성하여 고시하도록 하는 등 현행 제도의 운영상 나타난 일부 미비점을 개선·보완하려는 것임.

◇ 주요내용

　가. 수의사는 동물의 생명 또는 신체에 중대한 위해를 발생하게 할 우려가 있는 수술 등 중대진료를 하는 경우에는 수술 등 중대진료 전에 동물의 소유자 또는 관리자에게 동물에게 발생하거나 발생 가능한 증상의 진단명, 진료의 필요성·방법 및 내용 등의 사항을 설명하고 서면으로 동의를 받도록 하되, 설명 및 동의 절차로 수술 등 중대진료가 지체되면 동물의 생명이 위험해지거나 동물의 신체에 중대한 장애를 가져올 우려가 있는 경우에는 수술 등 중대진료 이후에 설명하고 동의를 받을 수 있도록 함(제13조의2 신설).

　나. 동물병원 개설자는 수술 등 중대진료 전에 예상 진료비용을 동물 소유자 또는 관리자에게 고지하도록 하되, 해당 진료가 지체되면 동물의 생명 또는 신체에 중대한 장애를 가져올 우려가 있거나 진료과정에서 진료비용이 추가되는 경우에는 진료 후에 진료비용을 고지하거나 변경하여 고지할 수 있도록 함(제19조 신설).

　다. 동물병원 개설자는 진찰, 입원, 예방접종, 검사 등 농림축산식품부령으로 정하는 동물진료업의 행위에 대한 진료비용을 동물 소유자 또는 관리자가 쉽게 알 수 있도록 게시하고, 게시한 금액을 초과하여 진료비용을 받을 수 없도록 함(제20조 신설).

　라. 농림축산식품부장관은 동물 진료의 체계적인 발전을 위하여 동물의 질병명, 진료항목 등 동물 진료에 관한 표준화된 분류체계를 작성하여 고시하도록 함(제20조의3 신설).

　마. 농림축산식품부장관은 동물병원에 대하여 동물병원 개설자가 제20조에 따라 게시한 진료비용 및 그 산정기준 등에 관한 현황을 조사·분석하여 그 결과를 공개할 수 있도록 하고, 이를 위하여 동물병원 개설자에게 관련 자료의 제출을 요구할 수 있도록 함(제20조의4 신설).

I-2 수의사법 시행령

[시행 2022. 7. 5.] [대통령령 제31950호, 2022. 7. 4., 일부개정]

제1조(목적) 이 영은 「수의사법」에서 위임된 사항과 그 시행에 필요한 사항을 규정함을 목적으로 한다.
[전문개정 2011. 1. 24.]

제2조(정의) 「수의사법」(이하 "법"이라 한다) 제2조제2호에서 "대통령령으로 정하는 동물"이란 다음 각 호의 동물을 말한다.

1. 노새·당나귀

2. 친칠라·밍크·사슴·메추리·꿩·비둘기

3. 시험용 동물

4. 그 밖에 제1호부터 제3호까지에서 규정하지 아니한 동물로서 포유류·조류·파충류 및 양서류

[전문개정 2011. 1. 24.]

제3조(수의사 국가시험위원회) 법 제8조에 따른 수의사 국가시험(이하 "국가시험"이라 한다)의 시험문제 출제 및 합격자 사정(査定) 등 국가시험의 원활한 시행을 위하여 농림축산식품부에 수의사 국가시험위원회(이하"위원회"라 한다)를 둔다. 〈개정 2013. 3. 23.〉

[전문개정 2011. 1. 24.]

제4조(위원회의 구성 및 기능) ① 위원회는 위원장 1명, 부위원장 1명과 13명 이내의 위원으로 구성한다.

② 위원장은 농림축산식품부차관이 되고, 부위원장은 농림축산식품부의 수의(獸醫)업무를 담당하는 3급 공무원 또는 고위공무원단에 속하는 일반직공무원이 된다. 〈개정 2013. 3. 23.〉

③ 위원은 수의학 및 공중위생에 관한 전문지식과 경험이 풍부한 사람 중에서 농림축산식품부장관이 위촉한다. 〈개정 2013. 3. 23.〉

④ 제3항에 따라 위촉된 위원의 임기는 위촉된 날부터 2년으로 한다.

⑤ 위원회의 서무를 처리하기 위하여 간사 1명과 서기 몇 명을 두며, 농림축산식품부 소속 공무원 중에서 위원장이 지정한다. 〈개정 2013. 3. 23.〉

⑥ 위원회는 다음 각 호의 사항에 관하여 심의한다.

1. 국가시험 제도의 개선 및 운영에 관한 사항

2. 제9조의2에 따른 출제위원의 선정에 관한 사항

3. 국가시험의 시험문제 출제, 과목별 배점 및 합격자 사정에 관한 사항

4. 그 밖에 국가시험과 관련하여 위원장이 회의에 부치는 사항

⑦ 이 영에서 규정한 사항 외에 위원회의 운영에 필요한 사항은 위원장이 정한다.

[전문개정 2011. 1. 24.]

제4조의2(위원의 해촉) 농림축산식품부장관은 제4조제3항에 따른 위원이 다음 각 호의 어느 하나에 해당하는 경우에는 해당 위원을 해촉(解囑)할 수 있다.

1. 심신장애로 인하여 직무를 수행할 수 없게 된 경우

2. 직무와 관련된 비위사실이 있는 경우

3. 직무태만, 품위손상이나 그 밖의 사유로 인하여 위원으로 적합하지 아니하다고 인정되는 경우

4. 위원 스스로 직무를 수행하는 것이 곤란하다고 의사를 밝히는 경우

[본조신설 2016. 5. 10.]

제5조(위원장의 직무 등) ① 위원장은 위원회의 업무를 총괄하고, 위원회를 대표한다.

② 부위원장은 위원장을 보좌하며, 위원장이 부득이한 사유로 직무를 수행할 수 없을 때에는 위원장의 직무를 대행한다.

[전문개정 2011. 1. 24.]

제6조(위원회의 회의) ① 위원장은 위원회의 회의를 소집하고, 그 의장이 된다.

② 위원장은 회의를 소집하려면 회의의 일시·장소 및 안건을 회의 개최 3일 전까지 각 위원에게 서면으로 통지하여야 한다. 다만, 긴급한 안건의 경우에는 그러하지 아니한다.

③ 위원회의 회의는 위원장 및 부위원장을 포함한 위원 과반수의 출석으로 개의(開議)하고, 출석위원 과반수의 찬성으로 의결한다.

[전문개정 2011. 1. 24.]

제7조(수당 등) 위원회에 출석한 위원에게는 예산의 범위에서 수당과 여비를 지급한다.

[전문개정 2011. 1. 24.]

제8조(공고) 농림축산식품부장관(제11조에 따른 행정기관에 국가시험의 관리업무를 맡기는 경우에는 해당 행정기관의 장을 말한다. 이하 제9조, 제9조의2 및 제10조에서 같다)은 국가시험을 실시하려면 시험 실시 90일 전까지 시험과목, 시험장소, 시험일시, 응시원서 제출기간, 그 밖에 시험의 시행에 필요한 사항을 공고하여야 한다. 〈개정 2012. 5. 1., 2013. 3. 23.〉

[전문개정 2011. 1. 24.]

제9조(시험과목 등) ① 국가시험의 시험과목은 다음 각 호와 같다.

1. 기초수의학
2. 예방수의학
3. 임상수의학
4. 수의법규·축산학

② 제1항에 따른 시험과목별 시험내용 및 출제범위는 농림축산식품부장관이 위원회의 심의를 거쳐 정한다. 〈개정 2013. 3. 23.〉

③ 국가시험은 필기시험으로 하되, 필요하다고 인정할 때에는 실기시험 또는 구술시험을 병행할 수 있다.

④ 국가시험은 전 과목 총점의 60퍼센트 이상, 매 과목 40퍼센트 이상 득점한 사람을 합격자로 한다.

[전문개정 2011. 1. 24.]

제9조의2(출제위원 등) ① 농림축산식품부장관은 국가시험을 실시할 때마다 수의학 및 공중위생에 관한 전문지식과 경험이 풍부한 사람 중에서 시험과목별로 시험문제의 출제 및 채점을 담당할 사람(이하 "출제위원"이라 한다) 2명 이상을 위촉한다. 〈개정 2013. 3. 23.〉

② 제1항에 따라 위촉된 출제위원의 임기는 위촉된 날부터 해당 국가시험의 합격자 발표일까지로 한다. 이 경우 농림축산식품부장관은 필요하다고 인정할 때에는 그 임기를 연장할 수 있다. 〈개정 2013. 3. 23.〉

③ 제1항에 따라 위촉된 출제위원에게는 예산의 범위에서 수당과 여비를 지급하며, 국가시험의 관리·감독 업무에 종사하는 사람(소관 업무와 직접 관련된 공무원은 제외한다)에게는 예산의 범위에서 수당을 지급한다.

[전문개정 2011. 1. 24.]

제10조(응시 절차) 국가시험에 응시하려는 사람은 농림축산식품부장관이 정하는 응시원서를 농림축산식품부장관에게 제출하여야 한다. 이 경우 법 제9조제1항 각 호에 해당하는지의 확인을 위하여 농림축산식품부령으로 정하는 서류를 응시원서에 첨부하여야 한다. 〈개정 2013. 3. 23.〉

[전문개정 2011. 1. 24.]

제11조(관계 전문기관의 국가시험 관리 등) ① 농림축산식품부장관이 법 제8조제3항에 따라 국가시험의 관리를 맡길 수 있는 관계 전문기관은 수의업무를 전문적으로 수행하는 행정기관으로 한다. 〈개정 2013. 3. 23.〉

② 농림축산식품부장관이 제1항에 따른 행정기관에 국가시험의 관리업무를 맡기는 경우에는 제3조에도 불구하고 위원회를 해당 행정기관(이하 이 항에서 "시험관리기관"이라 한다)에 둔다. 이 경우 제4조를 적용할 때 "농림축산식품부장관" 및 "농림축산식품부차관"은 각각 "시험관리기관의 장"으로 보고, "농림축산식품부의 수의업무를 담당하는 3급 공무원 또는 고위공무원단에 속하는 일반직 공무원"은 "시험관리기관의 장이 지정하는 사람"으로 보며, "농림축산식품부 소속 공무원"은"시험관리기관 소속 공무원"으로 본다. 〈개정 2013. 3. 23.〉

[전문개정 2011. 1. 24.]

제12조(수의사 외의 사람이 할 수 있는 진료의 범위) 법 제10조 단서에서 "대통령령으로 정하는 진료"란 다음 각 호의 행위를 말한다. 〈개정 2013. 3. 23., 2016. 12. 30., 2021. 8. 24.〉

1. 수의학을 전공하는 대학(수의학과가 설치된 대학의 수의학과를 포함한다)에서 수의학을 전공하는 학생이 수의사의 자격을 가진 지도교수의 지시·감독을 받아 전공 분야와 관련된 실습을 하기 위하여 하는 진료행위

2. 제1호에 따른 학생이 수의사의 자격을 가진 지도교수의 지도·감독을 받아 양축 농가에 대한 봉사활동을 위하여 하는 진료행위

3. 축산 농가에서 자기가 사육하는 다음 각 목의 가축에 대한 진료행위

　가.「축산법」제22조제1항제4호에 따른 허가 대상인 가축사육업의 가축

　나.「축산법」제22조제3항에 따른 등록 대상인 가축사육업의 가축

　다. 그 밖에 농림축산식품부장관이 정하여 고시하는 가축

4. 농림축산식품부령으로 정하는 비업무로 수행하는 무상 진료행위

[전문개정 2011. 1. 24.]

제12조의2(처방전을 발급하지 못하는 부득이한 사유) 법 제12조의2제2항 단서에서 "대통령령으로 정하는 부득이한 사유"란 응급을 요하는 동물의 수술 또는 처치를 말한다.

[본조신설 2020. 2. 25.]

제12조의3(동물보건사 자격시험의 관리업무 위탁) ① 농림축산식품부장관은 법 제16조의3제2항에 따라 동물보건사 자격시험의 관리업무를 다음 각 호의 어느 하나에 해당하는 자에게 위탁할 수 있다.

1.「민법」제32조에 따라 농림축산식품부장관의 허가를 받아 설립된 비영리법인

2.「공공기관의 운영에 관한 법률」제4조에 따른 공공기관

3. 그 밖에 동물보건사 자격시험의 관리업무를 수행하기에 적합하다고 농림축산식품부장관이 인정하는 관계 전문기관

② 농림축산식품부장관은 제1항에 따라 업무를 위탁하는 경우에는 위탁받는 자와 위탁업무의 내용을 고시해야 한다.

[본조신설 2022. 7. 4.]

제13조(동물병원의 시설기준) ① 법 제17조제5항에 따른 동물병원의 시설기준은 다음 각 호와 같다. 〈개정 2014. 12. 9., 2020. 2. 25.〉

1. 개설자가 수의사인 동물병원: 진료실·처치실·조제실, 그 밖에 청결유지와 위생관리에 필요한 시설을 갖출 것. 다만, 축산 농가가 사육하는 가축(소·말·돼지·염소·사슴·닭·오리를 말한다)에 대한 출장진료만을 하는 동물병원은 진료실과 처치실을 갖추지 아니할 수 있다.

2. 개설자가 수의사가 아닌 동물병원: 진료실·처치실·조제실·임상병리검사실, 그 밖에 청결유지와 위생관리에 필요한 시설을 갖출 것. 다만, 지방자치단체가 「동물보호법」 제15조제1항에 따라 설치·운영하는 동물보호센터의 동물만을 진료·처치하기 위하여 직접 설치하는 동물병원의 경우에는 임상병리검사실을 갖추지 아니할 수 있다.

② 제1항에 따른 시설의 세부 기준은 농림축산식품부령으로 정한다. 〈개정 2013. 3. 23.〉

[전문개정 2011. 1. 24.]

제13조의2(동물진료법인의 설립 허가 신청) 법 제22조의2제1항에 따라 같은 법 제17조제2항제3호에 따른 동물진료법인(이하 "동물진료법인"이라 한다)을 설립하려는 자는 동물진료법인 설립허가 신청서에 농림축산식품부령으로 정하는 서류를 첨부하여 그 법인의 주된 사무소의 소재지를 관할하는 특별시장·광역시장·도지사 또는 특별자치도지사·특별자치시장(이하 "시·도지사"라 한다)에게 제출하여야 한다.

[본조신설 2013. 10. 30.]

제13조의3(동물진료법인의 재산 처분 또는 정관 변경의 허가 신청) 법 제22조의2제3항에 따라 재산 처분이나 정관 변경에 대한 허가를 받으려는 동물진료법인은 재산처분허가신청서 또는 정관변경허가신청서에 농림축산식품부령으로 정하는 서류를 첨부하여 그 법인의 주된 사무소의 소재지를 관할하는 시·도지사에게 제출하여야 한다.

[본조신설 2013. 10. 30.]

제13조의4(동물진료정보시스템 개발·운영 사업) 법 제22조의3제1항제3호에서 "대통령령으로 정하는 사업"이란 다음 각 호의 사업을 말한다.

1. 진료부(진단서 및 증명서를 포함한다)를 전산으로 작성·관리하기 위한 시스템의 개발·운영 사업

2. 동물의 진단 등을 위하여 의료기기로 촬영한 영상기록을 저장·전송하기 위한 시스템의 개발·운영 사업

[본조신설 2013. 10. 30.]

제14조(수의사회의 설립인가) 법 제24조에 따라 수의사회의 설립인가를 받으려는 자는 다음 각 호의 서류를 농림축산식품부장관에게 제출하여야 한다. 〈개정 2013. 3. 23.〉

1. 정관
2. 자산 명세서
3. 사업계획서 및 수지예산서
4. 설립 결의서
5. 설립 대표자의 선출 경위에 관한 서류
6. 임원의 취임 승낙서와 이력서

[전문개정 2011. 1. 24.]

제15조 삭제 〈2014. 12. 9.〉

제16조 삭제 〈2014. 12. 9.〉

제17조 삭제 〈1999. 2. 26.〉

제18조(지부의 설치) 수의사회는 법 제25조에 따라 지부를 설치하려는 경우에는 그 설립등기를 완료한 날부터 3개월 이내에 특별시·광역시·도 또는 특별자치도·특별자치시에 지부를 설치하여야 한다. 〈개정 2013. 10. 30.〉

[전문개정 2011. 1. 24.]

제18조의2(윤리위원회의 설치) 수의사회는 법 제23조제1항에 따라 수의업무의 적정한 수행과 수의사의 윤리 확립을 도모하고, 법 제32조제2항 각 호 외의 부분 후단에 따른 의견의 제시 등을 위하여 정관에서 정하는 바에 따라 윤리위원회를 설치·운영할 수 있다.

[전문개정 2011. 1. 24.]

제19조

[종전 제19조는 제21조로 이동 〈2011. 1. 24.〉]

제20조(지도와 명령) 법 제30조제1항에 따라 농림축산식품부장관, 시·도지사 또는 시장·군수·구청장(자치구의 구청장을 말한다. 이하 같다)이 수의사 또는 동물병원에 할 수 있는 지도와 명령은 다음 각 호와 같다. 〈개정 2013. 3. 23., 2013. 10. 30.〉

1. 수의사 또는 동물병원 기구·장비의 대(對)국민 지원 지도와 동원 명령

2. 공중위생상 위해(危害) 발생의 방지 및 동물 질병의 예방과 적정한 진료 등을 위하여 필요한 시설·업무개선의 지도와 명령

3. 그 밖에 가축전염병의 확산이나 인수공통감염병으로 인한 공중위생상의 중대한 위해 발생의 방지 등을 위하여 필요하다고 인정하여 하는 지도와 명령

[전문개정 2011. 1. 24.]

제20조의2(과잉진료행위 등) 법 제32조제2항제6호에서 "과잉진료행위나 그 밖에 동물병원 운영과 관련된 행위로서 대통령령으로 정하는 행위"란 다음 각 호의 행위를 말한다. 〈개정 2013. 3. 23.〉

1. 불필요한 검사·투약 또는 수술 등 과잉진료행위를 하거나 부당하게 많은 진료비를 요구하는 행위

2. 정당한 사유 없이 동물의 고통을 줄이기 위한 조치를 하지 아니하고 시술하는 행위나 그 밖에 이에 준하는 행위로서 농림축산식품부령으로 정하는 행위

3. 허위광고 또는 과대광고 행위

4. 동물병원의 개설자격이 없는 자에게 고용되어 동물을 진료하는 행위

5. 다른 동물병원을 이용하려는 동물의 소유자 또는 관리자를 자신이 종사하거나 개설한 동물병원으로 유인하거나 유인하게 하는 행위

6. 법 제11조, 제12조제1항·제3항, 제13조제1항·제2항 또는 제17조제1항을 위반하는 행위

[전문개정 2011. 1. 24.]

제20조의3(과징금의 부과 등) ① 법 제33조의2제1항에 따라 과징금을 부과하는 위반행위의 종류와 위반 정도 등에 따른 과징금의 금액은 별표 1과 같다.

② 특별자치도지사·특별자치시장·시장·군수 또는 구청장(이하 "시장·군수"라 한다)은 법 제33조의2제1항에 따라 과징금을 부과하려면 그 위반행위의 종류와 과징금의 금액을 서면으로 자세히 밝혀 과징금을 낼 것을 과징금 부과 대상자에게 알려야 한다.

③ 제2항에 따른 통지를 받은 자는 통지를 받은 날부터 30일 이내에 과징금을 시장·군수가 정하는 수납기관에 내야 한다. 다만, 천재지변이나 그 밖의 부득이한 사유로 그 기간 내에 과징금을 낼 수 없는 경우에는 그 사유가 없어진 날부터 7일 이내에 내야 한다.

④ 제3항에 따라 과징금을 받은 수납기관은 과징금을 낸 자에게 영수증을 발급하고, 과징금을 받은 사실을 지체 없이 시장·군수에게 통보해야 한다.

⑤ 과징금의 징수절차는 농림축산식품부령으로 정한다.

[본조신설 2020. 8. 11.]

[종전 제20조의3은 제20조의4로 이동 〈2020. 8. 11.〉]

제20조의4(권한의 위임) ① 농림축산식품부장관은 법 제37조제1항에 따라 다음 각 호의 권한을 시·도지사에게 위임한다. 〈개정 2021. 8. 24.〉

1. 법 제12조제5항 전단에 따른 축산농장, 동물원 또는 수족관에 상시고용된 수의사의 상시고용 신고의 접수

2. 법 제12조제5항 후단에 따른 축산농장, 동물원 또는 수족관에 상시고용된 수의사의 진료부 보고

② 농림축산식품부장관은 법 제37조제2항에 따라 다음 각 호의 업무를 농림축산검역본부장에게 위임한다. 〈신설 2015. 4. 20., 2020. 2. 25.〉

1. 법 제17조의4제1항에 따른 등록 업무

2. 법 제17조의4제3항에 따른 품질관리검사 업무

3. 법 제17조의5제1항에 따른 검사·측정기관의 지정 업무

4. 법 제17조의5제2항에 따른 지정 취소 업무

5. 법 제17조의5제4항에 따른 휴업 또는 폐업 신고의 수리 업무

③ 시·도지사는 제1항에 따라 농림축산식품부장관으로부터 위임받은 권한의 일부를 농림축산식품부장관의 승인을 받아 시장·군수 또는 구청장에게 다시 위임할 수 있다. 〈개정 2015. 4. 20.〉

[본조신설 2013. 8. 2.]

[제20조의3에서 이동 〈2020. 8. 11.〉]

제21조(업무의 위탁) ① 농림축산식품부장관은 법 제37조제3항에 따라 법 제34조에 따른 수의사의 연수교육에 관한 업무를 수의사회에 위탁한다. 〈개정 2013. 3. 23., 2022. 7. 4.〉

② 농림축산식품부장관은 법 제37조제4항에 따라 법 제20조의3에 따른 동물 진료의 분류체계 표준화에 관한 업무를 수의사회에 위탁한다. 〈신설 2022. 7. 4.〉

③ 농림축산식품부장관은 법 제37조제4항에 따라 법 제20조의4제1항에 따른 진료비용 등의 현황에 관한 조사·분석 업무를 다음 각 호의 어느 하나에 해당하는 자에게 위탁할 수 있다. 〈신설 2022. 7. 4.〉

1. 「민법」 제32조에 따라 농림축산식품부장관의 허가를 받아 설립된 비영리법인

2. 「소비자기본법」 제29조제1항 및 같은 법 시행령 제23조제2항에 따라 공정거래위원회에 등록한 소비자단체

3. 「공공기관의 운영에 관한 법률」 제4조에 따른 공공기관

4. 「정부출연연구기관 등의 설립·운영 및 육성에 관한 법률」에 따른 정부출연연구기관

5. 그 밖에 진료비용 등의 현황에 관한 조사·분석에 업무를 수행하기에 적합하다고 농림축산식품부장관이 인정하는 관계 전문기관 또는 단체

④ 농림축산식품부장관은 제3항에 따라 업무를 위탁하는 경우에는 위탁받는 자와 위탁업무의 내용을 고시해야 한다. 〈신설 2022. 7. 4.〉

[전문개정 2011. 1. 24.]

[제19조에서 이동 〈2011. 1. 24.〉]

제21조의2(고유식별정보의 처리) 농림축산식품부장관(제20조의4에 따라 농림축산식품부장관의 권한을 위임받은 자를 포함한다) 및 시장·군수(해당 권한이 위임·위탁된 경우에는 그 권한을 위임·위탁받은 자를 포함한다)는 다음 각 호의 어느 하나에 해당하는 사무를 수행하기 위하여 불가피한 경우 「개인정보 보호법 시행령」 제19조제1호, 제2호 또는 제4호에 따른 주민등록번호, 여권번호 또는 외국인등록번호가 포함된 자료를 처리할 수 있다. 〈개정 2020. 8. 11., 2021. 8. 24.〉

1. 법 제4조에 따른 수의사 면허 발급에 관한 사무
2. 법 제16조의2에 따른 동물보건사 자격인정에 관한 사무
3. 법 제17조에 따른 동물병원의 개설신고 및 변경신고에 관한 사무
4. 법 제17조의3에 따른 동물 진단용 방사선발생장치의 설치·운영 신고에 관한 사무
5. 법 제17조의5에 따른 검사·측정기관의 지정에 관한 사무
6. 법 제18조에 따른 동물병원 휴업·폐업의 신고에 관한 사무

[본조신설 2017. 3. 27.]

제22조(규제의 재검토) 농림축산식품부장관은 제13조에 따른 동물병원의 시설기준에 대하여 2017년 1월 1일을 기준으로 3년마다(매 3년이 되는 해의 1월 1일 전까지를 말한다) 그 타당성을 검토하여 개선 등의 조치를 해야 한다.

[전문개정 2020. 3. 3.]

제23조(과태료의 부과기준) 법 제41조제1항 및 제2항에 따른 과태료의 부과기준은 별표 2와 같다. 〈개정 2020. 8. 11.〉

[전문개정 2013. 8. 2.]

개정이유

[일부개정]

◇ 개정이유 및 주요내용

동물 간호 및 진료 보조 업무의 전문성과 책임성을 높이기 위하여 동물보건사 제도를 도입하는 등의 내용으로 「수의사법」이 개정(법률 제16546호, 2019. 8. 27. 공포, 2021. 8. 28. 시행)됨에 따라 농림축산식품부장관이 동물보건사 자격인정에 관한 사무를 수행하기 위하여 불가피한 경우 주민등록번호, 여권번호 또는 외국인등록번호가 포함된 자료를 처리할 수 있도록 하는 한편,

과태료 부과기준의 적정성을 높이기 위하여 위반행위의 횟수에 따른 과태료의 가중된 부과기준을 적용할 때 최근 1년간 같은 위반행위로 과태료 부과처분을 받은 경우에 가중처분하던 것을 최근 3년간 같은 위반행위로 과태료 부과처분을 받은 경우에 가중처분하도록 개선하려는 것임.

I-3 수의사법 시행규칙

[시행 2021. 9. 8.] [농림축산식품부령 제491호, 2021. 9. 8., 일부개정]

제1조(목적) 이 규칙은 「수의사법」 및 같은 법 시행령에서 위임된 사항과 그 시행에 필요한 사항을 규정함을 목적으로 한다.

[전문개정 2011. 1. 26.]

제1조의2(응시원서에 첨부하는 서류) 「수의사법 시행령」(이하 "영"이라 한다) 제10조 후단에서 "농림축산식품부령으로 정하는 서류"란 다음 각 호의 서류를 말한다. 〈개정 2013. 3. 23.〉

1. 「수의사법」(이하 "법"이라 한다) 제9조제1항제1호에 해당하는 사람은 수의학사 학위증 사본 또는 졸업 예정 증명서

2. 법 제9조제1항제2호에 해당하는 사람은 다음 각 목의 서류. 다만, 법률 제5953호 수의사법중개정법률 부칙 제4항에 해당하는 자는 나목 및 다목의 서류를 제출하지 아니하며, 법률 제7546호 수의사법 일부개정법률 부칙 제2항에 해당하는 자는 다목의 서류를 제출하지 아니한다.

　가. 외국 대학의 수의학사 학위증 사본

　나. 외국의 수의사 면허증 사본 또는 수의사 면허를 받았음을 증명하는 서류

　다. 외국 대학이 법 제9조제1항제2호에 따른 인정기준에 적합한지를 확인하기 위하여 영 제8조에 따른 수의사 국가시험 관리기관(이하 "시험관리기관"이라 한다)의 장이 정하는 서류

[본조신설 2011. 1. 26.]

제2조(면허증의 발급) ① 법 제4조에 따라 수의사의 면허를 받으려는 사람은 법 제8조에 따른 수의사 국가시험에 합격한 후 시험관리기관의 장에게 다음 각 호의 서류를 제출하여야 한다. 〈개정 2019. 8. 26.〉

1. 법 제5조제1호 본문에 해당하는 사람이 아님을 증명하는 의사의 진단서 또는 같은 호 단서에 해당하는 사람임을 증명하는 정신과전문의의 진단서

2. 법 제5조제3호 본문에 해당하는 사람이 아님을 증명하는 의사의 진단서 또는 같은 호 단서에 해당하는 사람임을 증명하는 정신과전문의의 진단서

3. 사진(응시원서와 같은 원판으로서 가로 3센티미터 세로 4센티미터의 모자를 쓰지 않은 정면 상반신) 2장

② 시험관리기관의 장은 영 제10조 및 제1항에 따라 제출받은 서류를 검토하여 법 제5조 및 제9조에 따른 결격사유 및 응시자격 해당 여부를 확인한 후 다음 각 호의 사항을 적은 수의사 면허증 발급 대상자 명단을 농림축산식품부장관에게 제출하여야 한다. 〈개정 2013. 3. 23.〉

1. 성명(한글·영문 및 한문)

2. 주소

3. 주민등록번호(외국인인 경우에는 국적·생년월일 및 성별)

4. 출신학교 및 졸업 연월일

③ 농림축산식품부장관은 합격자 발표일부터 50일 이내(법 제9조제1항제2호에 해당하는 사람의 경우에는 외국에서 수의학사 학위를 받은 사실과 수의사 면허를 받은 사실 등에 대한 조회가 끝난 날부터 50일 이내)에 수의사 면허증을 발급하여야 한다. 〈개정 2013. 3. 23., 2017. 1. 2.〉

[전문개정 2011. 1. 26.]

제3조(면허증 및 면허대장 등록사항) ② 법 제6조에 따른 수의사 면허증은 별지 제1호서식에 따른다.

③ 법 제6조에 따른 면허대장에 등록하여야 할 사항은 다음 각 호와 같다.

1. 면허번호 및 면허 연월일

2. 성명 및 주민등록번호(외국인은 성명·국적·생년월일·여권번호 및 성별)

3. 출신학교 및 졸업 연월일

4. 면허취소 또는 면허효력 정지 등 행정처분에 관한 사항

5. 제4조에 따라 면허증을 재발급하거나 면허를 재부여하였을 때에는 그 사유

6. 제5조에 따라 면허증을 갱신하였을 때에는 그 사유

[전문개정 2011. 1. 26.]

제4조(면허증의 재발급 등) 제2조제3항에 따라 면허증을 발급받은 사람이 다음 각 호의 어느 하나에 해당하는 사유로 면허증을 재발급받거나 법 제32조에 따라 취소된 면허를 재부여받으려는 때에는 별지 제2호서식의 신청서에 다음 각 호의 구분에 따른 해당 서류를 첨부하여 농림축산식품부장관에게 제출하여야 한다. 〈개정 2013. 3. 23., 2019. 8. 26.〉

1. 잃어버린 경우: 별지 제3호서식의 분실 경위서와 사진(신청 전 6개월 이내에 촬영한 가로 3센티미터 세로 4센티미터의 모자를 쓰지 않은 정면 상반신. 이하 이 조 및 제5조제3항에서 같다) 1장

2. 헐어 못 쓰게 된 경우: 해당 면허증과 사진 1장

3. 기재사항 변경 등의 경우: 해당 면허증과 그 변경에 관한 증명 서류 및 사진 1장

4. 취소된 면허를 재부여받으려는 경우: 면허취소의 원인이 된 사유가 소멸되었음을 증명할 수 있는 서류와 사진 1장

[전문개정 2011. 1. 26.]

제5조(면허증의 갱신) ① 농림축산식품부장관은 필요하다고 인정하는 경우에는 수의사 면허증을 갱신할 수 있다. 〈개정 2013. 3. 23.〉

② 농림축산식품부장관은 제1항에 따라 수의사 면허증을 갱신하려는 경우에는 갱신 절차, 기간, 그 밖에 필요한 사항을 정하여 갱신발급 신청 개시일 20일 전까지 그 내용을 공고하여야 한다. 〈개정 2013. 3. 23.〉

③ 제2항에 따라 수의사 면허증을 갱신하여 발급받으려는 사람은 별지 제2호서식의 신청서에 면허증(잃어버린 경우에는 별지 제3호서식의 분실 경위서)과 사진 1장을 첨부하여 농림축산식품부장관에게 제출하여야 한다. 〈개정 2013. 3. 23.〉

[전문개정 2011. 1. 26.]

제6조 삭제 〈1999. 2. 9.〉

제7조 삭제 〈2006. 3. 14.〉

제8조(수의사 외의 사람이 할 수 있는 진료의 범위) 영 제12조제4호에서 "농림축산식품부령으로 정하는 비업무로 수행하는 무상 진료행위"란 다음 각 호의 행위를 말한다. 〈개정 2013. 3. 23., 2013. 8. 2., 2019. 11. 8.〉

1. 광역시장·특별자치시장·도지사·특별자치도지사가 고시하는 도서·벽지(僻地)에서 이웃의 양축 농가가 사육하는 동물에 대하여 비업무로 수행하는 다른 양축 농가의 무상 진료행위

2. 사고 등으로 부상당한 동물의 구조를 위하여 수행하는 응급처치행위

[전문개정 2011. 1. 26.]

제8조의2(동물병원의 세부 시설기준) 영 제13조제2항에 따른 동물병원의 세부 시설기준은 별표 1과 같다.

[전문개정 2011. 1. 26.]

제9조(진단서의 발급 등) ① 법 제12조제1항에 따라 수의사가 발급하는 진단서는 별지 제4호의2서식에 따른다.

② 법 제12조제2항에 따른 폐사 진단서는 별지 제5호서식에 따른다.

③ 제1항 및 제2항에 따른 진단서 및 폐사 진단서에는 연도별로 일련번호를 붙이고, 그 부본(副本)을 3년간 갖추어 두어야 한다.

[전문개정 2011. 1. 26.]

제10조(증명서 등의 발급) 법 제12조에 따라 수의사가 발급하는 증명서 및 검안서의 서식은 다음 각 호와 같다.

1. 출산 증명서: 별지 제6호서식

2. 사산 증명서: 별지 제7호서식

3. 예방접종 증명서: 별지 제8호서식

4. 검안서: 별지 제9호서식

[전문개정 2011. 1. 26.]

제11조(처방전의 서식 및 기재사항 등) ① 법 제12조제1항 및 제12조의2제1항·제2항에 따라 수의사가 발급하는 처방전은 별지 제10호서식과 같다. 〈개정 2020. 2. 28.〉

② 처방전은 동물 개체별로 발급하여야 한다. 다만, 다음 각 호의 요건을 모두 갖춘 경우에는 같은 축사(지붕을 같이 사용하거나 지붕에 준하는 인공구조물을 같이 또는 연이어 사용하는 경우를 말한다)에서 동거하고 있는 동물들에 대하여 하나의 처방전으로 같이 처방(이하 "군별 처방"이라 한다)할 수 있다.

1. 질병 확산을 막거나 질병을 예방하기 위하여 필요한 경우일 것

2. 처방 대상 동물의 종류가 같을 것

3. 처방하는 동물용 의약품이 같을 것

③ 수의사는 처방전을 발급하는 경우에는 다음 각 호의 사항을 적은 후 서명(「전자서명법」에 따른 전자서명을 포함한다. 이하 같다)하거나 도장을 찍어야 한다. 이 경우 처방전 부본(副本)을 처방전 발급일부터 3년간 보관해야 한다. 〈개정 2020. 2. 28., 2021. 9. 8., 2022. 7. 5.〉

1. 처방전의 발급 연월일 및 유효기간(7일을 넘으면 안 된다)

2. 처방 대상 동물의 이름(없거나 모르는 경우에는 그 동물의 소유자 또는 관리자가 임의로 정한 것), 종류, 성별, 연령(명확하지 않은 경우에는 추정연령), 체중 및 임신 여부. 다만, 군별 처방인 경우에는 처방 대상 동물들의 축사번호, 종류 및 총 마릿수를 적는다.

3. 동물의 소유자 또는 관리자의 성명·생년월일·전화번호. 농장에 있는 동물에 대한 처방전인 경우에는 농장명도 적는다.

4. 동물병원 또는 축산농장의 명칭, 전화번호 및 사업자등록번호

5. 다음 각 목의 구분에 따른 동물용 의약품 처방 내용

　가. 「약사법」 제85조제6항에 따른 동물용 의약품(이하 "처방대상 동물용 의약품"이라 한다): 처방

대상 동물용 의약품의 성분명, 용량, 용법, 처방일수(30일을 넘으면 안 된다) 및 판매 수량(동물용 의약품의 포장 단위로 적는다)

나. 처방대상 동물용 의약품이 아닌 동물용 의약품인 경우: 가목의 사항. 다만, 동물용 의약품의 성분명 대신 제품명을 적을 수 있다.

6. 처방전을 작성하는 수의사의 성명 및 면허번호

④ 제3항제1호 및 제5호에도 불구하고 수의사는 다음 각 호의 어느 하나에 해당하는 경우에는 농림축산식품부장관이 정하는 기간을 넘지 아니하는 범위에서 처방전의 유효기간 및 처방일수를 달리 정할 수 있다.

1. 질병예방을 위하여 정해진 연령에 같은 동물용 의약품을 반복 투약하여야 하는 경우

2. 그 밖에 농림축산식품부장관이 정하는 경우

⑤ 제3항제5호가목에도 불구하고 효과적이거나 안정적인 치료를 위하여 필요하다고 수의사가 판단하는 경우에는 제품명을 성분명과 함께 쓸 수 있다. 이 경우 성분별로 제품명을 3개 이상 적어야 한다.

[전문개정 2013. 8. 2.]

제11조의2 삭제 〈2020. 2. 28.〉

제12조(축산농장 등의 상시고용 수의사의 신고 등) ① 법 제12조제5항 전단에 따라 축산농장(「동물보호법 시행령」 제4조에 따른 동물실험시행기관을 포함한다. 이하 같다), 「동물원 및 수족관의 관리에 관한 법률」 제3조제1항에 따라 등록한 동물원 또는 수족관(이하 이 조에서 "축산농장등"이라 한다)에 상시고용된 수의사로 신고(이하 "상시고용 신고"라 한다)를 하려는 경우에는 별지 제10호의2서식의 신고서에 다음 각 호의 서류를 첨부하여 특별시장·광역시장·특별자치시장·도지사·특별자치도지사(이하 "시·도지사"라 한다)나 시장·군수 또는 자치구의 구청장에게 제출해야 한다. 〈개정 2020. 12. 2., 2022. 7. 5.〉

1. 해당 축산농장등에서 1년 이상 일하고 있거나 일할 것임을 증명할 수 있는 다음 각 목의 어느 하나에 해당하는 서류
   가. 「근로기준법」에 따라 체결한 근로계약서 사본
   나. 「소득세법」에 따른 근로소득 원천징수영수증
   다. 「국민연금법」에 따른 국민연금 사업장가입자 자격취득 신고서
   라. 그 밖에 고용관계를 증명할 수 있는 서류

2. 수의사 면허증 사본

② 수의사가 상시고용된 축산농장등이 두 곳 이상인 경우에는 그 중 한 곳에 대해서만 상시고용 신고를 할 수 있으며, 신고를 한 해당 축산농장등의 동물에 대해서만 처방전을 발급할 수 있다. 〈개정 2020. 12. 2.〉

③ 법 제12조제5항 후단에 따른 상시고용된 수의사의 범위는 해당 축산농장등에 1년 이상 상시고용되어 일하는 수의사로서 1개월당 60시간 이상 해당 업무에 종사하는 사람으로 한다. 〈개정 2020. 12. 2.〉

④ 상시고용 신고를 한 수의사(이하 "신고 수의사"라 한다)가 발급하는 처방전에 관하여는 제11조를 준용한다. 다만, 처방대상 동물용 의약품의 처방일수는 7일을 넘지 아니하도록 한다. 〈개정 2020. 2. 28.〉

⑤ 신고 수의사는 처방전을 발급하는 진료를 한 경우에는 제13조에 따라 진료부를 작성하여야 하며, 해당 연도의 진료부를 다음 해 2월 말까지 시·도지사나 시장·군수 또는 자치구의 구청장에게 보고하여야 한다.

⑥ 신고 수의사는 제26조에 따라 매년 수의사 연수교육을 받아야 한다.

⑦ 신고 수의사는 처방대상 동물용 의약품의 구입 명세를 작성하여 그 구입일부터 3년간 보관해야 하며, 처방대상 동물용 의약품이 해당 축산농장등 밖으로 유출되지 않도록 관리하고 농장주 또는 운영자를 지도해야 한다. 〈개정 2020. 2. 28., 2020. 12. 2.〉

[본조신설 2013. 8. 2.]

[제목개정 2020. 12. 2.]

제12조의2(처방전의 발급 등) ① 법 제12조의2제2항 단서에서 "농림축산식품부령으로 정하는 방법"이란 처방전을 수기로 작성하여 발급하는 방법을 말한다.

② 법 제12조의2제3항 후단에서 "농림축산식품부령으로 정하는 사항"이란 다음 각 호의 사항을 말한다. 〈개정 2022. 7. 5.〉

1. 입력 연월일 및 유효기간(7일을 넘으면 안 된다)

2. 제11조제3항제2호·제4호 및 제5호의 사항

3. 동물의 소유자 또는 관리자의 성명·생년월일·전화번호. 농장에 있는 동물에 대한 처방인 경우에는 농장명도 적는다.

4. 입력하는 수의사의 성명 및 면허번호

[본조신설 2020. 2. 28.]

제12조의3(수의사처방관리시스템의 구축·운영) ① 농림축산식품부장관은 법 제12조의3제1항에 따른 수의사처방관리시스템(이하 "수의사처방관리시스템"이라 한다)을 통해 다음 각 호의 업무를 처리하도록 한다.

1. 처방대상 동물용 의약품에 대한 정보의 제공

2. 법 제12조의2제2항에 따른 처방전의 발급 및 등록

3. 법 제12조의2제3항에 따른 처방대상 동물용 의약품에 관한 사항의 입력 관리

4. 처방대상 동물용 의약품의 처방·조제·투약 등 관련 현황 및 통계 관리

② 농림축산식품부장관은 수의사처방관리시스템의 개인별 접속 및 보안을 위한 시스템 관리 방안을 마련해야 한다.

③ 제1항 및 제2항에서 규정한 사항 외에 수의사처방관리시스템의 구축·운영에 필요한 사항은 농림축산식품부장관이 정하여 고시한다.

[본조신설 2020. 2. 28.]

제13조(진료부 및 검안부의 기재사항) 법 제13조제1항에 따른 진료부 또는 검안부에는 각각 다음 사항을 적어야 하며, 1년간 보존하여야 한다. 〈개정 2013. 11. 22., 2017. 1. 2., 2022. 7. 5.〉

1. 진료부

가. 동물의 품종·성별·특징 및 연령

나. 진료 연월일

다. 동물의 소유자 또는 관리인의 성명과 주소

라. 병명과 주요 증상

마. 치료방법(처방과 처치)

바. 사용한 마약 또는 향정신성의약품의 품명과 수량

사. 동물등록번호(「동물보호법」 제12조에 따라 등록한 동물만 해당한다)

2. 검안부

　가. 동물의 품종·성별·특징 및 연령

　나. 검안 연월일

　다. 동물의 소유자 또는 관리인의 성명과 주소

　라. 폐사 연월일(명확하지 않을 때에는 추정 연월일) 또는 살처분 연월일

　마. 폐사 또는 살처분의 원인과 장소

　바. 사체의 상태

　사. 주요 소견

[전문개정 2011. 1. 26.]

제13조의2(수술등중대진료의 범위 등)　① 법 제13조의2제1항 본문에서 "동물의 생명 또는 신체에 중대한 위해를 발생하게 할 우려가 있는 수술, 수혈 등 농림축산식품부령으로 정하는 진료"란 다음 각 호의 진료(이하 "수술등중대진료"라 한다)를 말한다.

1. 전신마취를 동반하는 내부장기(內部臟器)·뼈·관절(關節)에 대한 수술

2. 전신마취를 동반하는 수혈

② 법 제13조의2제1항에 따라 같은 조 제2항 각 호의 사항을 설명할 때에는 구두로 하고, 동의를 받을 때에는 별지 제11호서식의 동의서에 동물소유자등의 서명이나 기명날인을 받아야 한다.

③ 수의사는 제2항에 따라 받은 동의서를 동의를 받은 날부터 1년간 보존해야 한다.

[본조신설 2022. 7. 5.]

제14조(수의사의 실태 등의 신고 및 보고)　① 법 제14조에 따른 수의사의 실태와 취업 상황 등에 관한 신고는 법 제23조에 따라 설립된 수의사회의 장(이하 "수의사회장"이라 한다)이 수의사의 수급상황을 파악하거나 그 밖의 동물의 진료시책에 필요하다고 인정하여 신고하도록 공고하는 경우에 하여야 한다. 〈개정 2013. 8. 2.〉

② 수의사회장은 제1항에 따른 공고를 할 때에는 신고의 내용·방법·절차와 신고기간 그 밖의 신고에 필요한 사항을 정하여 신고개시일 60일 전까지 하여야 한다. 〈개정 2013. 8. 2.〉

[본조신설 2012. 1. 26.]

제14조의2(동물보건사의 자격인정)　① 법 제16조의2에 따라 동물보건사 자격인정을 받으려는 사람은 법 제16조의3에 따른 동물보건사 자격시험(이하 "동물보건사자격시험" 이라 한다)에 합격한 후 농림축산식품부장관에게 다음 각 호의 서류를 제출해야 한다.

1. 법 제5조제1호 본문에 해당하는 사람이 아님을 증명하는 의사의 진단서 또는 같은 호 단서에 해당하는 사람임을 증명하는 정신건강의학과전문의의 진단서

2. 법 제5조제3호 본문에 해당하는 사람이 아님을 증명하는 의사의 진단서 또는 같은 호 단서에 해당하는 사람임을 증명하는 정신건강의학과전문의의 진단서

3. 법 제16조의2 또는 법률 제16546호 수의사법 일부개정법률 부칙 제2조 각 호의 어느 하나에 해당하는지를 증명할 수 있는 서류

4. 사진(규격은 가로 3.5센티미터, 세로 4.5센티미터로 하며, 이하 같다) 2장

② 농림축산식품부장관은 제1항에 따라 제출받은 서류를 검토하여 다음 각 호에 해당하는지 여부를 확인해야 한다.

1. 법 제16조의2 또는 법률 제16546호 수의사법 일부개정법률 부칙 제2조 각 호에 따른 자격

2. 법 제16조의6에서 준용하는 법 제5조에 따른 결격사유

③ 농림축산식품부장관은 법 제16조의2에 따른 자격인정을 한 경우에는 동물보건사자격시험의 합격자 발표일부터 50일 이내(법 제16조의2제3호에 해당하는 사람의 경우에는 외국에서 동물 간호 관련 면허나 자격을 받은 사실 등에 대한 조회가 끝난 날부터 50일 이내)에 동물보건사 자격증을 발급해야 한다.

[본조신설 2021. 9. 8.]

제14조의3(동물 간호 관련 업무) 법 제16조의2제2호에서 "농림축산식품부령으로 정하는 동물 간호 관련 업무"란 제14조의7 각 호의 업무를 말한다.

[본조신설 2021. 9. 8.]

제14조의4(동물보건사 자격시험의 실시 등) ① 농림축산식품부장관은 동물보건사자격시험을 실시하려는 경우에는 시험일 90일 전까지 시험일시, 시험장소, 응시원서 제출기간 및 그 밖에 시험에 필요한 사항을 농림축산식품부의 인터넷 홈페이지 등에 공고해야 한다.

② 동물보건사자격시험의 시험과목은 다음 각 호와 같다.

1. 기초 동물보건학

2. 예방 동물보건학

3. 임상 동물보건학

4. 동물 보건·윤리 및 복지 관련 법규

③ 동물보건사자격시험은 필기시험의 방법으로 실시한다.

④ 동물보건사자격시험에 응시하려는 사람은 제1항에 따른 응시원서 제출기간에 별지 제11호의2 서식의 동물보건사 자격시험 응시원서(전자문서로 된 응시원서를 포함한다)를 농림축산식품부장관에게 제출해야 한다.

⑤ 동물보건사자격시험의 합격자는 제2항에 따른 시험과목에서 각 과목당 시험점수가 100점을 만점으로 하여 40점 이상이고, 전 과목의 평균 점수가 60점 이상인 사람으로 한다.

⑥ 제1항부터 제5항까지에서 규정한 사항 외에 동물보건사자격시험에 필요한 사항은 농림축산식품부장관이 정해 고시한다.

[본조신설 2021. 9. 8.]

제14조의5(동물보건사 양성기관의 평가인증) ① 법 제16조의4제1항에 따른 평가인증(이하 "평가인증"이라 한다)을 받으려는 동물보건사 양성과정을 운영하려는 학교 또는 교육기관(이하 "양성기관"이라 한다)은 다음 각 호의 기준을 충족해야 한다.

1. 교육과정 및 교육내용이 양성기관의 업무 수행에 적합할 것

2. 교육과정의 운영에 필요한 교수 및 운영 인력을 갖출 것

3. 교육시설·장비 등 교육여건과 교육환경이 양성기관의 업무 수행에 적합할 것

② 법 제16조의4제1항에 따라 평가인증을 받으려는 양성기관은 별지 제11호의3서식의 양성기관 평가인증 신청서에 다음 각 호의 서류 및 자료를 첨부하여 농림축산식품부장관에게 제출해야 한다.

1. 해당 양성기관의 설립 및 운영 현황 자료

2. 제1항 각 호의 평가인증 기준을 충족함을 증명하는 서류 및 자료

③ 농림축산식품부장관은 평가인증을 위해 필요한 경우에는 양성기관에게 필요한 자료의 제출이나 의견의 진술을 요청할 수 있다.

④ 농림축산식품부장관은 제2항에 따른 신청 내용이 제1항에 따른 기준을 충족한 경우에는 신청인에게 별지 제11호의4서식의 양성기관 평가인증서를 발급해야 한다.

⑤ 제1항부터 제4항까지에서 규정한 사항 외에 평가인증의 기준 및 절차에 필요한 사항은 농림축산식품부장관이 정해 고시한다.

[본조신설 2021. 9. 8.]

제14조의6(양성기관의 평가인증 취소)　① 농림축산식품부장관은 법 제16조의4제2항에 따라 양성기관의 평가인증을 취소하려는 경우에는 미리 평가인증의 취소 사유와 10일 이상의 기간을 두어 소명자료를 제출할 것을 통보해야 한다.

② 농림축산식품부장관은 제1항에 따른 소명자료 제출 기간 내에 소명자료를 제출하지 아니하거나 제출된 소명자료가 이유 없다고 인정되면 평가인증을 취소한다.

[본조신설 2021. 9. 8.]

제14조의7(동물보건사의 업무 범위와 한계)　법 제16조의5제1항에 따른 동물보건사의 동물의 간호 또는 진료 보조 업무의 구체적인 범위와 한계는 다음 각 호와 같다.

1. 동물의 간호 업무: 동물에 대한 관찰, 체온·심박수 등 기초 검진 자료의 수집, 간호판단 및 요양을 위한 간호

2. 동물의 진료 보조 업무: 약물 도포, 경구 투여, 마취·수술의 보조 등 수의사의 지도 아래 수행하는 진료의 보조

[본조신설 2021. 9. 8.]

제14조의8(자격증 및 자격대장 등록사항)　① 법 제16조의6에서 준용하는 법 제6조에 따른 동물보건사 자격증은 별지 제11호의5서식에 따른다.

② 법 제16조의6에서 준용하는 법 제6조에 따른 동물보건사 자격대장에 등록해야 할 사항은 다음 각 호와 같다.

1. 자격번호 및 자격 연월일

2. 성명 및 주민등록번호(외국인은 성명·국적·생년월일·여권번호 및 성별)

3. 출신학교 및 졸업 연월일

4. 자격취소 등 행정처분에 관한 사항

5. 제14조의9에 따라 자격증을 재발급하거나 자격을 재부여했을 때에는 그 사유

[본조신설 2021. 9. 8.]

제14조의9(자격증의 재발급 등)　① 법 제16조의6에서 준용하는 법 제6조에 따라 동물보건사 자격증을 발급받은 사람이 다음 각 호의 어느 하나에 해당하는 사유로 자격증을 재발급받으려는 때에는 별지 제11호의6서식의 동물보건사 자격증 재발급 신청서에 다음 각 호의 구분에 따른 해당 서류를 첨부하여 농림축산식품부장관에게 제출해야 한다.

1. 잃어버린 경우: 별지 제11호의7서식의 동물보건사 자격증 분실 경위서와 사진 1장

2. 헐어 못 쓰게 된 경우: 자격증 원본과 사진 1장

3. 자격증의 기재사항이 변경된 경우: 자격증 원본과 기재사항의 변경내용을 증명하는 서류 및 사진 1장

② 법 제16조의6에서 준용하는 법 제6조에 따라 동물보건사 자격증을 발급받은 사람이 법 제32조 제3항에 따라 자격을 다시 받게 되는 경우에는 별지 제11호의6서식의 동물보건사 자격증 재부여 신청서에 자격취소의 원인이 된 사유가 소멸됐음을 증명하는 서류를 첨부(법 제32조제3항제1호에 해당하는 경우로 한정한다)하여 농림축산식품부장관에게 제출해야 한다.

[본조신설 2021. 9. 8.]

제15조(동물병원의 개설신고) ① 법 제17조제2항제1호에 해당하는 사람은 동물병원을 개설하려는 경우에는 별지 제12호서식의 신고서에 다음 각 호의 서류를 첨부하여 그 개설하려는 장소를 관할하는 특별자치시장·특별자치도지사·시장·군수 또는 자치구의 구청장(이하 "시장·군수"라 한다)에게 제출(정보통신망에 의한 제출을 포함한다)하여야 한다. 이 경우 개설신고자 외에 그 동물병원에서 진료업무에 종사하는 수의사가 있을 때에는 그 수의사에 대한 제2호의 서류를 함께 제출(정보통신망에 의한 제출을 포함한다)해야 한다. 〈개정 2013. 8. 2., 2015. 1. 5., 2019. 11. 8.〉

1. 동물병원의 구조를 표시한 평면도·장비 및 시설의 명세서 각 1부
2. 수의사 면허증 사본 1부
3. 별지 제12호의2서식의 확인서 1부[영 제13조제1항제1호 단서에 따른 출장진료만을 하는 동물병원(이하 "출장진료전문병원"이라 한다)을 개설하려는 경우만 해당한다]

② 법 제17조제2항제2호부터 제5호까지의 규정에 해당하는 자는 동물병원을 개설하려는 경우에는 별지 제13호서식의 신고서에 다음 각 호의 서류를 첨부하여 그 개설하려는 장소를 관할하는 시장·군수에게 제출(정보통신망에 의한 제출을 포함한다)해야 한다. 〈개정 2012. 1. 26., 2019. 11. 8.〉

1. 동물병원의 구조를 표시한 평면도·장비 및 시설의 명세서 각 1부
2. 동물병원에 종사하려는 수의사의 면허증 사본
3. 법인의 설립 허가증 또는 인가증 사본 및 정관 각 1부(비영리법인인 경우만 해당한다)

③ 제2항에 따른 신고서를 제출받은 시장·군수는 「전자정부법」 제36조제1항에 따른 행정정보의 공동이용을 통하여 법인 등기사항증명서(법인인 경우만 해당한다)를 확인하여야 한다.

④ 시장·군수는 제1항 또는 제2항에 따른 개설신고를 수리한 경우에는 별지 제14호서식의 신고확인증을 발급(정보통신망에 의한 발급을 포함한다)하고, 그 사본을 법 제23조에 따른 수의사회에 송부해야 한다. 이 경우 출장진료전문병원에 대하여 발급하는 신고확인증에는 출장진료만을 전문으로 한다는 문구를 명시해야 한다. 〈개정 2012. 1. 26., 2015. 1. 5., 2019. 8. 26., 2019. 11. 8.〉

⑤ 동물병원의 개설신고자는 법 제17조제3항 후단에 따라 다음 각 호의 어느 하나에 해당하는 변경신고를 하려면 별지 제15호서식의 변경신고서에 신고확인증과 변경 사항을 확인할 수 있는 서류를 첨부하여 시장·군수에게 제출하여야 한다. 다만, 제4호에 해당하는 변경신고를 하려는 자는 영 제13조제1항제1호 본문에 따른 진료실과 처치실을 갖추었음을 확인할 수 있는 동물병원 평면도를, 제5호에 해당하는 변경신고를 하려는 자는 별지 제12호의2서식의 확인서를 함께 첨부해야 한다. 〈개정 2015. 1. 5., 2019. 8. 26., 2019. 11. 8.〉

1. 개설 장소의 이전
2. 동물병원의 명칭 변경
3. 진료 수의사의 변경
4. 출장진료전문병원에서 출장진료전문병원이 아닌 동물병원으로의 변경

5. 출장진료전문병원이 아닌 동물병원에서 출장진료전문병원으로의 변경

6. 동물병원 개설자의 변경

⑥ 시장·군수는 제5항에 따른 변경신고를 수리하였을 때에는 신고대장 및 신고확인증의 뒤쪽에 그 변경내용을 적은 후 신고확인증을 내주어야 한다. 〈개정 2019. 8. 26.〉

[전문개정 2011. 1. 26.]

제16조 삭제 〈1999. 8. 10.〉

제17조 삭제 〈1999. 8. 10.〉

제18조(휴업·폐업의 신고) ① 법 제18조에 따라 동물병원 개설자가 동물진료업을 휴업하거나 폐업한 경우에는 별지 제17호서식의 신고서에 신고확인증을 첨부하여 동물병원의 개설 장소를 관할하는 시장·군수에게 제출하여야 하며, 시장·군수는 그 사본을 수의사회에 송부해야 한다. 〈개정 2019. 8. 26., 2019. 11. 8.〉

② 제1항에 따라 폐업신고를 하려는 자가 「부가가치세법」 제8조제7항에 따른 폐업신고를 같이 하려는 경우에는 별지 제17호서식의 신고서와 같은 법 시행규칙 별지 제9호서식의 폐업신고서를 함께 제출하거나 「민원처리에 관한 법률 시행령」 제12조제10항에 따른 통합 폐업신고서를 제출해야 한다. 이 경우 관할 시장·군수는 함께 제출받은 폐업신고서 또는 통합 폐업신고서를 지체 없이 관할 세무서장에게 송부(정보통신망을 이용한 송부를 포함한다. 이하 이 조에서 같다)해야 한다. 〈신설 2019. 11. 8.〉

③ 관할 세무서장이 「부가가치세법 시행령」 제13조제5항에 따라 제1항에 따른 폐업신고서를 받아 이를 관할 시장·군수에게 송부한 경우에는 제1항에 따른 폐업신고서가 제출된 것으로 본다. 〈신설 2019. 11. 8.〉

[전문개정 2011. 1. 26.]

제18조의2(수술 등의 진료비용 고지 방법) 법 제19조제1항에 따라 수술등중대진료 전에 예상 진료비용을 고지하거나 수술등중대진료 이후에 진료비용을 고지하거나 변경하여 고지할 때에는 구두로 설명하는 방법으로 한다.

[본조신설 2022. 7. 5.]

[시행일: 2023. 1. 5.] 제18조의2

제18조의3(진찰 등의 진료비용 게시 대상 및 방법) ① 법 제20조제1항에서 "진찰, 입원, 예방접종, 검사 등 농림축산식품부령으로 정하는 동물진료업의 행위에 대한 진료비용"이란 다음 각 호의 진료비용을 말한다. 다만, 해당 동물병원에서 진료하지 않는 동물진료업의 행위에 대한 진료비용 및 제15조제1항제3호에 따른 출장진료전문병원의 동물진료업의 행위에 대한 진료비용은 제외한다.

1. 초진·재진 진찰료, 진찰에 대한 상담료

2. 입원비

3. 개 종합백신, 고양이 종합백신, 광견병백신, 켄넬코프백신 및 인플루엔자백신의 접종비

4. 전혈구 검사비와 그 검사 판독료 및 엑스선 촬영비와 그 촬영 판독료

5. 그 밖에 동물소유자등에게 알릴 필요가 있다고 농림축산식품부장관이 인정하여 고시하는 동물진료업의 행위에 대한 진료비용

② 법 제20조제1항에 따라 진료비용을 게시할 때에는 다음 각 호의 어느 하나에 해당하는 방법으로 한다.

1. 해당 동물병원 내부 접수창구 또는 진료실 등 동물소유자등이 알아보기 쉬운 장소에 책자나 인쇄물을 비치하거나 벽보 등을 부착하는 방법
2. 해당 동물병원의 인터넷 홈페이지에 게시하는 방법. 이 경우 인터넷 홈페이지의 초기화면에 게시하거나 배너를 이용하는 경우에는 진료비용을 게시하는 화면으로 직접 연결되도록 해야 한다.

[본조신설 2022. 7. 5.]

[시행일: 2023. 1. 5.] 제18조의3

제19조(발급수수료) ① 법 제20조의2제1항에 따른 처방전 발급수수료의 상한액은 5천원으로 한다.

② 법 제20조의2제2항에 따라 동물병원 개설자는 진단서, 검안서, 증명서 및 처방전의 발급수수료의 금액을 정하여 접수창구나 대기실에 동물의 소유자 또는 관리인이 쉽게 볼 수 있도록 게시하여야 한다. 〈개정 2022. 7. 5.〉

[본조신설 2013. 8. 2.]

제20조 삭제 〈1999. 2. 9.〉

제20조(진료비용 등에 관한 현황의 조사·분석 및 결과 공개의 범위 등) ① 법 제20조의4제1항에 따른 결과 공개의 범위는 다음 각 호와 같다.·

1. 법 제20조제1항에 따라 동물병원 개설자가 게시한 각 동물진료업의 행위에 대한 진료비용의 전국 단위, 특별시·광역시·특별자치시·도·특별자치도 단위 및 시·군·자치구 단위별 최저·최고·평균·중간 비용
2. 그 밖에 동물소유자등에게 공개할 필요가 있다고 농림축산식품부장관이 인정하여 고시하는 사항

② 법 제20조의4제1항에 따라 제1항 각 호의 사항을 공개할 때에는 농림축산식품부의 인터넷 홈페이지에 게시하는 방법으로 한다.

③ 제1항 및 제2항에서 규정한 사항 외에 법 제20조제1항에 따른 조사·분석 및 결과 공개의 범위·방법·절차에 관하여 필요한 세부 사항은 농림축산식품부장관이 정하여 고시한다.

[본조신설 2022. 7. 5.]

[시행일: 2023. 1. 5.] 제20조

제21조(축산 관련 비영리법인) 법 제21조제1항 각 호 외의 부분 본문 및 단서에서 "농림축산식품부령으로 정하는 축산 관련 비영리법인"이란 다음 각 호의 법인을 말한다. 〈개정 2013. 3. 23., 2017. 7. 12.〉

1. 「농업협동조합법」에 따라 설립된 농업협동조합중앙회(농협경제지주회사를 포함한다) 및 조합
2. 「가축전염병예방법」 제9조에 따라 설립된 가축위생방역 지원본부

[전문개정 2011. 1. 26.]

제22조(공수의의 업무 보고) 공수의는 법 제21조제1항 각 호의 업무에 관하여 매월 그 추진결과를 다음 달 10일까지 배치지역을 관할하는 시장·군수에게 보고하여야 하며, 시장·군수(특별자치시장과 특별자치도지사는 제외한다)는 그 내용을 종합하여 매 분기가 끝나는 달의 다음 달 10일까지 특별시장·광역시장 또는 도지사에게 보고하여야 한다. 다만, 전염병 발생 및 공중위생상 긴급한 사항은 즉시 보고하여야 한다. 〈개정 2013. 8. 2.〉

[전문개정 2011. 1. 26.]

제22조의2(동물진료법인 설립허가절차) ① 영 제13조의2에 따라 동물진료법인 설립허가신청서에 첨부해야 하는 서류는 다음 각 호와 같다. 〈개정 2019. 11. 8.〉

1. 법 제17조제2항제3호에 따른 동물진료법인(이하 "동물진료법인"이라 한다) 설립허가를 받으려는 자(이하 "설립발기인"이라 한다)의 성명·주소 및 약력을 적은 서류. 설립발기인이 법인인 경우에는 그 법인의 명칭·소재지·정관 및 최근 사업활동 내용과 그 대표자의 성명 및 주소를 적은 서류를 말한다.

2. 삭제 〈2017. 1. 2.〉

3. 정관

4. 재산의 종류·수량·금액 및 권리관계를 적은 재산 목록(기본재산과 보통재산으로 구분하여 적어야 한다) 및 기부신청서[기부자의 인감증명서 또는 「본인서명사실 확인 등에 관한 법률」 제2조제3호에 따른 본인서명사실확인서 및 재산을 확인할 수 있는 서류(부동산·예금·유가증권 등 주된 재산에 관한 등기소·금융기관 등의 증명서를 말한다)를 첨부하되, 제2항에 따른 서류는 제외한다]

5. 사업 시작 예정 연월일과 사업 시작 연도 분(分)의 사업계획서 및 수입·지출예산서

6. 임원 취임 예정자의 이력서(신청 전 6개월 이내에 모자를 쓰지 않고 찍은 상반신 반명함판 사진을 첨부한다), 취임승낙서(인감증명서 또는 「본인서명사실 확인 등에 관한 법률」 제2조제3호에 따른 본인서명사실확인서를 첨부한다) 및 「가족관계의 등록 등에 관한 법률」 제15조제1항제2호에 따른 기본증명서

7. 설립발기인이 둘 이상인 경우 대표자를 선정하여 허가신청을 할 때에는 나머지 설립발기인의 위임장

② 동물진료법인 설립허가신청을 받은 담당공무원은 「전자정부법」 제36조제1항에 따른 행정정보의 공동이용을 통하여 건물 등기사항증명서와 토지 등기사항증명서를 확인해야 한다. 〈개정 2019. 11. 8.〉

③ 시·도지사는 특별한 사유가 없으면 동물진료법인 설립허가신청을 받은 날부터 1개월 이내에 허가 또는 불허가 처분을 해야 하며, 허가처분을 할 때에는 동물진료법인 설립허가증을 발급해 주어야 한다. 〈개정 2019. 11. 8.〉

④ 시·도지사는 제3항에 따른 허가 또는 불허가 처분을 하기 위하여 필요하다고 인정하면 신청인에게 기간을 정하여 필요한 자료를 제출하게 하거나 설명을 요구할 수 있다. 이 경우 그에 걸리는 기간은 제3항의 기간에 산입하지 않는다. 〈개정 2019. 11. 8.〉

[본조신설 2013. 11. 22.]

[종전 제22조의2는 제22조의14로 이동 〈2013. 11. 22.〉]

제22조의3(임원 선임의 보고) 동물진료법인은 임원을 선임(選任)한 경우에는 선임한 날부터 7일 이내에 임원선임 보고서에 다음 각 호의 서류를 첨부하여 시·도지사에게 제출하여야 한다.

1. 임원 선임을 의결한 이사회의 회의록

2. 선임된 임원의 이력서(제출 전 6개월 이내에 모자를 쓰지 않고 찍은 상반신 반명함판 사진을 첨부하여야 한다). 다만, 종전 임원이 연임된 경우는 제외한다.

3. 취임승낙서

[본조신설 2013. 11. 22.]

[종전 제22조의3은 제22조의15로 이동 〈2013. 11. 22.〉]

제22조의4(재산 처분의 허가절차) ① 영 제13조의3에 따라 재산처분허가신청서에 첨부하여야 하는 서류는 다음 각 호와 같다.

1. 재산 처분 사유서

2. 처분하려는 재산의 목록 및 감정평가서(교환인 경우에는 쌍방의 재산에 관한 것이어야 한다)

3. 재산 처분에 관한 이사회의 회의록

4. 처분의 목적, 용도, 예정금액, 방법과 처분으로 인하여 감소될 재산의 보충 방법 등을 적은 서류

5. 처분하려는 재산과 전체 재산의 대비표

② 제1항에 따른 허가신청은 재산을 처분(매도, 증여, 임대 또는 교환, 담보 제공 등을 말한다)하기 1개월 전까지 하여야 한다.

③ 시·도지사는 특별한 사유가 없으면 재산처분 허가신청을 받은 날부터 1개월 이내에 허가 또는 불허가 처분을 하여야 하며, 허가처분을 할 때에는 필요한 조건을 붙일 수 있다.

④ 시·도지사는 제3항에 따른 허가 또는 불허가 처분을 하기 위하여 필요하다고 인정하면 신청인에게 기간을 정하여 필요한 자료를 제출하게 하거나 설명을 요구할 수 있다. 이 경우 그에 걸리는 기간은 제3항의 기간에 산입하지 아니한다.

[본조신설 2013. 11. 22.]

제22조의5(재산의 증가 보고) ① 동물진료법인은 매수(買受)·기부채납(寄附採納)이나 그 밖의 방법으로 재산을 취득한 경우에는 재산을 취득한 날부터 7일 이내에 그 법인의 재산에 편입시키고 재산증가 보고서에 다음 각 호의 서류를 첨부하여 시·도지사에게 제출하여야 한다.

1. 취득 사유서

2. 취득한 재산의 종류·수량 및 금액을 적은 서류

3. 재산 취득을 확인할 수 있는 서류(제2항에 따른 서류는 제외한다)

② 재산증가 보고를 받은 담당공무원은 증가된 재산이 부동산일 때에는 「전자정부법」 제36조제1항에 따른 행정정보의 공동이용을 통하여 건물 등기사항증명서와 토지 등기사항증명서를 확인하여야 한다.

[본조신설 2013. 11. 22.]

제22조의6(정관 변경의 허가신청) 영 제13조의3에 따라 정관변경허가신청서에 첨부하여야 하는 서류는 다음 각 호와 같다.

1. 정관 변경 사유서

2. 정관 개정안(신·구 정관의 조문대비표를 첨부하여야 한다)

3. 정관 변경에 관한 이사회의 회의록

4. 정관 변경에 따라 사업계획 및 수입·지출예산이 변동되는 경우에는 그 변동된 사업계획서 및 수입·지출예산서(신·구 대비표를 첨부하여야 한다)

[본조신설 2013. 11. 22.]

제22조의7(부대사업의 신고 등) ① 동물진료법인은 법 제22조의3제3항 전단에 따라 부대사업을 신고하려는 경우 별지 제20호서식의 신고서에 다음 각 호의 서류를 첨부하여 제출하여야 한다. 〈개정 2019. 8. 26.〉

1. 동물병원 개설 신고확인증 사본

2. 부대사업의 내용을 적은 서류

3. 부대사업을 하려는 건물의 평면도 및 구조설명서

② 시·도지사는 부대사업 신고를 받은 경우에는 별지 제21호서식의 부대사업 신고증명서를 발급하

여야 한다.

③ 동물진료법인은 법 제22조의3제3항 후단에 따라 부대사업 신고사항을 변경하려는 경우 별지 제20호서식의 변경신고서에 다음 각 호의 서류를 첨부하여 제출하여야 한다.

1. 부대사업 신고증명서 원본

2. 변경사항을 증명하는 서류

④ 시·도지사는 부대사업 변경신고를 받은 경우에는 부대사업 신고증명서 원본에 변경 내용을 적은 후 돌려주어야 한다.

[본조신설 2013. 11. 22.]

제22조의8(법인사무의 검사·감독) ① 시·도지사는 법 제22조의4에서 준용하는 「민법」 제37조에 따라 동물진료법인 사무의 검사 및 감독을 위하여 필요하다고 인정되는 경우에는 다음 각 호의 서류를 제출할 것을 동물진료법인에 요구할 수 있다. 이 경우 제1호부터 제6호까지의 서류는 최근 5년까지의 것을 대상으로, 제7호 및 제8호의 서류는 최근 3년까지의 것을 그 대상으로 할 수 있다.

1. 정관

2. 임원의 명부와 이력서

3. 이사회 회의록

4. 재산대장 및 부채대장

5. 보조금을 받은 경우에는 보조금 관리대장

6. 수입·지출에 관한 장부 및 증명서류

7. 업무일지

8. 주무관청 및 관계 기관과 주고받은 서류

② 시·도지사는 필요한 최소한의 범위를 정하여 소속 공무원으로 하여금 동물진료법인을 방문하여 그 사무를 검사하게 할 수 있다. 이 경우 소속 공무원은 그 권한을 증명하는 증표를 지니고 관계인에게 보여주어야 한다.

[본조신설 2013. 11. 22.]

제22조의9(설립등기 등의 보고) 동물진료법인은 법 제22조의4에서 준용하는 「민법」 제49조부터 제52조까지 및 제52조의2에 따라 동물진료법인 설립등기, 분사무소 설치등기, 사무소 이전등기, 변경등기 또는 직무집행정지 등 가처분의 등기를 한 경우에는 해당 등기를 한 날부터 7일 이내에 그 사실을 시·도지사에게 보고하여야 한다. 이 경우 담당공무원은 「전자정부법」 제36조제1항에 따른 행정정보의 공동이용을 통하여 법인 등기사항증명서를 확인하여야 한다.

[본조신설 2013. 11. 22.]

제22조의10(잔여재산 처분의 허가) 동물진료법인의 대표자 또는 청산인은 법 제22조의4에서 준용하는 「민법」 제80조제2항에 따라 잔여재산의 처분에 대한 허가를 받으려면 다음 각 호의 사항을 적은 잔여재산처분허가신청서를 시·도지사에게 제출하여야 한다.

1. 처분 사유

2. 처분하려는 재산의 종류·수량 및 금액

3. 재산의 처분 방법 및 처분계획서

[본조신설 2013. 11. 22.]

제22조의11(해산신고 등) ① 동물진료법인이 해산(파산의 경우는 제외한다)한 경우 그 청산인은 법 제22조의4에서 준용하는 「민법」 제86조에 따라 다음 각 호의 사항을 시·도지사에게 신고해야 한다. 〈개정 2019. 11. 8.〉

1. 해산 연월일
2. 해산 사유
3. 청산인의 성명 및 주소
4. 청산인의 대표권을 제한한 경우에는 그 제한 사항

② 청산인이 제1항의 신고를 하는 경우에는 해산신고서에 다음 각 호의 서류를 첨부하여 제출해야 한다. 이 경우 담당공무원은 「전자정부법」 제36조제1항에 따른 행정정보의 공동이용을 통하여 법인 등기사항증명서를 확인해야 한다. 〈개정 2019. 11. 8.〉

1. 해산 당시 동물진료법인의 재산목록
2. 잔여재산 처분 방법의 개요를 적은 서류
3. 해산 당시의 정관
4. 해산을 의결한 이사회의 회의록

③ 동물진료법인이 정관에서 정하는 바에 따라 그 해산에 관하여 주무관청의 허가를 받아야 하는 경우에는 해산 예정 연월일, 해산의 원인과 청산인이 될 자의 성명 및 주소를 적은 해산허가신청서에 다음 각 호의 서류를 첨부하여 시·도지사에게 제출해야 한다. 〈개정 2019. 11. 8.〉

1. 신청 당시 동물진료법인의 재산목록 및 그 감정평가서
2. 잔여재산 처분 방법의 개요를 적은 서류
3. 신청 당시의 정관

[본조신설 2013. 11. 22.]

제22조의12(청산 종결의 신고) 동물진료법인의 청산인은 그 청산을 종결한 경우에는 법 제22조의4에서 준용하는 「민법」 제94조에 따라 그 취지를 등기하고 청산종결신고서(전자문서로 된 신고서를 포함한다)를 시·도지사에게 제출하여야 한다. 이 경우 담당공무원은 「전자정부법」 제36조제1항에 따른 행정정보의 공동이용을 통하여 법인 등기사항증명서를 확인하여야 한다.

[본조신설 2013. 11. 22.]

제22조의13(동물진료법인 관련 서식) 다음 각 호의 서식은 농림축산식품부장관이 정하여 농림축산식품부 인터넷 홈페이지에 공고하는 바에 따른다.

1. 제22조의2제1항에 따른 동물진료법인 설립허가신청서
2. 제22조의2제3항에 따른 설립허가증
3. 제22조의3에 따른 임원선임 보고서
4. 제22조의4제1항에 따른 재산처분허가신청서
5. 제22조의5제1항에 따른 재산증가 보고서
6. 제22조의6에 따른 정관변경허가신청서
7. 제22조의10에 따른 잔여재산처분허가신청서
8. 제22조의11제2항 전단에 따른 해산신고서
9. 제22조의11제3항에 따른 해산허가신청서

10. 제22조의12 전단에 따른 청산종결신고서

[본조신설 2013. 11. 22.]

제22조의14(수의사 등에 대한 비용 지급 기준)　법 제30조제1항 후단에 따라 수의사 또는 동물병원의 시설·장비 등이 필요한 경우의 비용 지급기준은 별표 1의2와 같다.

[본조신설 2012. 1. 26.]

[제22조의2에서 이동 〈2013. 11. 22.〉]

제22조의15(보고 및 업무감독)　법 제31조제1항에서 "농림축산식품부령으로 정하는 사항"이란 회원의 실태와 취업상황, 그 밖의 수의사회의 운영 또는 업무에 관한 것으로서 농림축산식품부장관이 필요하다고 인정하는 사항을 말한다. 〈개정 2013. 3. 23.〉

[본조신설 2012. 1. 26.]

[제22조의3에서 이동 〈2013. 11. 22.〉]

제23조(과잉진료행위 등)　영 제20조의2제2호에서 "농림축산식품부령으로 정하는 행위"란 다음 각 호의 행위를 말한다. 〈개정 2013. 3. 23.〉

1. 소독 등 병원 내 감염을 막기 위한 조치를 취하지 아니하고 시술하여 질병이 악화되게 하는 행위
2. 예후가 불명확한 수술 및 처치 등을 할 때 그 위험성 및 비용을 알리지 아니하고 이를 하는 행위
3. 유효기간이 지난 약제를 사용하거나 정당한 사유 없이 응급진료가 필요한 동물을 방치하여 질병이 악화되게 하는 행위

[전문개정 2011. 1. 26.]

제24조(행정처분의 기준)　법 제32조 및 제33조에 따른 행정처분의 세부 기준은 별표 2와 같다.

[전문개정 2011. 1. 26.]

제25조(신고확인증의 제출 등)　① 동물병원 개설자가 법 제33조에 따라 동물진료업의 정지처분을 받았을 때에는 지체 없이 그 신고확인증을 시장·군수에게 제출하여야 한다. 〈개정 2019. 8. 26.〉

② 시장·군수는 법 제33조에 따라 동물진료업의 정지처분을 하였을 때에는 해당 신고대장에 처분에 관한 사항을 적어야 하며, 제출된 신고확인증의 뒤쪽에 처분의 요지와 업무정지 기간을 적고 그 정지기간이 만료된 때에 돌려주어야 한다. 〈개정 2019. 8. 26.〉

[전문개정 2011. 1. 26.]

[제목개정 2019. 8. 26.]

제25조의2(과징금의 징수절차)　영 제20조의3제5항에 따른 과징금의 징수절차에 관하여는 「국고금 관리법 시행규칙」을 준용한다. 이 경우 납입고지서에는 이의신청의 방법 및 기간을 함께 적어야 한다.

[본조신설 2020. 8. 20.]

제26조(수의사 연수교육)　① 수의사회장은 법 제34조제3항 및 영 제21조에 따라 연수교육을 매년 1회 이상 실시하여야 한다. 〈개정 2013. 8. 2.〉

② 제1항에 따른 연수교육의 대상자는 동물진료업에 종사하는 수의사로 하고, 그 대상자는 매년 10시간 이상의 연수교육을 받아야 한다. 이 경우 10시간 이상의 연수교육에는 수의사회장이 지정하는 교육과목에 대해 5시간 이상의 연수교육을 포함하여야 한다. 〈개정 2012. 1. 26.〉

③ 연수교육의 교과내용·실시방법, 그 밖에 연수교육의 실시에 필요한 사항은 수의사회장이 정한다. 〈개정 2013. 8. 2.〉

④ 수의사회장은 연수교육을 수료한 사람에게는 수료증을 발급하여야 하며, 해당 연도의 연수교육의 실적을 다음 해 2월 말까지 농림축산식품부장관에게 보고하여야 한다. 〈개정 2013. 3. 23., 2013. 8. 2.〉

⑤ 수의사회장은 매년 12월 31일까지 다음 해의 연수교육 계획을 농림축산식품부장관에게 제출하여 승인을 받아야 한다. 〈개정 2013. 3. 23., 2013. 8. 2.〉

[전문개정 2011. 1. 26.]

제27조 삭제 〈2002. 7. 5.〉

제28조(수수료) ① 법 제38조에 따라 내야 하는 수수료의 금액은 다음 각 호의 구분과 같다. 〈개정 2021. 9. 8.〉

1. 법 제6조(법 제16조의6에서 준용하는 경우를 포함한다)에 따른 수의사 면허증 또는 동물보건사 자격증을 재발급받으려는 사람: 2천원

2. 법 제8조에 따른 수의사 국가시험에 응시하려는 사람: 2만원

2의2. 법 제16조의3에 따른 동물보건사자격시험에 응시하려는 사람: 2만원

3. 법 제17조제3항에 따라 동물병원 개설의 신고를 하려는 자: 5천원

4. 법 제32조제3항(법 제16조의6에서 준용하는 경우를 포함한다)에 따라 수의사 면허 또는 동물보건사 자격을 다시 부여받으려는 사람: 2천원

② 제1항제1호, 제2호, 제2호의2 및 제4호의 수수료는 수입인지로 내야 하며, 같은 항 제3호의 수수료는 해당 지방자치단체의 수입증지로 내야 한다. 다만, 수의사 국가시험 또는 동물보건사자격시험 응시원서를 인터넷으로 제출하는 경우에는 제1항제2호 및 제2호의2에 따른 수수료를 정보통신망을 이용한 전자결제 등의 방법(정보통신망 이용료 등은 이용자가 부담한다)으로 납부해야 한다. 〈개정 2011. 4. 1., 2021. 9. 8.〉

③ 제1항제2호 및 제2호의2의 응시수수료를 납부한 사람이 다음 각 호의 어느 하나에 해당하는 경우에는 다음 각 호의 구분에 따라 응시 수수료의 전부 또는 일부를 반환해야 한다. 〈신설 2011. 4. 1., 2021. 9. 8.〉

1. 응시수수료를 과오납한 경우 : 그 과오납한 금액의 전부

2. 접수마감일부터 7일 이내에 접수를 취소하는 경우 : 납부한 응시수수료의 전부

3. 시험관리기관의 귀책사유로 시험에 응시하지 못하는 경우 : 납부한 응시수수료의 전부

4. 다음 각 목에 해당하는 사유로 시험에 응시하지 못한 사람이 시험일 이후 30일 전까지 응시수수료의 반환을 신청한 경우: 납부한 응시수수료의 100분의 50

   가. 본인 또는 배우자의 부모·조부모·형제·자매, 배우자 및 자녀가 사망한 경우(시험일부터 거꾸로 계산하여 7일 이내에 사망한 경우로 한정한다)

   나. 본인의 사고 및 질병으로 입원한 경우

   다. 「감염병의 예방 및 관리에 관한 법률」에 따라 진찰·치료·입원 또는 격리 처분을 받은 경우

[전문개정 2011. 1. 26.]

제29조(규제의 재검토) 농림축산식품부장관은 다음 각 호의 사항에 대하여 다음 각 호의 기준일을 기준으로 3년마다(매 3년이 되는 해의 기준일과 같은 날 전까지를 말한다) 그 타당성을 검토하여 개선 등의 조치를 해야 한다. 〈개정 2017. 1. 2., 2020. 11. 24.〉

1. 제2조에 따른 면허증의 발급 절차: 2017년 1월 1일

2. 삭제 〈2020. 11. 24.〉

3. 제8조에 따른 수의사 외의 사람이 할 수 있는 진료의 범위: 2017년 1월 1일

4. 제8조의2 및 별표 1에 따른 동물병원의 세부 시설기준: 2017년 1월 1일

5. 제11조 및 별지 제10호서식에 따른 처방전의 서식 및 기재사항 등: 2017년 1월 1일

6. 제13조에 따른 진료부 및 검안부의 기재사항: 2017년 1월 1일

7. 제14조에 따른 수의사의 실태 등의 신고 및 보고: 2017년 1월 1일

8. 삭제 〈2020. 11. 24.〉

9. 제22조의2에 따른 동물진료법인 설립허가절차: 2017년 1월 1일

10. 제22조의3에 따른 임원 선임의 보고: 2017년 1월 1일

11. 제22조의4에 따른 재산 처분의 허가절차: 2017년 1월 1일

12. 제22조의5에 따른 재산의 증가 보고: 2017년 1월 1일

13. 삭제 〈2020. 11. 24.〉

14. 제22조의8에 따른 법인사무의 검사·감독: 2017년 1월 1일

15. 제22조의9에 따른 설립등기 등의 보고: 2017년 1월 1일

16. 제22조의10에 따른 잔여재산 처분의 허가신청 절차: 2017년 1월 1일

17. 제22조의11에 따른 해산신고 절차 등: 2017년 1월 1일

18. 제22조의12에 따른 청산 종결의 신고 절차: 2017년 1월 1일

19. 제26조에 따른 수의사 연수교육: 2017년 1월 1일

[본조신설 2015. 1. 6.]

부칙 〈제1167호, 1995. 1. 20.〉

제1조 (시행일) 이 규칙은 공포한 날부터 시행한다.

제2조 (면허증에 관한 경과조치) 이 규칙 시행당시 종전의 규정에 의하여 발급받은 수의사면허증은 이 규칙에 의하여 발급받은 면허증으로 본다.

제3조 (수의사면허신청에 관한 경과조치) 이 규칙은 시행전에 수의사국가시험에 합격한 자가 수의사 면허를 받고자 하는 때에는 별지 제19호서식에〈%생략:서식19%〉 의한 신청서에 다음 각호의 서류를 첨부하여 농림수산부장관에게 제출하여야 한다.

1. 법 제5조제1호 및 제4호에 해당되지 아니함을 증명하는 의사의 진단서

2. 사진(신청일전 6월내에 촬영한 탈모정면·상반신 반명함) 1매

제4조 (동물병원관리수의사등의 신고등에 관한 경과조치) ②이 규칙 시행당시 동물병원개설자로서 관리수의사를 두고 있는 자는 이 규칙 시행일부터 6월이내에 별지 제15호서식에 의한 신고서를 도지사에게 제출하여야 한다.

③이 규칙 시행당시 동물병원개설자로서 그 동물병원에서 진료업무에 종사하는 수의사를 두고 있는 자는 이 규칙 시행일부터 6월이내에 제15조제1항 본문 후단, 동조제2항제2호 또는 제16조제1항제2호의 규정에 의한 서류를 도지사에게 제출하여야 한다.

제5조 (진료비의 인가에 관한 경과조치) 이 규칙 시행당시 수의사회가 종전의 규정에 의하여 도지사의 인가를 받아 정한 동물병원의 진료보수는 제19조제1항의 규정에 의하여 수의사회의 지부가 도

지사의 인가를 받아 정한 동물병원의 진료비로 보되, 수의사회의 지부는 1995년 1월 31일까지 진료비의 내용을 공표하여야 한다.

제6조 (수의사연수계획에 관한 경과조치) 수의사회회장은 제26조제5항의 규정에 의한 1995년도 수의사연수계획을 1995년 2월 28일까지 농림수산부장관에게 제출하여야 한다.

제7조 (서식에 관한 경과조치) 이 규칙 시행당시 종전의 규정에 의하여 작성되어 사용중인 서식은 1995년 3월 31일까지 이 규칙에 의한 개정서식과 함께 사용할 수 있다.

부칙 〈제491호, 2021. 9. 8.〉

제1조(시행일) 이 규칙은 공포한 날부터 시행한다.

제2조(동물보건사 자격시험 응시에 관한 특례) 법률 제16546호 수의사법 일부개정법률 부칙 제2조에서 "농림축산식품부령으로 정하는 실습교육"이란 다음 각 호의 교육과목에 대한 실습교육을 말한다. 이 경우 실습교육의 총 이수시간은 120시간으로 하되, 각 과목당 교육 이수시간은 25시간을 초과할 수 없다.

1. 제14조의4제2항 각 호에 따른 동물보건사자격시험의 시험과목
2. 동물병원 실습

부칙 〈농림축산식품부령 제491호, 2021. 9. 8.〉

제1조(시행일) 이 규칙은 공포한 날부터 시행한다.

제2조(동물보건사 자격시험 응시에 관한 특례) 법률 제16546호 수의사법 일부개정법률 부칙 제2조에서 "농림축산식품부령으로 정하는 실습교육"이란 다음 각 호의 교육과목에 대한 실습교육을 말한다. 이 경우 실습교육의 총 이수시간은 120시간으로 하되, 각 과목당 교육 이수시간은 25시간을 초과할 수 없다.

1. 제14조의4제2항 각 호에 따른 동물보건사자격시험의 시험과목
2. 동물병원 실습

부칙 〈농림축산식품부령 제539호, 2022. 7. 5.〉

이 규칙은 2022년 7월 5일부터 시행한다. 다만, 제18조의2, 제18조의3, 제20조 및 별표 2의 개정규정은 2023년 1월 5일부터 시행한다.

■ 수의사법 시행규칙 [별표 1] 〈개정 2019. 8. 26.〉

동물병원의 세부 시설기준(제8조의2 관련)

개설자	시설기준
수의사	1. 진료실 진료대 등 동물의 진료에 필요한 기구·장비를 갖출 것 2. 처치실 동물에 대한 치료 또는 수술을 하는 데 필요한 진료용 무영조명등, 소독장비 등 기구·장비를 갖출 것 3. 조제실 약제기구 등을 갖추고, 다른 장소와 구획되도록 할 것 4. 그 밖의 시설 동물병원의 청결유지와 위생관리에 필요한 수도시설 및 장비를 갖출 것
○ 국가 또는 지방자치단체 ○ 동물진료업을 목적으로 설립한 법인 ○ 수의학을 전공하는 대학(수의학과가 설치된 대학을 포함한다) ○ 「민법」이나 특별법에 따라 설립된 비영리법인	1. 진료실 진료대 등 동물의 진료에 필요한 기구ㆍ장비를 갖출 것 2. 처치실 동물에 대한 치료 또는 수술을 하는 데 필요한 진료용 무영조명등, 소독장비 등 기구·장비를 갖출 것. 3. 조제실 약제기구 등을 갖추고, 다른 장소와 구획되도록 할 것 4. 임상병리검사실 현미경·세균배양기·원심분리기 및 멸균기를 갖추고, 다른 장소와 구획되도록 할 것 5. 그 밖의 시설 동물병원의 청결유지와 위생관리에 필요한 수도시설 및 장비를 갖추고, 동물병원의 건물 총면적은 100제곱미터 이상이어야 하며, 진료실(임상병리검사실을 포함한다)의 면적은 30제곱미터 이상일 것

비고: 1. 위 표의 시설기준 중 진료실과 처치실은 함께 쓰일 수 있으며, 국가 또는 지방자치단체 등이 개설하는 동물병원의 시설기준 중 진료실의 면적기준은 진료실과 처치실을 함께 쓰는 경우에도 동일하다.
  2. 지방자치단체가 「동물보호법」 제15조에 따라 설치ㆍ운영하는 동물보호센터의 동물만을 진료ㆍ처치하기 위하여 직접 설치하는 동물병원의 경우에는 위 표의 시설기준 중 동물병원의 건물 총면적 및 진료실의 면적 기준을 적용하지 아니한다.

■ 수의사법 시행규칙 [별표 2] 〈개정 2011.1.26〉

행정처분의 세부 기준(제24조 관련)

I . 일반기준

1. 위반행위가 둘 이상인 경우로서 그에 해당하는 각각의 처분기준이 다른 경우에는 그 중 무거운 처분기준에 따른다. 다만, 둘 이상의 처분기준이 동일한 면허효력 정지 또는 업무정지인 경우에는 각 처분기준을 합산한 기간을 넘지 않는 범위에서 무거운 처분기준의 2분의 1의 범위에서 가중할 수 있다.
2. 위반행위의 횟수에 따른 행정처분의 기준은 최근 2년간 같은 위반행위로 행정처분을 받은 경우에 적용한다. 이 경우 위반행위에 대하여 행정처분을 한 날과 다시 같은 위반행위를 적발한 날을 각각 기준으로 하여 위반횟수를 계산한다.
3. 업무정지 기간 중에 정지처분된 업무를 했을 때에는 같은 위반행위를 다시 한 것으로 보아 처분한다.
4. 가축방역 및 진료업무 등 공익상 필요하다고 인정되거나 정상을 고려할 만한 상당한 사유가 있을 때에는 그 처분을 감면할 수 있다.
5. II. 제5호부터 제10호까지에도 불구하고 II. 제3호에 해당하면 같은 호를 적용한다.

II . 개별기준

위반행위	근거 법조문	행정처분 기준		
		1차	2차	3차 이상
1. 수의사가 법 제5조 각 호의 어느 하나에 해당하게 되었을 때	법 제32조제1항제1호	면허취소		
2. 수의사가 법 제32조제2항에 따른 면허효력 정지기간에 수의업무를 한 경우	법 제32조제1항제2호	면허취소		
3. 수의사가 2년(1회째의 면허효력 정지처분을 받은 날과 4회째 면허효력 정지처분 대상 위반행위를 한 날을 기준으로 계산한다)간 3회의 면허효력 정지처분을 받고 4회째 면허효력 정지처분 대상 위반행위를 하였을 때	법 제32조제1항제2호	면허취소		
4. 수의사가 법 제6조제2항을 위반하여 면허증을 다른 사람에게 대여하였을 때	법 제32조제1항제3호	면허효력 정지 12개월	면허취소	
5. 수의사가 거짓이나 그 밖의 부정한 방법으로 진단서, 검안서, 증명서 또는 처방전을 발급하였을 때	법 제32조제2항제1호	면허효력 정지 3개월	면허효력 정지 6개월	면허효력 정지 12개월
6. 수의사가 관련 서류를 위조하거나 변조하는 등 부정한 방법으로 진료비를 청구하였을 때	법 제32조제2항제2호	면허효력 정지 3개월	면허효력 정지 6개월	면허효력 정지 12개월
7. 수의사가 정당한 사유 없이 법 제30조제1항에 따른 명령을 위반하였을 때	법 제32조제2항제3호	면허효력 정지 1개월	면허효력 정지 3개월	면허효력 정지 6개월
8. 수의사가 임상수의학적으로 인정되지 아니하는 진료행위를 하였을 때	법 제32조제2항제4호	면허효력 정지 15일	면허효력 정지 1개월	면허효력 정지 6개월

위반사항	근거법령			
9. 수의사가 학위 수여 사실을 거짓으로 공표하였을 때	법 제32조제2항제5호	면허효력 정지 15일	면허효력 정지 1개월	면허효력 정지 6개월
10. 수의사가 과잉진료행위나 그 밖에 동물병원 운영과 관련된 행위로서 다음 각 목의 행위를 하였을 때	법 제32조제2항제6호			
가. 불필요한 검사·투약 또는 수술 등 과잉진료행위	영 제20조의2제1호	경고	면허효력 정지 1개월	면허효력 정지 6개월
나. 부당하게 많은 진료비를 요구하는 행위	영 제20조의2제1호	면허효력 정지 15일	면허효력정지 1개월	면허효력 정지 6개월
다. 정당한 사유 없이 동물의 고통을 줄이기 위한 조치를 하지 아니하고 시술하는 행위	영 제20조의2제2호	면허효력 정지 15일	면허효력정지 1개월	면허효력 정지 6개월
라. 소독 등 병원 내 감염을 막기 위한 조치를 취하지 아니하고 시술하여 질병이 악화되게 하는 행위	영 제20조의2제2호	면허효력 정지 15일	면허효력정지 1개월	면허효력 정지 6개월
마. 예후가 불명확한 수술 및 처치 등을 할 때 그 위험성 및 비용을 알리지 아니하고 이를 하는 행위	영 제20조의2제2호	면허효력 정지 15일	면허효력정지 1개월	면허효력 정지 6개월
바. 유효기간이 지난 약제를 사용하거나 정당한 사유 없이 응급진료가 필요한 동물을 방치하여 질병이 악화되게 하는 행위	영 제20조의2제2호	면허효력 정지 15일	면허효력정지 1개월	면허효력 정지 6개월
사. 허위광고 또는 과대광고 행위	영 제20조의2제3호	면허효력 정지 15일	면허효력 정지 1개월	면허효력 정지 6개월
아. 동물병원의 개설자격이 없는 자에게 고용되어 동물을 진료하는 행위	영 제20조의2제4호	면허효력정지 15일	면허효력정지 1개월	면허효력 정지 6개월
자. 다른 동물병원을 이용하려는 동물의 소유자 또는 관리자를 자신이 종사하거나 개설한 동물병원으로 유인하거나 유인하게 하는 행위	영 제20조의2제5호	면허효력 정지 7일	면허효력 정지 15일	면허효력 정지 3개월
차. 법 제11조, 제12조제1항·제3항, 제13조제1항·제2항 또는 제17조제1항을 위반하는 행위	영 제20조의2제6호			
1) 법 제11조를 위반하여 정당한 사유 없이 동물의 진료 요구를 거부하였을 경우		면허효력 정지 1개월	면허효력 정지 3개월	면허효력 정지 6개월
2) 법 제12조제1항을 위반하여 진단서, 검안서, 증명서 또는 처방전을 발급하였을 경우		면허효력 정지 2개월	면허효력 정지 6개월	면허효력 정지 12개월
3) 법 제12조제3항을 위반하여 진단서, 검안서 또는 증명서의 발급 요구를 거부한 경우		면허효력 정지 1개월	면허효력 정지 3개월	면허효력 정지 6개월

4) 법 제13조제1항을 위반하여 진료부나 검안부를 갖추어 두지 아니하거나 진료하거나 검안한 사항을 기록하지 아니한 경우		면허효력 정지 15일	면허효력 정지 1개월	면허효력 정지 6개월
5) 법 제13조제2항을 위반하여 진료부 또는 검안부를 1년간 보존하지 아니한 경우		면허효력 정지 15일	면허효력 정지 1개월	면허효력 정지 6개월
6) 법 제17조제1항을 위반하여 동물병원을 개설하지 아니하고 동물진료업을 한 경우		면허효력 정지 3개월	면허효력 정지 6개월	면허효력 정지 12개월
11. 동물병원이 개설신고를 한 날부터 3개월 이내에 정당한 사유 없이 업무를 시작하지 아니할 때	법 제33조제1호	경 고	업무정지 6개월	업무정지 12개월
12. 동물병원이 무자격자에게 진료행위를 하도록 한 사실이 있을 때	법 제33조제2호	업무정지 3개월	업무정지 6개월	업무정지 12개월
13. 동물병원이 법 제17조제3항 후단에 따른 변경신고 또는 법 제18조 본문에 따른 휴업의 신고를 하지 아니하였을 때	법 제33조제3호	경 고	업무정지 1개월	업무정지 3개월
14. 동물병원이 시설기준에 맞지 아니할 때	법 제33조제4호	경 고	업무정지 6개월(6개월 이내에 시설기준에 맞게 시설을 보완한 경우에는 그 보완 시까지)	업무정지 12개월
15. 법 제17조의2를 위반하여 동물병원 개설자 자신이 그 동물병원을 관리하지 아니하거나 관리자를 지정하지 아니하였을 때	법 제33조제5호	업무정지 15일	업무정지 1개월	업무정지 6개월
16. 동물병원이 법 제30조제1항에 따른 명령을 위반하였을 때	법 제33조제6호	업무정지 1개월	업무정지 3개월	업무정지 6개월
17. 동물병원이 법 제30조제2항에 따른 사용 제한 또는 금지명령을 위반하거나 시정 명령을 이행하지 아니하였을 때	법 제33조제7호	업무정지 7일	업무정지 15일	업무정지 1개월
18. 동물병원이 법 제31조제2항에 따른 관계 공무원의 검사를 거부·방해 또는 기피하였을 때	법 제33조제8호	업무정지 3일	업무정지 7일	업무정지 15일

II-1 동물보호법

[시행 2021. 2. 12.] [법률 제16977호, 2020. 2. 11., 일부개정]

제1장 총칙

제1조(목적) 이 법은 동물에 대한 학대행위의 방지 등 동물을 적정하게 보호·관리하기 위하여 필요한 사항을 규정함으로써 동물의 생명보호, 안전 보장 및 복지 증진을 꾀하고, 건전하고 책임 있는 사육문화를 조성하여, 동물의 생명 존중 등 국민의 정서를 기르고 사람과 동물의 조화로운 공존에 이바지함을 목적으로 한다. 〈개정 2018. 3. 20., 2020. 2. 11.〉

제2조(정의) 이 법에서 사용하는 용어의 뜻은 다음과 같다. 〈개정 2013. 8. 13., 2017. 3. 21., 2018. 3. 20., 2020. 2. 11.〉

1. "동물"이란 고통을 느낄 수 있는 신경체계가 발달한 척추동물로서 다음 각 목의 어느 하나에 해당하는 동물을 말한다.
   가. 포유류
   나. 조류
   다. 파충류·양서류·어류 중 농림축산식품부장관이 관계 중앙행정기관의 장과의 협의를 거쳐 대통령령으로 정하는 동물

1의2. "동물학대"란 동물을 대상으로 정당한 사유 없이 불필요하거나 피할 수 있는 신체적 고통과 스트레스를 주는 행위 및 굶주림, 질병 등에 대하여 적절한 조치를 게을리하거나 방치하는 행위를 말한다.

1의3. "반려동물"이란 반려(伴侶) 목적으로 기르는 개, 고양이 등 농림축산식품부령으로 정하는 동물을 말한다.

2. "등록대상동물"이란 동물의 보호, 유실·유기방지, 질병의 관리, 공중위생상의 위해 방지 등을 위하여 등록이 필요하다고 인정하여 대통령령으로 정하는 동물을 말한다.

3. "소유자등"이란 동물의 소유자와 일시적 또는 영구적으로 동물을 사육·관리 또는 보호하는 사람을 말한다.

3의2. "맹견"이란 도사견, 핏불테리어, 로트와일러 등 사람의 생명이나 신체에 위해를 가할 우려가 있는 개로서 농림축산식품부령으로 정하는 개를 말한다.

4. "동물실험"이란 「실험동물에 관한 법률」 제2조제1호에 따른 동물실험을 말한다.

5. "동물실험시행기관"이란 동물실험을 실시하는 법인·단체 또는 기관으로서 대통령령으로 정하는 법인·단체 또는 기관을 말한다.

제3조(동물보호의 기본원칙) 누구든지 동물을 사육·관리 또는 보호할 때에는 다음 각 호의 원칙을 준수하여야 한다. 〈개정 2017. 3. 21.〉

1. 동물이 본래의 습성과 신체의 원형을 유지하면서 정상적으로 살 수 있도록 할 것
2. 동물이 갈증 및 굶주림을 겪거나 영양이 결핍되지 아니하도록 할 것
3. 동물이 정상적인 행동을 표현할 수 있고 불편함을 겪지 아니하도록 할 것
4. 동물이 고통·상해 및 질병으로부터 자유롭도록 할 것

5. 동물이 공포와 스트레스를 받지 아니하도록 할 것

제4조(국가·지방자치단체 및 국민의 책무) ① 국가는 동물의 적정한 보호·관리를 위하여 5년마다 다음 각 호의 사항이 포함된 동물복지종합계획을 수립·시행하여야 하며, 지방자치단체는 국가의 계획에 적극 협조하여야 한다. 〈개정 2017. 3. 21., 2018. 3. 20.〉

1. 동물학대 방지와 동물복지에 관한 기본방침

2. 다음 각 목에 해당하는 동물의 관리에 관한 사항

　가. 도로·공원 등의 공공장소에서 소유자등이 없이 배회하거나 내버려진 동물(이하 "유실·유기동물"이라 한다)

　나. 제8조제2항에 따른 학대를 받은 동물(이하 "피학대 동물"이라 한다)

3. 동물실험시행기관 및 제25조의 동물실험윤리위원회의 운영 등에 관한 사항

4. 동물학대 방지, 동물복지, 유실·유기동물의 입양 및 동물실험윤리 등의 교육·홍보에 관한 사항

5. 동물복지 축산의 확대와 동물복지축산농장 지원에 관한 사항

6. 그 밖에 동물학대 방지와 반려동물 운동·휴식시설 등 동물복지에 필요한 사항

② 특별시장·광역시장·도지사 및 특별자치도지사·특별자치시장(이하 "시·도지사"라 한다)은 제1항에 따른 종합계획에 따라 5년마다 특별시·광역시·도·특별자치도·특별자치시(이하 "시·도"라 한다) 단위의 동물복지계획을 수립하여야 하고, 이를 농림축산식품부장관에게 통보하여야 한다. 〈개정 2013. 3. 23.〉

③ 국가와 지방자치단체는 제1항 및 제2항에 따른 사업을 적정하게 수행하기 위한 인력·예산 등을 확보하기 위하여 노력하여야 하며, 국가는 동물의 적정한 보호·관리, 복지업무 추진을 위하여 지방자치단체에 필요한 사업비의 전부나 일부를 예산의 범위에서 지원할 수 있다. 〈신설 2017. 3. 21.〉

④ 국가와 지방자치단체는 대통령령으로 정하는 민간단체에 동물보호운동이나 그 밖에 이와 관련된 활동을 권장하거나 필요한 지원을 할 수 있다. 〈개정 2017. 3. 21.〉

⑤ 모든 국민은 동물을 보호하기 위한 국가와 지방자치단체의 시책에 적극 협조하는 등 동물의 보호를 위하여 노력하여야 한다. 〈개정 2017. 3. 21.〉

제5조(동물복지위원회) ① 농림축산식품부장관의 다음 각 호의 자문에 응하도록 하기 위하여 농림축산식품부에 동물복지위원회를 둔다. 〈개정 2013. 3. 23.〉

1. 제4조에 따른 종합계획의 수립·시행에 관한 사항

2. 제28조에 따른 동물실험윤리위원회의 구성 등에 대한 지도·감독에 관한 사항

3. 제29조에 따른 동물복지축산농장의 인증과 동물복지축산정책에 관한 사항

4. 그 밖에 동물의 학대방지·구조 및 보호 등 동물복지에 관한 사항

② 동물복지위원회는 위원장 1명을 포함하여 10명 이내의 위원으로 구성한다.

③ 위원은 다음 각 호에 해당하는 사람 중에서 농림축산식품부장관이 위촉하며, 위원장은 위원 중에서 호선한다. 〈개정 2013. 3. 23., 2017. 3. 21.〉

1. 수의사로서 동물보호 및 동물복지에 대한 학식과 경험이 풍부한 사람

2. 동물복지정책에 관한 학식과 경험이 풍부한 자로서 제4조제4항에 해당하는 민간단체의 추천을 받은 사람

3. 그 밖에 동물복지정책에 관한 전문지식을 가진 사람으로서 농림축산식품부령으로 정하는 자격기준에 맞는 사람

④ 그 밖에 동물복지위원회의 구성·운영 등에 관한 사항은 대통령령으로 정한다.

제6조(다른 법률과의 관계) 동물의 보호 및 이용·관리 등에 대하여 다른 법률에 특별한 규정이 있는 경우를 제외하고는 이 법에서 정하는 바에 따른다.

제2장 동물의 보호 및 관리

제7조(적정한 사육·관리) ① 소유자등은 동물에게 적합한 사료와 물을 공급하고, 운동·휴식 및 수면이 보장되도록 노력하여야 한다.

② 소유자등은 동물이 질병에 걸리거나 부상당한 경우에는 신속하게 치료하거나 그 밖에 필요한 조치를 하도록 노력하여야 한다.

③ 소유자등은 동물을 관리하거나 다른 장소로 옮긴 경우에는 그 동물이 새로운 환경에 적응하는 데에 필요한 조치를 하도록 노력하여야 한다.

④ 제1항부터 제3항까지에서 규정한 사항 외에 동물의 적절한 사육·관리 방법 등에 관한 사항은 농림축산식품부령으로 정한다. 〈개정 2013. 3. 23.〉

제8조(동물학대 등의 금지) ① 누구든지 동물에 대하여 다음 각 호의 행위를 하여서는 아니 된다. 〈개정 2013. 3. 23., 2013. 4. 5., 2017. 3. 21.〉

1. 목을 매다는 등의 잔인한 방법으로 죽음에 이르게 하는 행위

2. 노상 등 공개된 장소에서 죽이거나 같은 종류의 다른 동물이 보는 앞에서 죽음에 이르게 하는 행위

3. 고의로 사료 또는 물을 주지 아니하는 행위로 인하여 동물을 죽음에 이르게 하는 행위

4. 그 밖에 수의학적 처치의 필요, 동물로 인한 사람의 생명·신체·재산의 피해 등 농림축산식품부령으로 정하는 정당한 사유 없이 죽음에 이르게 하는 행위

② 누구든지 동물에 대하여 다음 각 호의 학대행위를 하여서는 아니 된다. 〈개정 2013. 3. 23., 2017. 3. 21., 2018. 3. 20., 2020. 2. 11.〉

1. 도구·약물 등 물리적·화학적 방법을 사용하여 상해를 입히는 행위. 다만, 질병의 예방이나 치료 등 농림축산식품부령으로 정하는 경우는 제외한다.

2. 살아 있는 상태에서 동물의 신체를 손상하거나 체액을 채취하거나 체액을 채취하기 위한 장치를 설치하는 행위. 다만, 질병의 치료 및 동물실험 등 농림축산식품부령으로 정하는 경우는 제외한다.

3. 도박·광고·오락·유흥 등의 목적으로 동물에게 상해를 입히는 행위. 다만, 민속경기 등 농림축산식품부령으로 정하는 경우는 제외한다.

3의2. 반려동물에게 최소한의 사육공간 제공 등 농림축산식품부령으로 정하는 사육·관리 의무를 위반하여 상해를 입히거나 질병을 유발시키는 행위

4. 그 밖에 수의학적 처치의 필요, 동물로 인한 사람의 생명·신체·재산의 피해 등 농림축산식품부령으로 정하는 정당한 사유 없이 신체적 고통을 주거나 상해를 입히는 행위

③ 누구든지 다음 각 호에 해당하는 동물에 대하여 포획하여 판매하거나 죽이는 행위, 판매하거나

죽일 목적으로 포획하는 행위 또는 다음 각 호에 해당하는 동물임을 알면서도 알선·구매하는 행위를 하여서는 아니 된다. 〈개정 2017. 3. 21.〉

1. 유실·유기동물
2. 피학대 동물 중 소유자를 알 수 없는 동물

④ 소유자등은 동물을 유기(遺棄)하여서는 아니 된다.

⑤ 누구든지 다음 각 호의 행위를 하여서는 아니 된다. 〈개정 2017. 3. 21., 2019. 8. 27.〉

1. 제1항부터 제3항까지에 해당하는 행위를 촬영한 사진 또는 영상물을 판매·전시·전달·상영하거나 인터넷에 게재하는 행위. 다만, 동물보호 의식을 고양시키기 위한 목적이 표시된 홍보 활동 등 농림축산식품부령으로 정하는 경우에는 그러하지 아니하다.
2. 도박을 목적으로 동물을 이용하는 행위 또는 동물을 이용하는 도박을 행할 목적으로 광고·선전하는 행위. 다만, 「사행산업통합감독위원회법」 제2조제1호에 따른 사행산업은 제외한다.
3. 도박·시합·복권·오락·유흥·광고 등의 상이나 경품으로 동물을 제공하는 행위
4. 영리를 목적으로 동물을 대여하는 행위. 다만, 「장애인복지법」 제40조에 따른 장애인 보조견의 대여 등 농림축산식품부령으로 정하는 경우는 제외한다.

제9조(동물의 운송) ① 동물을 운송하는 자 중 농림축산식품부령으로 정하는 자는 다음 각 호의 사항을 준수하여야 한다. 〈개정 2013. 3. 23., 2013. 8. 13.〉

1. 운송 중인 동물에게 적합한 사료와 물을 공급하고, 급격한 출발·제동 등으로 충격과 상해를 입지 아니하도록 할 것
2. 동물을 운송하는 차량은 동물이 운송 중에 상해를 입지 아니하고, 급격한 체온 변화, 호흡곤란 등으로 인한 고통을 최소화할 수 있는 구조로 되어 있을 것
3. 병든 동물, 어린 동물 또는 임신 중이거나 젖먹이가 딸린 동물을 운송할 때에는 함께 운송 중인 다른 동물에 의하여 상해를 입지 아니하도록 칸막이의 설치 등 필요한 조치를 할 것
4. 동물을 싣고 내리는 과정에서 동물이 들어있는 운송용 우리를 던지거나 떨어뜨려서 동물을 다치게 하는 행위를 하지 아니할 것
5. 운송을 위하여 전기(電氣) 몰이도구를 사용하지 아니할 것

② 농림축산식품부장관은 제1항제2호에 따른 동물 운송 차량의 구조 및 설비기준을 정하고 이에 맞는 차량을 사용하도록 권장할 수 있다. 〈개정 2013. 3. 23.〉

③ 농림축산식품부장관은 제1항과 제2항에서 규정한 사항 외에 동물 운송에 관하여 필요한 사항을 정하여 권장할 수 있다. 〈개정 2013. 3. 23.〉

제9조의2(반려동물 전달 방법) 제32조제1항의 동물을 판매하려는 자는 해당 동물을 구매자에게 직접 전달하거나 제9조제1항을 준수하는 동물 운송업자를 통하여 배송하여야 한다.

[본조신설 2013. 8. 13.]

[제목개정 2017. 3. 21.]

제10조(동물의 도살방법) ① 모든 동물은 혐오감을 주거나 잔인한 방법으로 도살되어서는 아니 되며, 도살과정에 불필요한 고통이나 공포, 스트레스를 주어서는 아니 된다. 〈신설 2013. 8. 13.〉

② 「축산물위생관리법」 또는 「가축전염병예방법」에 따라 동물을 죽이는 경우에는 가스법·전살법

(電殺法) 등 농림축산식품부령으로 정하는 방법을 이용하여 고통을 최소화하여야 하며, 반드시 의식이 없는 상태에서 다음 도살 단계로 넘어가야 한다. 매몰을 하는 경우에도 또한 같다. 〈개정 2013. 3. 23., 2013. 8. 13.〉

③ 제1항 및 제2항의 경우 외에도 동물을 불가피하게 죽여야 하는 경우에는 고통을 최소화할 수 있는 방법에 따라야 한다. 〈개정 2013. 8. 13.〉

제11조(동물의 수술) 거세, 뿔 없애기, 꼬리 자르기 등 동물에 대한 외과적 수술을 하는 사람은 수의학적 방법에 따라야 한다.

제12조(등록대상동물의 등록 등) ① 등록대상동물의 소유자는 동물의 보호와 유실·유기방지 등을 위하여 시장·군수·구청장(자치구의 구청장을 말한다. 이하 같다)·특별자치시장(이하 "시장·군수·구청장"이라 한다)에게 등록대상동물을 등록하여야 한다. 다만, 등록대상동물이 맹견이 아닌 경우로서 농림축산식품부령으로 정하는 바에 따라 시·도의 조례로 정하는 지역에서는 그러하지 아니하다. 〈개정 2013. 3. 23., 2018. 3. 20.〉

② 제1항에 따라 등록된 등록대상동물의 소유자는 다음 각 호의 어느 하나에 해당하는 경우에는 해당 각 호의 구분에 따른 기간에 시장·군수·구청장에게 신고하여야 한다. 〈개정 2013. 3. 23., 2017. 3. 21.〉

1. 등록대상동물을 잃어버린 경우에는 등록대상동물을 잃어버린 날부터 10일 이내

2. 등록대상동물에 대하여 농림축산식품부령으로 정하는 사항이 변경된 경우에는 변경 사유 발생일부터 30일 이내

③ 제1항에 따른 등록대상동물의 소유권을 이전받은 자 중 제1항에 따른 등록을 실시하는 지역에 거주하는 자는 그 사실을 소유권을 이전받은 날부터 30일 이내에 자신의 주소지를 관할하는 시장·군수·구청장에게 신고하여야 한다.

④ 시장·군수·구청장은 농림축산식품부령으로 정하는 자(이하 이 조에서 "동물등록대행자"라 한다)로 하여금 제1항부터 제3항까지의 규정에 따른 업무를 대행하게 할 수 있다. 이 경우 그에 따른 수수료를 지급할 수 있다. 〈개정 2013. 3. 23., 2020. 2. 11.〉

⑤ 등록대상동물의 등록 사항 및 방법·절차, 변경신고 절차, 동물등록대행자 준수사항 등에 관한 사항은 농림축산식품부령으로 정하며, 그 밖에 등록에 필요한 사항은 시·도의 조례로 정한다. 〈개정 2013. 3. 23., 2020. 2. 11.〉

제13조(등록대상동물의 관리 등) ① 소유자등은 등록대상동물을 기르는 곳에서 벗어나게 하는 경우에는 소유자등의 연락처 등 농림축산식품부령으로 정하는 사항을 표시한 인식표를 등록대상동물에게 부착하여야 한다. 〈개정 2013. 3. 23.〉

② 소유자등은 등록대상동물을 동반하고 외출할 때에는 농림축산식품부령으로 정하는 바에 따라 목줄 등 안전조치를 하여야 하며, 배설물(소변의 경우에는 공동주택의 엘리베이터·계단 등 건물 내부의 공용공간 및 평상·의자 등 사람이 눕거나 앉을 수 있는 기구 위의 것으로 한정한다)이 생겼을 때에는 즉시 수거하여야 한다. 〈개정 2013. 3. 23., 2015. 1. 20.〉

③ 시·도지사는 등록대상동물의 유실·유기 또는 공중위생상의 위해 방지를 위하여 필요할 때에는 시·도의 조례로 정하는 바에 따라 소유자등으로 하여금 등록대상동물에 대하여 예방접종을 하게 하거나 특정 지역 또는 장소에서의 사육 또는 출입을 제한하게 하는 등 필요한 조치를 할 수 있다.

제13조의2(맹견의 관리)   ① 맹견의 소유자등은 다음 각 호의 사항을 준수하여야 한다.

  1. 소유자등 없이 맹견을 기르는 곳에서 벗어나지 아니하게 할 것

  2. 월령이 3개월 이상인 맹견을 동반하고 외출할 때에는 농림축산식품부령으로 정하는 바에 따라 목줄 및 입마개 등 안전장치를 하거나 맹견의 탈출을 방지할 수 있는 적정한 이동장치를 할 것

  3. 그 밖에 맹견이 사람에게 신체적 피해를 주지 아니하도록 하기 위하여 농림축산식품부령으로 정하는 사항을 따를 것

  ② 시·도지사와 시장·군수·구청장은 맹견이 사람에게 신체적 피해를 주는 경우 농림축산식품부령으로 정하는 바에 따라 소유자등의 동의 없이 맹견에 대하여 격리조치 등 필요한 조치를 취할 수 있다.

  ③ 맹견의 소유자는 맹견의 안전한 사육 및 관리에 관하여 농림축산식품부령으로 정하는 바에 따라 정기적으로 교육을 받아야 한다.

  ④ 맹견의 소유자는 맹견으로 인한 다른 사람의 생명·신체나 재산상의 피해를 보상하기 위하여 대통령령으로 정하는 바에 따라 보험에 가입하여야 한다. 〈신설 2020. 2. 11.〉

  [본조신설 2018. 3. 20.]

제13조의3(맹견의 출입금지 등)   맹견의 소유자등은 다음 각 호의 어느 하나에 해당하는 장소에 맹견이 출입하지 아니하도록 하여야 한다.

  1.「영유아보육법」제2조제3호에 따른 어린이집

  2.「유아교육법」제2조제2호에 따른 유치원

  3.「초·중등교육법」제38조에 따른 초등학교 및 같은 법 제55조에 따른 특수학교

  4. 그 밖에 불특정 다수인이 이용하는 장소로서 시·도의 조례로 정하는 장소

  [본조신설 2018. 3. 20.]

제14조(동물의 구조·보호)   ① 시·도지사(특별자치시장은 제외한다. 이하 이 조, 제15조, 제17조부터 제19조까지, 제21조, 제29조, 제38조의2, 제39조부터 제41조까지, 제41조의2, 제43조, 제45조 및 제47조에서 같다)와 시장·군수·구청장은 다음 각 호의 어느 하나에 해당하는 동물을 발견한 때에는 그 동물을 구조하여 제7조에 따라 치료·보호에 필요한 조치(이하 "보호조치"라 한다)를 하여야 하며, 제2호 및 제3호에 해당하는 동물은 학대 재발 방지를 위하여 학대행위자로부터 격리하여야 한다. 다만, 제1호에 해당하는 동물 중 농림축산식품부령으로 정하는 동물은 구조·보호조치의 대상에서 제외한다. 〈개정 2013. 3. 23., 2013. 4. 5., 2017. 3. 21.〉

  1. 유실·유기동물

  2. 피학대 동물 중 소유자를 알 수 없는 동물

  3. 소유자로부터 제8조제2항에 따른 학대를 받아 적정하게 치료·보호받을 수 없다고 판단되는 동물

  ② 시·도지사와 시장·군수·구청장이 제1항제1호 및 제2호에 해당하는 동물에 대하여 보호조치 중인 경우에는 그 동물의 등록 여부를 확인하여야 하고, 등록된 동물인 경우에는 지체 없이 동물의 소유자에게 보호조치 중인 사실을 통보하여야 한다. 〈신설 2017. 3. 21.〉

  ③ 시·도지사와 시장·군수·구청장이 제1항제3호에 따른 동물을 보호할 때에는 농림축산식품부령으로 정하는 바에 따라 기간을 정하여 해당 동물에 대한 보호조치를 하여야 한다. 〈개정 2013. 3. 23., 2013. 4. 5., 2017. 3. 21.〉

④ 시·도지사와 시장·군수·구청장은 제1항 각 호 외의 부분 단서에 해당하는 동물에 대하여도 보호·관리를 위하여 필요한 조치를 취할 수 있다. 〈신설 2017. 3. 21.〉

제15조(동물보호센터의 설치·지정 등) ① 시·도지사와 시장·군수·구청장은 제14조에 따른 동물의 구조·보호조치 등을 위하여 농림축산식품부령으로 정하는 기준에 맞는 동물보호센터를 설치·운영할 수 있다. 〈개정 2013. 3. 23., 2013. 8. 13.〉

② 시·도지사와 시장·군수·구청장은 제1항에 따른 동물보호센터를 직접 설치·운영하도록 노력하여야 한다. 〈신설 2017. 3. 21.〉

③ 농림축산식품부장관은 제1항에 따라 시·도지사 또는 시장·군수·구청장이 설치·운영하는 동물보호센터의 설치·운영에 드는 비용의 전부 또는 일부를 지원할 수 있다. 〈개정 2013. 3. 23., 2017. 3. 21.〉

④ 시·도지사 또는 시장·군수·구청장은 농림축산식품부령으로 정하는 기준에 맞는 기관이나 단체를 동물보호센터로 지정하여 제14조에 따른 동물의 구조·보호조치 등을 하게 할 수 있다. 〈개정 2013. 3. 23., 2017. 3. 21.〉

⑤ 제4항에 따른 동물보호센터로 지정받으려는 자는 농림축산식품부령으로 정하는 바에 따라 시·도지사 또는 시장·군수·구청장에게 신청하여야 한다. 〈개정 2013. 3. 23., 2017. 3. 21.〉

⑥ 시·도지사 또는 시장·군수·구청장은 제4항에 따른 동물보호센터에 동물의 구조·보호조치 등에 드는 비용(이하 "보호비용"이라 한다)의 전부 또는 일부를 지원할 수 있으며, 보호비용의 지급절차와 그 밖에 필요한 사항은 농림축산식품부령으로 정한다. 〈개정 2013. 3. 23., 2017. 3. 21.〉

⑦ 시·도지사 또는 시장·군수·구청장은 제4항에 따라 지정된 동물보호센터가 다음 각 호의 어느 하나에 해당하는 경우에는 그 지정을 취소할 수 있다. 다만, 제1호에 해당하는 경우에는 지정을 취소하여야 한다. 〈개정 2017. 3. 21.〉

1. 거짓이나 그 밖의 부정한 방법으로 지정을 받은 경우
2. 제4항에 따른 지정기준에 맞지 아니하게 된 경우
3. 제6항에 따른 보호비용을 거짓으로 청구한 경우
4. 제8조제1항부터 제3항까지의 규정을 위반한 경우
5. 제22조를 위반한 경우
6. 제39조제1항제3호의 시정명령을 위반한 경우
7. 특별한 사유 없이 유실·유기동물 및 피학대 동물에 대한 보호조치를 3회 이상 거부한 경우
8. 보호 중인 동물을 영리를 목적으로 분양하는 경우

⑧ 시·도지사 또는 시장·군수·구청장은 제7항에 따라 지정이 취소된 기관이나 단체를 지정이 취소된 날부터 1년 이내에는 다시 동물보호센터로 지정하여서는 아니 된다. 다만, 제7항제4호에 따라 지정이 취소된 기관이나 단체는 지정이 취소된 날부터 2년 이내에는 다시 동물보호센터로 지정하여서는 아니 된다. 〈개정 2017. 3. 21., 2018. 3. 20.〉

⑨ 동물보호센터 운영의 공정성과 투명성을 확보하기 위하여 농림축산식품부령으로 정하는 일정규모 이상의 동물보호센터는 농림축산식품부령으로 정하는 바에 따라 운영위원회를 구성·운영하여야 한다. 〈개정 2013. 3. 23., 2017. 3. 21.〉

⑩ 제1항 및 제4항에 따른 동물보호센터의 준수사항 등에 관한 사항은 농림축산식품부령으로 정하

고, 지정절차 및 보호조치의 구체적인 내용 등 그 밖에 필요한 사항은 시·도의 조례로 정한다. 〈개정 2013. 3. 23., 2017. 3. 21.〉

제16조(신고 등) ① 누구든지 다음 각 호의 어느 하나에 해당하는 동물을 발견한 때에는 관할 지방자치단체의 장 또는 동물보호센터에 신고할 수 있다. 〈개정 2017. 3. 21.〉

1. 제8조에서 금지한 학대를 받는 동물

2. 유실·유기동물

② 다음 각 호의 어느 하나에 해당하는 자가 그 직무상 제1항에 따른 동물을 발견한 때에는 지체 없이 관할 지방자치단체의 장 또는 동물보호센터에 신고하여야 한다. 〈개정 2017. 3. 21.〉

1. 제4조제4항에 따른 민간단체의 임원 및 회원

2. 제15조제1항에 따라 설치되거나 같은 조 제4항에 따라 동물보호센터로 지정된 기관이나 단체의 장 및 그 종사자

3. 제25조제1항에 따라 동물실험윤리위원회를 설치한 동물실험시행기관의 장 및 그 종사자

4. 제27조제2항에 따른 동물실험윤리위원회의 위원

5. 제29조제1항에 따라 동물복지축산농장으로 인증을 받은 자

6. 제33조제1항에 따라 영업등록을 하거나 제34조제1항에 따라 영업허가를 받은 자 및 그 종사자

7. 수의사, 동물병원의 장 및 그 종사자

③ 신고인의 신분은 보장되어야 하며 그 의사에 반하여 신원이 노출되어서는 아니 된다.

제17조(공고) 시·도지사와 시장·군수·구청장은 제14조제1항제1호 및 제2호에 따른 동물을 보호하고 있는 경우에는 소유자등이 보호조치 사실을 알 수 있도록 대통령령으로 정하는 바에 따라 지체 없이 7일 이상 그 사실을 공고하여야 한다. 〈개정 2013. 4. 5.〉

제18조(동물의 반환 등) ① 시·도지사와 시장·군수·구청장은 다음 각 호의 어느 하나에 해당하는 사유가 발생한 경우에는 제14조에 해당하는 동물을 그 동물의 소유자에게 반환하여야 한다. 〈개정 2013. 4. 5., 2017. 3. 21.〉

1. 제14조제1항제1호 및 제2호에 해당하는 동물이 보호조치 중에 있고, 소유자가 그 동물에 대하여 반환을 요구하는 경우

2. 제14조제3항에 따른 보호기간이 지난 후, 보호조치 중인 제14조제1항제3호의 동물에 대하여 소유자가 제19조제2항에 따라 보호비용을 부담하고 반환을 요구하는 경우

② 시·도지사와 시장·군수·구청장은 제1항제2호에 해당하는 동물의 반환과 관련하여 동물의 소유자에게 보호기간, 보호비용 납부기한 및 면제 등에 관한 사항을 알려야 한다. 〈개정 2013. 4. 5.〉

제19조(보호비용의 부담) ① 시·도지사와 시장·군수·구청장은 제14조제1항제1호 및 제2호에 해당하는 동물의 보호비용을 소유자 또는 제21조제1항에 따라 분양을 받는 자에게 청구할 수 있다. 〈개정 2013. 4. 5.〉

② 제14조제1항제3호에 해당하는 동물의 보호비용은 농림축산식품부령으로 정하는 바에 따라 납부기한까지 그 동물의 소유자가 내야 한다. 이 경우 시·도지사와 시장·군수·구청장은 동물의 소유자가 제20조제2호에 따라 그 동물의 소유권을 포기한 경우에는 보호비용의 전부 또는 일부를 면제할 수 있다. 〈개정 2013. 3. 23., 2013. 4. 5.〉

③ 제1항 및 제2항에 따른 보호비용의 징수에 관한 사항은 대통령령으로 정하고, 보호비용의 산정 기준에 관한 사항은 농림축산식품부령으로 정하는 범위에서 해당 시·도의 조례로 정한다. 〈개정 2013. 3. 23.〉

제20조(동물의 소유권 취득)　시·도와 시·군·구가 동물의 소유권을 취득할 수 있는 경우는 다음 각 호와 같다. 〈개정 2013. 4. 5., 2017. 3. 21.〉

1. 「유실물법」 제12조 및 「민법」 제253조에도 불구하고 제17조에 따라 공고한 날부터 10일이 지나도 동물의 소유자등을 알 수 없는 경우

2. 제14조제1항제3호에 해당하는 동물의 소유자가 그 동물의 소유권을 포기한 경우

3. 제14조제1항제3호에 해당하는 동물의 소유자가 제19조제2항에 따른 보호비용의 납부기한이 종료된 날부터 10일이 지나도 보호비용을 납부하지 아니한 경우

4. 동물의 소유자를 확인한 날부터 10일이 지나도 정당한 사유 없이 동물의 소유자와 연락이 되지 아니하거나 소유자가 반환받을 의사를 표시하지 아니한 경우

제21조(동물의 분양·기증)　① 시·도지사와 시장·군수·구청장은 제20조에 따라 소유권을 취득한 동물이 적정하게 사육·관리될 수 있도록 시·도의 조례로 정하는 바에 따라 동물원, 동물을 애호하는 자(시·도의 조례로 정하는 자격요건을 갖춘 자로 한정한다)나 대통령령으로 정하는 민간단체 등에 기증하거나 분양할 수 있다. 〈개정 2013. 4. 5.〉

② 시·도지사와 시장·군수·구청장은 제20조에 따라 소유권을 취득한 동물에 대하여는 제1항에 따라 분양될 수 있도록 공고할 수 있다. 〈개정 2013. 4. 5.〉

③ 제1항에 따른 기증·분양의 요건 및 절차 등 그 밖에 필요한 사항은 시·도의 조례로 정한다.

제22조(동물의 인도적인 처리 등)　① 제15조제1항 및 제4항에 따른 동물보호센터의 장 및 운영자는 제14조제1항에 따라 보호조치 중인 동물에게 질병 등 농림축산식품부령으로 정하는 사유가 있는 경우에는 농림축산식품부장관이 정하는 바에 따라 인도적인 방법으로 처리하여야 한다. 〈개정 2013. 3. 23., 2017. 3. 21.〉

② 제1항에 따른 인도적인 방법에 따른 처리는 수의사에 의하여 시행되어야 한다.

③ 동물보호센터의 장은 제1항에 따라 동물의 사체가 발생한 경우 「폐기물관리법」에 따라 처리하거나 제33조에 따라 동물장묘업의 등록을 한 자가 설치·운영하는 동물장묘시설에서 처리하여야 한다. 〈개정 2017. 3. 21.〉

제3장 동물실험

제23조(동물실험의 원칙)　① 동물실험은 인류의 복지 증진과 동물 생명의 존엄성을 고려하여 실시하여야 한다.

② 동물실험을 하려는 경우에는 이를 대체할 수 있는 방법을 우선적으로 고려하여야 한다.

③ 동물실험은 실험에 사용하는 동물(이하 "실험동물"이라 한다)의 윤리적 취급과 과학적 사용에 관한 지식과 경험을 보유한 자가 시행하여야 하며 필요한 최소한의 동물을 사용하여야 한다.

④ 실험동물의 고통이 수반되는 실험은 감각능력이 낮은 동물을 사용하고 진통·진정·마취제의 사용 등 수의학적 방법에 따라 고통을 덜어주기 위한 적절한 조치를 하여야 한다.

⑤ 동물실험을 한 자는 그 실험이 끝난 후 지체 없이 해당 동물을 검사하여야 하며, 검사 결과 정상적으로 회복한 동물은 분양하거나 기증할 수 있다. 〈개정 2018. 3. 20.〉

⑥ 제5항에 따른 검사 결과 해당 동물이 회복할 수 없거나 지속적으로 고통을 받으며 살아야 할 것으로 인정되는 경우에는 신속하게 고통을 주지 아니하는 방법으로 처리하여야 한다. 〈신설 2018. 3. 20.〉

⑦ 제1항부터 제6항까지에서 규정한 사항 외에 동물실험의 원칙에 관하여 필요한 사항은 농림축산식품부장관이 정하여 고시한다. 〈개정 2013. 3. 23., 2018. 3. 20.〉

제24조(동물실험의 금지 등) 누구든지 다음 각 호의 동물실험을 하여서는 아니 된다. 다만, 해당 동물종(種)의 건강, 질병관리연구 등 농림축산식품부령으로 정하는 불가피한 사유로 농림축산식품부령으로 정하는 바에 따라 승인을 받은 경우에는 그러하지 아니하다. 〈개정 2013. 3. 23., 2020. 2. 11.〉

1. 유실·유기동물(보호조치 중인 동물을 포함한다)을 대상으로 하는 실험
2. 「장애인복지법」 제40조에 따른 장애인 보조견 등 사람이나 국가를 위하여 봉사하고 있거나 봉사한 동물로서 대통령령으로 정하는 동물을 대상으로 하는 실험

제24조의2(미성년자 동물 해부실습의 금지) 누구든지 미성년자(19세 미만의 사람을 말한다. 이하 같다)에게 체험·교육·시험·연구 등의 목적으로 동물(사체를 포함한다) 해부실습을 하게 하여서는 아니 된다. 다만, 「초·중등교육법」 제2조에 따른 학교 또는 동물실험시행기관 등이 시행하는 경우 등 농림축산식품부령으로 정하는 경우에는 그러하지 아니하다.

[본조신설 2018. 3. 20.]

제25조(동물실험윤리위원회의 설치 등) ① 동물실험시행기관의 장은 실험동물의 보호와 윤리적인 취급을 위하여 제27조에 따라 동물실험윤리위원회(이하 "윤리위원회"라 한다)를 설치·운영하여야 한다. 다만, 동물실험시행기관에 「실험동물에 관한 법률」 제7조에 따른 실험동물운영위원회가 설치되어 있고, 그 위원회의 구성이 제27조제2항부터 제4항까지에 규정된 요건을 충족할 경우에는 해당 위원회를 윤리위원회로 본다.

② 농림축산식품부령으로 정하는 일정 기준 이하의 동물실험시행기관은 다른 동물실험시행기관과 공동으로 농림축산식품부령으로 정하는 바에 따라 윤리위원회를 설치·운영할 수 있다. 〈개정 2013. 3. 23.〉

③ 동물실험시행기관의 장은 동물실험을 하려면 윤리위원회의 심의를 거쳐야 한다.

제26조(윤리위원회의 기능 등) ① 윤리위원회는 다음 각 호의 기능을 수행한다.

1. 동물실험에 대한 심의
2. 동물실험이 제23조의 원칙에 맞게 시행되도록 지도·감독
3. 동물실험시행기관의 장에게 실험동물의 보호와 윤리적인 취급을 위하여 필요한 조치 요구

② 윤리위원회의 심의대상인 동물실험에 관여하고 있는 위원은 해당 동물실험에 관한 심의에 참여하여서는 아니 된다.

③ 윤리위원회의 위원은 그 직무를 수행하면서 알게 된 비밀을 누설하거나 도용하여서는 아니 된다.

④ 제1항에 따른 지도·감독의 방법과 그 밖에 윤리위원회의 운영 등에 관한 사항은 대통령령으로 정한다.

제27조(윤리위원회의 구성) ① 윤리위원회는 위원장 1명을 포함하여 3명 이상 15명 이하의 위원으로 구성한다.

② 위원은 다음 각 호에 해당하는 사람 중에서 동물실험시행기관의 장이 위촉하며, 위원장은 위원 중에서 호선(互選)한다. 다만, 제25조제2항에 따라 구성된 윤리위원회의 위원은 해당 동물실험시행기관의 장들이 공동으로 위촉한다. 〈개정 2013. 3. 23., 2017. 3. 21.〉

1. 수의사로서 농림축산식품부령으로 정하는 자격기준에 맞는 사람
2. 제4조제4항에 따른 민간단체가 추천하는 동물보호에 관한 학식과 경험이 풍부한 사람으로서 농림축산식품부령으로 정하는 자격기준에 맞는 사람
3. 그 밖에 실험동물의 보호와 윤리적인 취급을 도모하기 위하여 필요한 사람으로서 농림축산식품부령으로 정하는 사람

③ 윤리위원회에는 제2항제1호 및 제2호에 해당하는 위원을 각각 1명 이상 포함하여야 한다.

④ 윤리위원회를 구성하는 위원의 3분의 1 이상은 해당 동물실험시행기관과 이해관계가 없는 사람이어야 한다.

⑤ 위원의 임기는 2년으로 한다.

⑥ 그 밖에 윤리위원회의 구성 및 이해관계의 범위 등에 관한 사항은 농림축산식품부령으로 정한다. 〈개정 2013. 3. 23.〉

제28조(윤리위원회의 구성 등에 대한 지도·감독) ① 농림축산식품부장관은 제25조제1항 및 제2항에 따라 윤리위원회를 설치한 동물실험시행기관의 장에게 제26조 및 제27조에 따른 윤리위원회의 구성·운영 등에 관하여 지도·감독을 할 수 있다. 〈개정 2013. 3. 23.〉

② 농림축산식품부장관은 윤리위원회가 제26조 및 제27조에 따라 구성·운영되지 아니할 때에는 해당 동물실험시행기관의 장에게 대통령령으로 정하는 바에 따라 기간을 정하여 해당 윤리위원회의 구성·운영 등에 대한 개선명령을 할 수 있다. 〈개정 2013. 3. 23.〉

제4장 동물복지축산농장의 인증

제29조(동물복지축산농장의 인증) ① 농림축산식품부장관은 동물복지 증진에 이바지하기 위하여 「축산물위생관리법」 제2조제1호에 따른 가축으로서 농림축산식품부령으로 정하는 동물이 본래의 습성 등을 유지하면서 정상적으로 살 수 있도록 관리하는 축산농장을 동물복지축산농장으로 인증할 수 있다. 〈개정 2013. 3. 23.〉

② 제1항에 따라 인증을 받으려는 자는 농림축산식품부령으로 정하는 바에 따라 농림축산식품부장관에게 신청하여야 한다. 〈개정 2013. 3. 23.〉

③ 농림축산식품부장관은 동물복지축산농장으로 인증된 축산농장에 대하여 다음 각 호의 지원을 할 수 있다. 〈개정 2013. 3. 23.〉

1. 동물의 보호 및 복지 증진을 위하여 축사시설 개선에 필요한 비용
2. 동물복지축산농장의 환경개선 및 경영에 관한 지도·상담 및 교육

④ 농림축산식품부장관은 동물복지축산농장으로 인증을 받은 자가 거짓이나 그 밖의 부정한 방법으로 인증을 받은 경우 그 인증을 취소하여야 하고, 제7항에 따른 인증기준에 맞지 아니하게 된 경우 그 인증을 취소할 수 있다. 〈개정 2013. 3. 23.〉

⑤ 제4항에 따라 인증이 취소된 자(법인인 경우에는 그 대표자를 포함한다)는 그 인증이 취소된 날

부터 1년 이내에는 제1항에 따른 동물복지축산농장 인증을 신청할 수 없다.

⑥ 농림축산식품부장관, 시·도지사, 시장·군수·구청장, 「축산자조금의 조성 및 운용에 관한 법률」 제2조제3호에 따른 축산단체, 제4조제4항에 따른 민간단체는 동물복지축산농장의 운영사례를 교육·홍보에 적극 활용하여야 한다. 〈개정 2013. 3. 23., 2017. 3. 21.〉

⑦ 제1항부터 제6항까지에서 규정한 사항 외에 동물복지축산농장의 인증 기준·절차 및 인증농장의 표시 등에 관한 사항은 농림축산식품부령으로 정한다. 〈개정 2013. 3. 23.〉

제30조(부정행위의 금지) 누구든지 다음 각 호에 해당하는 행위를 하여서는 아니 된다.

1. 거짓이나 그 밖의 부정한 방법으로 동물복지축산농장 인증을 받은 행위

2. 제29조에 따른 인증을 받지 아니한 축산농장을 동물복지축산농장으로 표시하는 행위

제31조(인증의 승계) ① 다음 각 호의 어느 하나에 해당하는 자는 동물복지축산농장 인증을 받은 자의 지위를 승계한다.

1. 동물복지축산농장 인증을 받은 사람이 사망한 경우 그 농장을 계속하여 운영하려는 상속인

2. 동물복지축산농장 인증을 받은 사람이 그 사업을 양도한 경우 그 양수인

3. 동물복지축산농장 인증을 받은 법인이 합병한 경우 합병 후 존속하는 법인이나 합병으로 설립되는 법인

② 제1항에 따라 동물복지축산농장 인증을 받은 자의 지위를 승계한 자는 30일 이내에 농림축산식품부장관에게 신고하여야 하다. 〈개정 2013. 3. 23.〉

③ 제2항에 따른 신고에 필요한 사항은 농림축산식품부령으로 정한다. 〈개정 2013. 3. 23.〉

제5장 영업

제32조(영업의 종류 및 시설기준 등) ① 반려동물과 관련된 다음 각 호의 영업을 하려는 자는 농림축산식품부령으로 정하는 기준에 맞는 시설과 인력을 갖추어야 한다. 〈개정 2013. 3. 23., 2013. 8. 13., 2017. 3. 21., 2020. 2. 11.〉

1. 동물장묘업(動物葬墓業)

2. 동물판매업

3. 동물수입업

4. 동물생산업

5. 동물전시업

6. 동물위탁관리업

7. 동물미용업

8. 동물운송업

② 제1항 각 호에 따른 영업의 세부 범위는 농림축산식품부령으로 정한다. 〈개정 2013. 3. 23.〉

제33조(영업의 등록) ① 제32조제1항제1호부터 제3호까지 및 제5호부터 제8호까지의 규정에 따른 영업을 하려는 자는 농림축산식품부령으로 정하는 바에 따라 시장·군수·구청장에게 등록하여야 한다. 〈개정 2013. 3. 23., 2017. 3. 21.〉

② 제1항에 따라 등록을 한 자는 농림축산식품부령으로 정하는 사항을 변경하거나 폐업·휴업 또는

그 영업을 재개하려는 경우에는 미리 농림축산식품부령으로 정하는 바에 따라 시장·군수·구청장에게 신고를 하여야 한다. 〈개정 2013. 3. 23.〉

③ 시장·군수·구청장은 제2항에 따른 변경신고를 받은 경우 그 내용을 검토하여 이 법에 적합하면 신고를 수리하여야 한다. 〈신설 2019. 8. 27.〉

④ 다음 각 호의 어느 하나에 해당하는 경우에는 제1항에 따른 등록을 할 수 없다. 다만, 제5호는 제32조제1항제1호에 따른 영업에만 적용한다. 〈개정 2014. 3. 24., 2017. 3. 21., 2018. 12. 24., 2019. 8. 27.〉

1. 등록을 하려는 자(법인인 경우에는 임원을 포함한다. 이하 이 조에서 같다)가 미성년자, 피한정후견인 또는 피성년후견인인 경우

2. 제32조제1항 각 호 외의 부분에 따른 시설 및 인력의 기준에 맞지 아니한 경우

3. 제38조제1항에 따라 등록이 취소된 후 1년이 지나지 아니한 자(법인인 경우에는 그 대표자를 포함한다)가 취소된 업종과 같은 업종을 등록하려는 경우

4. 등록을 하려는 자가 이 법을 위반하여 벌금형 이상의 형을 선고받고 그 형이 확정된 날부터 3년이 지나지 아니한 경우. 다만, 제8조를 위반하여 벌금형 이상의 형을 선고받은 경우에는 그 형이 확정된 날부터 5년으로 한다.

5. 다음 각 목의 어느 하나에 해당하는 지역에 동물장묘시설을 설치하려는 경우

가. 「장사 등에 관한 법률」 제17조에 해당하는 지역

나. 20호 이상의 인가밀집지역, 학교, 그 밖에 공중이 수시로 집합하는 시설 또는 장소로부터 300미터 이하 떨어진 곳. 다만, 토지나 지형의 상황으로 보아 해당 시설의 기능이나 이용 등에 지장이 없는 경우로서 시장·군수·구청장이 인정하는 경우에는 적용을 제외한다.

제33조의2(공설 동물장묘시설의 설치·운영 등) ① 지방자치단체의 장은 반려동물을 위한 장묘시설(이하 "공설 동물장묘시설"이라 한다)을 설치·운영할 수 있다. 〈개정 2020. 2. 11.〉

② 국가는 제1항에 따라 공설 동물장묘시설을 설치·운영하는 지방자치단체에 대해서는 예산의 범위에서 시설의 설치에 필요한 경비를 지원할 수 있다.

[본조신설 2018. 12. 24.]

제33조의3(공설 동물장묘시설의 사용료 등) 지방자치단체의 장이 공설 동물장묘시설을 사용하는 자에게 부과하는 사용료 또는 관리비의 금액과 부과방법, 사용료 또는 관리비의 용도, 그 밖에 필요한 사항은 해당 지방자치단체의 조례로 정한다. 이 경우 사용료 및 관리비의 금액은 토지가격, 시설물 설치·조성비용, 지역주민 복지증진 등을 고려하여 정하여야 한다.

[본조신설 2018. 12. 24.]

제34조(영업의 허가) ① 제32조제1항제4호에 규정된 영업을 하려는 자는 농림축산식품부령으로 정하는 바에 따라 시장·군수·구청장에게 허가를 받아야 한다. 〈개정 2013. 3. 23., 2017. 3. 21.〉

② 제1항에 따라 허가를 받은 자가 농림축산식품부령으로 정하는 사항을 변경하거나 폐업·휴업 또는 그 영업을 재개하려면 미리 농림축산식품부령으로 정하는 바에 따라 시장·군수·구청장에게 신고를 하여야 한다. 〈개정 2013. 3. 23., 2017. 3. 21.〉

③ 시장·군수·구청장은 제2항에 따른 변경신고를 받은 경우 그 내용을 검토하여 이 법에 적합하면 신고를 수리하여야 한다. 〈신설 2019. 8. 27.〉

④ 다음 각 호의 어느 하나에 해당하는 경우에는 제1항에 따른 허가를 받을 수 없다. 〈개정 2014. 3. 24., 2017. 3. 21., 2018. 12. 24., 2019. 8. 27.〉

1. 허가를 받으려는 자(법인인 경우에는 임원을 포함한다. 이하 이 조에서 같다)가 미성년자, 피한정후견인 또는 피성년후견인인 경우
2. 제32조제1항 각 호 외의 부분에 따른 시설과 인력을 갖추지 아니한 경우
3. 제37조제1항에 따른 교육을 받지 아니한 경우
4. 제38조제1항에 따라 허가가 취소된 후 1년이 지나지 아니한 자(법인인 경우에는 그 대표자를 포함한다)가 취소된 업종과 같은 업종의 허가를 받으려는 경우
5. 허가를 받으려는 자가 이 법을 위반하여 벌금형 이상의 형을 선고받고 그 형이 확정된 날부터 3년이 지나지 아니한 경우. 다만, 제8조를 위반하여 벌금형 이상의 형을 선고받은 경우에는 그 형이 확정된 날부터 5년으로 한다.

[제목개정 2017. 3. 21.]

제35조(영업의 승계) ① 제33조제1항에 따라 영업등록을 하거나 제34조제1항에 따라 영업허가를 받은 자(이하 "영업자"라 한다)가 그 영업을 양도하거나 사망하였을 때 또는 법인의 합병이 있을 때에는 그 양수인·상속인 또는 합병 후 존속하는 법인이나 합병으로 설립되는 법인(이하 "양수인등"이라 한다)은 그 영업자의 지위를 승계한다. 〈개정 2017. 3. 21.〉

② 다음 각 호의 어느 하나에 해당하는 절차에 따라 영업시설의 전부를 인수한 자는 그 영업자의 지위를 승계한다.

1. 「민사집행법」에 따른 경매
2. 「채무자 회생 및 파산에 관한 법률」에 따른 환가(換價)
3. 「국세징수법」·「관세법」 또는 「지방세법」에 따른 압류재산의 매각
4. 제1호부터 제3호까지의 규정 중 어느 하나에 준하는 절차

③ 제1항 또는 제2항에 따라 영업자의 지위를 승계한 자는 승계한 날부터 30일 이내에 농림축산식품부령으로 정하는 바에 따라 시장·군수·구청장에게 신고하여야 한다. 〈개정 2013. 3. 23.〉

④ 제1항 및 제2항에 따른 승계에 관하여는 제33조제4항 및 제34조제4항을 준용하되, 제33조제4항 중 "등록"과 제34조제4항 중 "허가"는 "신고"로 본다. 다만, 상속인이 제33조제4항제1호 또는 제34조제4항제1호에 해당하는 경우에는 상속을 받은 날부터 3개월 동안은 그러하지 아니하다. 〈개정 2017. 3. 21., 2019. 8. 27.〉

제36조(영업자 등의 준수사항) ① 영업자(법인인 경우에는 그 대표자를 포함한다)와 그 종사자는 다음 각 호에 관하여 농림축산식품부령으로 정하는 사항을 지켜야 한다. 〈개정 2013. 3. 23., 2017. 3. 21., 2020. 2. 11.〉

1. 동물의 사육·관리에 관한 사항
2. 동물의 생산등록, 동물의 반입·반출 기록의 작성·보관에 관한 사항
3. 동물의 판매가능 월령, 건강상태 등 판매에 관한 사항
4. 동물 사체의 적정한 처리에 관한 사항
5. 영업시설 운영기준에 관한 사항

6. 영업 종사자의 교육에 관한 사항

7. 등록대상동물의 등록 및 변경신고의무(등록·변경신고방법 및 위반 시 처벌에 관한 사항 등을 포함한다) 고지에 관한 사항

8. 그 밖에 동물의 보호와 공중위생상의 위해 방지를 위하여 필요한 사항

② 제32조제1항제2호에 따른 동물판매업을 하는 자(이하 "동물판매업자"라 한다)는 영업자를 제외한 구매자에게 등록대상동물을 판매하는 경우 그 구매자의 명의로 제12조제1항에 따른 등록대상동물의 등록 신청을 한 후 판매하여야 한다. 〈신설 2020. 2. 11.〉

③ 동물판매업자는 제12조제5항에 따른 등록 방법 중 구매자가 원하는 방법으로 제2항에 따른 등록대상동물의 등록 신청을 하여야 한다. 〈신설 2020. 2. 11.〉

제37조(교육) ① 제32조제1항제2호부터 제8호까지의 규정에 해당하는 영업을 하려는 자와 제38조에 따른 영업정지 처분을 받은 영업자는 동물의 보호 및 공중위생상의 위해 방지 등에 관한 교육을 받아야 한다. 〈개정 2017. 3. 21.〉

② 제32조제1항제2호부터 제8호까지의 규정에 해당하는 영업을 하는 자는 연 1회 이상 교육을 받아야 한다. 〈신설 2017. 3. 21.〉

③ 제1항에 따라 교육을 받아야 하는 영업자로서 교육을 받지 아니한 영업자는 그 영업을 하여서는 아니 된다. 〈개정 2017. 3. 21.〉

④ 제1항에 따라 교육을 받아야 하는 영업자가 영업에 직접 종사하지 아니하거나 두 곳 이상의 장소에서 영업을 하는 경우에는 종사자 중에서 책임자를 지정하여 영업자 대신 교육을 받게 할 수 있다. 〈개정 2017. 3. 21.〉

⑥ 제1항에 따른 교육의 실시기관, 교육 내용 및 방법 등에 관한 사항은 농림축산식품부령으로 정한다. 〈개정 2013. 3. 23., 2017. 3. 21.〉

제38조(등록 또는 허가 취소 등) ① 시장·군수·구청장은 영업자가 다음 각 호의 어느 하나에 해당할 경우에는 농림축산식품부령으로 정하는 바에 따라 그 등록 또는 허가를 취소하거나 6개월 이내의 기간을 정하여 그 영업의 전부 또는 일부의 정지를 명할 수 있다. 다만, 제1호에 해당하는 경우에는 등록 또는 허가를 취소하여야 한다. 〈개정 2013. 3. 23., 2017. 3. 21.〉

1. 거짓이나 그 밖의 부정한 방법으로 등록을 하거나 허가를 받은 것이 판명된 경우

2. 제8조제1항부터 제3항까지의 규정을 위반하여 동물에 대한 학대행위 등을 한 경우

3. 등록 또는 허가를 받은 날부터 1년이 지나도 영업을 시작하지 아니한 경우

4. 제32조제1항 각 호 외의 부분에 따른 기준에 미치지 못하게 된 경우

5. 제33조제2항 및 제34조제2항에 따라 변경신고를 하지 아니한 경우

6. 제36조에 따른 준수사항을 지키지 아니한 경우

② 제1항에 따른 처분의 효과는 그 처분기간이 만료된 날부터 1년간 양수인등에게 승계되며, 처분의 절차가 진행 중일 때에는 양수인등에 대하여 처분의 절차를 행할 수 있다. 다만, 양수인등이 양수·상속 또는 합병 시에 그 처분 또는 위반사실을 알지 못하였음을 증명하는 경우에는 그러하지 아니하다.

[제목개정 2017. 3. 21.]

제38조의2(영업자에 대한 점검 등) 시장·군수·구청장은 영업자에 대하여 제32조제1항에 따른 시설 및 인력 기준과 제36조에 따른 준수사항의 준수 여부를 매년 1회 이상 점검하고, 그 결과를 다음 연도 1월 31일까지 시·도지사를 거쳐 농림축산식품부장관에게 보고하여야 한다.

[본조신설 2017. 3. 21.]

제6장 보칙

제39조(출입·검사 등) ① 농림축산식품부장관, 시·도지사 또는 시장·군수·구청장은 동물의 보호 및 공중위생상의 위해 방지 등을 위하여 필요하면 동물의 소유자등에 대하여 다음 각 호의 조치를 할 수 있다. 〈개정 2013. 3. 23.〉

1. 동물 현황 및 관리실태 등 필요한 자료제출의 요구

2. 동물이 있는 장소에 대한 출입·검사

3. 동물에 대한 위해 방지 조치의 이행 등 농림축산식품부령으로 정하는 시정명령

② 농림축산식품부장관, 시·도지사 또는 시장·군수·구청장은 동물보호 등과 관련하여 필요하면 영업자나 다음 각 호의 어느 하나에 해당하는 자에게 필요한 보고를 하도록 명하거나 자료를 제출하게 할 수 있으며, 관계 공무원으로 하여금 해당 시설 등에 출입하여 운영실태를 조사하게 하거나 관계 서류를 검사하게 할 수 있다. 〈개정 2013. 3. 23., 2017. 3. 21.〉

1. 제15조제1항 및 제4항에 따른 동물보호센터의 장

2. 제25조제1항 및 제2항에 따라 윤리위원회를 설치한 동물실험시행기관의 장

3. 제29조제1항에 따라 동물복지축산농장으로 인증받은 자

③ 농림축산식품부장관, 시·도지사 또는 시장·군수·구청장이 제1항제2호 및 제2항에 따른 출입·검사를 할 때에는 출입·검사 시작 7일 전까지 대상자에게 다음 각 호의 사항이 포함된 출입·검사 계획을 통지하여야 한다. 다만, 출입·검사 계획을 미리 통지할 경우 그 목적을 달성할 수 없다고 인정하는 경우에는 출입·검사를 착수할 때에 통지할 수 있다. 〈개정 2013. 3. 23.〉

1. 출입·검사 목적

2. 출입·검사 기간 및 장소

3. 관계 공무원의 성명과 직위

4. 출입·검사의 범위 및 내용

5. 제출할 자료

제40조(동물보호감시원) ① 농림축산식품부장관(대통령령으로 정하는 소속 기관의 장을 포함한다), 시·도지사 및 시장·군수·구청장은 동물의 학대 방지 등 동물보호에 관한 사무를 처리하기 위하여 소속 공무원 중에서 동물보호감시원을 지정하여야 한다. 〈개정 2013. 3. 23.〉

② 제1항에 따른 동물보호감시원(이하 "동물보호감시원"이라 한다)의 자격, 임명, 직무 범위 등에 관한 사항은 대통령령으로 정한다.

③ 동물보호감시원이 제2항에 따른 직무를 수행할 때에는 농림축산식품부령으로 정하는 증표를 지니고 이를 관계인에게 보여주어야 한다. 〈개정 2013. 3. 23.〉

④ 누구든지 동물의 특성에 따른 출산, 질병 치료 등 부득이한 사유가 없으면 제2항에 따른 동물보

호감시원의 직무 수행을 거부·방해 또는 기피하여서는 아니 된다.

제41조(동물보호명예감시원) ① 농림축산식품부장관, 시·도지사 및 시장·군수·구청장은 동물의 학대 방지 등 동물보호를 위한 지도·계몽 등을 위하여 동물보호명예감시원을 위촉할 수 있다. 〈개정 2013. 3. 23.〉

② 제1항에 따른 동물보호명예감시원(이하 "명예감시원"이라 한다)의 자격, 위촉, 해촉, 직무, 활동 범위와 수당의 지급 등에 관한 사항은 대통령령으로 정한다.

③ 명예감시원은 제2항에 따른 직무를 수행할 때에는 부정한 행위를 하거나 권한을 남용하여서는 아니 된다.

④ 명예감시원이 그 직무를 수행하는 경우에는 신분을 표시하는 증표를 지니고 이를 관계인에게 보여주어야 한다.

제41조의2 삭제 〈2020. 2. 11.〉

제42조(수수료) 다음 각 호의 어느 하나에 해당하는 자는 농림축산식품부령으로 정하는 바에 따라 수수료를 내야 한다. 다만, 제1호에 해당하는 자에 대하여는 시·도의 조례로 정하는 바에 따라 수수료를 감면할 수 있다. 〈개정 2013. 3. 23., 2017. 3. 21.〉

1. 제12조제1항에 따라 등록대상동물을 등록하려는 자

2. 제29조제1항에 따라 동물복지축산농장 인증을 받으려는 자

3. 제33조 및 제34조에 따라 영업의 등록을 하려거나 허가를 받으려는 자 또는 변경신고를 하려는 자

제43조(청문) 농림축산식품부장관, 시·도지사 또는 시장·군수·구청장은 다음 각 호의 어느 하나에 해당하는 처분을 하려면 청문을 하여야 한다. 〈개정 2013. 3. 23., 2017. 3. 21.〉

1. 제15조제7항에 따른 동물보호센터의 지정 취소

2. 제29조제4항에 따른 동물복지축산농장의 인증 취소

3. 제38조제1항에 따른 영업등록 또는 허가의 취소

제44조(권한의 위임) 농림축산식품부장관은 대통령령으로 정하는 바에 따라 이 법에 따른 권한의 일부를 소속 기관의 장 또는 시·도지사에게 위임할 수 있다. 〈개정 2013. 3. 23.〉

제45조(실태조사 및 정보의 공개) ① 농림축산식품부장관은 다음 각 호의 정보와 자료를 수집·조사·분석하고 그 결과를 해마다 정기적으로 공표하여야 한다. 〈개정 2013. 3. 23., 2017. 3. 21.〉

1. 제4조제1항의 동물복지종합계획 수립을 위한 동물보호 및 동물복지 실태에 관한 사항

2. 제12조에 따른 등록대상동물의 등록에 관한 사항

3. 제14조부터 제22조까지의 규정에 따른 동물보호센터와 유실·유기동물 등의 치료·보호 등에 관한 사항

4. 제25조부터 제28조까지의 규정에 따른 윤리위원회의 운영 및 동물실험 실태, 지도·감독 등에 관한 사항

5. 제29조에 따른 동물복지축산농장 인증현황 등에 관한 사항

6. 제33조 및 제34조에 따른 영업의 등록·허가와 운영실태에 관한 사항

7. 제38조의2에 따른 영업자에 대한 정기점검에 관한 사항

8. 그 밖에 동물보호 및 동물복지 실태와 관련된 사항

② 농림축산식품부장관은 제1항에 따른 업무를 효율적으로 추진하기 위하여 실태조사를 실시할 수 있으며, 실태조사를 위하여 필요한 경우 관계 중앙행정기관의 장, 지방자치단체의 장, 공공기관(「공공기관의 운영에 관한 법률」 제4조에 따른 공공기관을 말한다. 이하 같다)의 장, 관련 기관 및 단체, 동물의 소유자등에게 필요한 자료 및 정보의 제공을 요청할 수 있다. 이 경우 자료 및 정보의 제공을 요청받은 자는 정당한 사유가 없는 한 자료 및 정보를 제공하여야 한다. 〈개정 2013. 3. 23.〉

③ 제2항에 따른 실태조사(현장조사를 포함한다)의 범위, 방법, 그 밖에 필요한 사항은 대통령령으로 정한다.

④ 시·도지사, 시장·군수·구청장 또는 동물실험시행기관의 장은 제1항제1호부터 제4호까지 및 제6호의 실적을 다음 해 1월 31일까지 농림축산식품부장관(대통령령으로 정하는 그 소속 기관의 장을 포함한다)에게 보고하여야 한다. 〈개정 2013. 3. 23.〉

제7장 벌칙

제46조(벌칙) ① 다음 각 호의 어느 하나에 해당하는 자는 3년 이하의 징역 또는 3천만원 이하의 벌금에 처한다. 〈신설 2018. 3. 20., 2020. 2. 11.〉

1. 제8조제1항을 위반하여 동물을 죽음에 이르게 하는 학대행위를 한 자

2. 제13조제2항 또는 제13조의2제1항을 위반하여 사람을 사망에 이르게 한 자

② 다음 각 호의 어느 하나에 해당하는 자는 2년 이하의 징역 또는 2천만원 이하의 벌금에 처한다. 〈개정 2017. 3. 21., 2018. 3. 20., 2020. 2. 11.〉

1. 제8조제2항 또는 제3항을 위반하여 동물을 학대한 자

1의2. 제8조제4항을 위반하여 맹견을 유기한 소유자등

1의3. 제13조제2항에 따른 목줄 등 안전조치 의무를 위반하여 사람의 신체를 상해에 이르게 한 자

1의4. 제13조의2제1항을 위반하여 사람의 신체를 상해에 이르게 한 자

2. 제30조제1호를 위반하여 거짓이나 그 밖의 부정한 방법으로 동물복지축산농장 인증을 받은 자

3. 제30조제2호를 위반하여 인증을 받지 아니한 농장을 동물복지축산농장으로 표시한 자

③ 다음 각 호의 어느 하나에 해당하는 자는 500만원 이하의 벌금에 처한다. 〈개정 2017. 3. 21., 2018. 3. 20.〉

1. 제26조제3항을 위반하여 비밀을 누설하거나 도용한 윤리위원회의 위원

2. 제33조에 따른 등록 또는 신고를 하지 아니하거나 제34조에 따른 허가를 받지 아니하거나 신고를 하지 아니하고 영업을 한 자

3. 거짓이나 그 밖의 부정한 방법으로 제33조에 따른 등록 또는 신고를 하거나 제34조에 따른 허가를 받거나 신고를 한 자

4. 제38조에 따른 영업정지기간에 영업을 한 영업자

④ 다음 각 호의 어느 하나에 해당하는 자는 300만원 이하의 벌금에 처한다. 〈개정 2017. 3. 21., 2018. 3. 20., 2019. 8. 27., 2020. 2. 11.〉

1. 제8조제4항을 위반하여 동물을 유기한 소유자등

2. 제8조제5항제1호를 위반하여 사진 또는 영상물을 판매·전시·전달·상영하거나 인터넷에 게재한 자

3. 제8조제5항제2호를 위반하여 도박을 목적으로 동물을 이용한 자 또는 동물을 이용하는 도박을 행할 목적으로 광고·선전한 자

4. 제8조제5항제3호를 위반하여 도박·시합·복권·오락·유흥·광고 등의 상이나 경품으로 동물을 제공한 자

5. 제8조제5항제4호를 위반하여 영리를 목적으로 동물을 대여한 자

6. 제24조를 위반하여 동물실험을 한 자

⑤ 상습적으로 제1항부터 제3항까지의 죄를 지은 자는 그 죄에 정한 형의 2분의 1까지 가중한다. 〈개정 2017. 3. 21., 2018. 3. 20.〉

제46조의2(양벌규정) 법인의 대표자나 법인 또는 개인의 대리인, 사용인, 그 밖의 종업원이 그 법인 또는 개인의 업무에 관하여 제46조에 따른 위반행위를 하면 그 행위자를 벌하는 외에 그 법인 또는 개인에게도 해당 조문의 벌금형을 과한다. 다만, 법인 또는 개인이 그 위반행위를 방지하기 위하여 해당 업무에 관하여 상당한 주의와 감독을 게을리하지 아니한 경우에는 그러하지 아니하다.

[본조신설 2017. 3. 21.]

제47조(과태료) ① 다음 각 호의 어느 하나에 해당하는 자에게는 300만원 이하의 과태료를 부과한다. 〈신설 2017. 3. 21., 2018. 3. 20., 2020. 2. 11.〉

1. 삭제 〈2020. 2. 11.〉

2. 제9조의2를 위반하여 동물을 판매한 자

2의2. 제13조의2제1항제1호를 위반하여 소유자등 없이 맹견을 기르는 곳에서 벗어나게 한 소유자등

2의3. 제13조의2제1항제2호를 위반하여 월령이 3개월 이상인 맹견을 동반하고 외출할 때 안전장치 및 이동장치를 하지 아니한 소유자등

2의4. 제13조의2제1항제3호를 위반하여 사람에게 신체적 피해를 주지 아니하도록 관리하지 아니한 소유자등

2의5. 제13조의2제3항을 위반하여 맹견의 안전한 사육 및 관리에 관한 교육을 받지 아니한 소유자

2의6. 제13조의2제4항을 위반하여 보험에 가입하지 아니한 소유자

2의7. 제13조의3을 위반하여 맹견을 출입하게 한 소유자등

3. 제25조제1항을 위반하여 윤리위원회를 설치·운영하지 아니한 동물실험시행기관의 장

4. 제25조제3항을 위반하여 윤리위원회의 심의를 거치지 아니하고 동물실험을 한 동물실험시행기관의 장

5. 제28조제2항을 위반하여 개선명령을 이행하지 아니한 동물실험시행기관의 장

② 다음 각 호의 어느 하나에 해당하는 자에게는 100만원 이하의 과태료를 부과한다. 〈개정 2013. 8. 13., 2017. 3. 21., 2018. 3. 20.〉

1. 삭제 〈2017. 3. 21.〉

2. 제9조제1항제4호 또는 제5호를 위반하여 동물을 운송한 자

3. 제9조제1항을 위반하여 제32조제1항의 동물을 운송한 자

4. 삭제 〈2017. 3. 21.〉

5. 제12조제1항을 위반하여 등록대상동물을 등록하지 아니한 소유자

5의2. 제24조의2를 위반하여 미성년자에게 동물 해부실습을 하게 한 자

6. 삭제 〈2017. 3. 21.〉

7. 삭제 〈2017. 3. 21.〉

8. 제31조제2항을 위반하여 동물복지축산농장 인증을 받은 자의 지위를 승계하고 그 사실을 신고하지 아니한 자

9. 제35조제3항을 위반하여 영업자의 지위를 승계하고 그 사실을 신고하지 아니한 자

10. 제37조제2항 또는 제3항을 위반하여 교육을 받지 아니하고 영업을 한 영업자

11. 제39조제1항제1호에 따른 자료제출 요구에 응하지 아니하거나 거짓 자료를 제출한 동물의 소유자등

12. 제39조제1항제2호에 따른 출입·검사를 거부·방해 또는 기피한 동물의 소유자등

13. 제39조제1항제3호에 따른 시정명령을 이행하지 아니한 동물의 소유자등

14. 제39조제2항에 따른 보고·자료제출을 하지 아니하거나 거짓으로 보고·자료제출을 한 자 또는 같은 항에 따른 출입·조사를 거부·방해·기피한 자

15. 제40조제4항을 위반하여 동물보호감시원의 직무 수행을 거부·방해 또는 기피한 자

③ 다음 각 호의 어느 하나에 해당하는 자에게는 50만원 이하의 과태료를 부과한다. 〈개정 2017. 3. 21.〉

1. 제12조제2항을 위반하여 정해진 기간 내에 신고를 하지 아니한 소유자

2. 제12조제3항을 위반하여 변경신고를 하지 아니한 소유권을 이전받은 자

3. 제13조제1항을 위반하여 인식표를 부착하지 아니한 소유자등

4. 제13조제2항을 위반하여 안전조치를 하지 아니하거나 배설물을 수거하지 아니한 소유자등

④ 제1항부터 제3항까지의 과태료는 대통령령으로 정하는 바에 따라 농림축산식품부장관, 시·도지사 또는 시장·군수·구청장이 부과·징수한다. 〈개정 2013. 3. 23., 2017. 3. 21.〉

● 법률 제16977호
동물보호법 일부개정법률

개정이유

[일부개정]

◇ 개정이유

동물과 사람의 안전한 공존을 위하여 맹견 소유자로 하여금 맹견보험에 가입하도록 하는 한편, 동물의 유기와 학대를 줄이기 위하여 등록대상동물 판매 시 동물판매업자가 구매자 명의로 동물등록 신청을 하도록 하고, 동물을 유기하거나 죽음에 이르게 하는 학대행위를 한 자에 대한 처벌을 강화하며, 그 밖에 신고포상금제를 폐지하는 등 현행 제도 운영상 나타난 일부 미비점을 개선·보완하려는 것임.

◇ 주요내용

가. 맹견의 소유자는 맹견으로 인한 다른 사람의 생명·신체나 재산상의 피해를 보상하기 위하여 보험에 가입하도록 함(제13조의2제4항 신설).

나. 동물판매업자는 영업자를 제외한 구매자에게 등록대상동물을 판매하는 경우 그 구매자의 명의로 등록대상동물의 등록 신청을 한 후 판매하도록 함(제36조제2항 및 제3항 신설).

다. 등록대상동물을 등록하지 아니한 소유자, 인식표를 부착하지 아니한 소유자, 안전조치를 하지 아니하거나 배설물을 수거하지 아니한 소유자 등을 신고 또는 고발한 자에게 포상금을 지급하던 신고포상금제를 폐지함(현행 제41조의2 삭제).

라. 동물을 죽음에 이르게 하는 학대행위를 한 자에 대한 처벌을 2년 이하의 징역 또는 2천만원 이하의 벌금에서 3년 이하의 징역 또는 3천만원 이하의 벌금으로 상향함(제46조제1항제1호 신설, 제46조제2항제1호).

마. 동물을 유기한 소유자 등에 대하여 300만원 이하의 과태료를 부과하던 것을, 앞으로는 300만원 이하의 벌금에 처하도록 함(제46조제4항제1호 신설, 현행 제47조제1항제1호 삭제).

II-2 동물보호법 시행령

[시행 2021. 7. 6.] [대통령령 제31871호, 2021. 7. 6., 타법개정]

제1조(목적) 이 영은 「동물보호법」에서 위임된 사항과 그 시행에 필요한 사항을 규정함을 목적으로 한다.

제2조(동물의 범위) 「동물보호법」(이하 "법"이라 한다) 제2조제1호다목에서 "대통령령으로 정하는 동물"이란 파충류, 양서류 및 어류를 말한다. 다만, 식용(食用)을 목적으로 하는 것은 제외한다.

[전문개정 2014. 2. 11.]

제3조(등록대상동물의 범위) 법 제2조제2호에서 "대통령령으로 정하는 동물"이란 다음 각 호의 어느 하나에 해당하는 월령(月齡) 2개월 이상인 개를 말한다. 〈개정 2016. 8. 11., 2019. 3. 12.〉

1. 「주택법」 제2조제1호 및 제4호에 따른 주택·준주택에서 기르는 개
2. 제1호에 따른 주택·준주택 외의 장소에서 반려(伴侶) 목적으로 기르는 개

제6조의2(보험의 가입) 법 제13조의2제4항에 따라 맹견의 소유자는 다음 각 호의 요건을 모두 충족하는 보험에 가입해야 한다.

1. 다음 각 목에 해당하는 금액 이상을 보상할 수 있는 보험일 것
   가. 사망의 경우에는 피해자 1명당 8천만원
   나. 부상의 경우에는 피해자 1명당 농림축산식품부령으로 정하는 상해등급에 따른 금액
   다. 부상에 대한 치료를 마친 후 더 이상의 치료효과를 기대할 수 없고 그 증상이 고정된 상태에서 그 부상이 원인이 되어 신체의 장애(이하 "후유장애"라 한다)가 생긴 경우에는 피해자 1명당 농림축산식품부령으로 정하는 후유장애등급에 따른 금액
   라. 다른 사람의 동물이 상해를 입거나 죽은 경우에는 사고 1건당 200만원
2. 지급보험금액은 실손해액을 초과하지 않을 것. 다만, 사망으로 인한 실손해액이 2천만원 미만인 경우의 지급보험금액은 2천만원으로 한다.
3. 하나의 사고로 제1호가목부터 다목까지의 규정 중 둘 이상에 해당하게 된 경우에는 실손해액을 초과하지 않는 범위에서 다음 각 목의 구분에 따라 보험금을 지급할 것
   가. 부상한 사람이 치료 중에 그 부상이 원인이 되어 사망한 경우에는 제1호가목 및 나목의 금액을 더한 금액
   나. 부상한 사람에게 후유장애가 생긴 경우에는 제1호나목 및 다목의 금액을 더한 금액
   다. 제1호다목의 금액을 지급한 후 그 부상이 원인이 되어 사망한 경우에는 제1호가목의 금액에서 같은 호 다목에 따라 지급한 금액 중 사망한 날 이후에 해당하는 손해액을 뺀 금액

[본조신설 2021. 2. 9.]

제7조(공고) ① 특별시장·광역시장·특별자치시장·도지사 및 특별자치도지사(이하 "시·도지사"라 한다)와 시장·군수·구청장(자치구의 구청장을 말한다. 이하 같다)은 법 제17조에 따라 동물 보호조치에 관한 공고를 하려면 농림축산식품부장관이 정하는 시스템(이하 "동물보호관리시스템"이라 한다)에 게시하여야 한다. 다만, 동물보호관리시스템이 정상적으로 운영되지 않을 경우에는 농림축산식품부령으로 정하는 동물보호 공고문을 작성하여 다른 방법으로 게시하되, 동물보호관리시스템이 정

상적으로 운영되면 그 내용을 동물보호관리시스템에 게시하여야 한다. 〈개정 2013. 3. 23., 2018. 3. 20.〉

② 시·도지사와 시장·군수·구청장은 제1항에 따른 공고를 하는 경우 농림축산식품부령으로 정하는 바에 따라 동물보호관리시스템을 통하여 개체관리카드와 보호동물 관리대장을 작성·관리하여야 한다. 〈개정 2013. 3. 23., 2018. 3. 20.〉

제10조(동물실험 금지 동물) 법 제24조제2호에서 "대통령령으로 정하는 동물"이란 다음 각 호의 어느 하나에 해당하는 동물을 말한다. 〈개정 2013. 3. 23., 2014. 11. 19., 2017. 7. 26., 2021. 2. 9., 2021. 7. 6.〉

1. 「장애인복지법」 제40조에 따른 장애인 보조견

2. 소방청(그 소속 기관을 포함한다)에서 효율적인 구조활동을 위해 이용하는 119구조견

3. 다음 각 목의 기관(그 소속 기관을 포함한다)에서 수색·탐지 등을 위해 이용하는 경찰견

　　가. 국토교통부

　　나. 경찰청

　　다. 해양경찰청

4. 국방부(그 소속 기관을 포함한다)에서 수색·경계·추적·탐지 등을 위해 이용하는 군견

5. 농림축산식품부(그 소속 기관을 포함한다) 및 관세청(그 소속 기관을 포함한다) 등에서 각종 물질의 탐지 등

제14조(동물보호감시원의 자격 등) ① 법 제40조제1항에서 "대통령령으로 정하는 소속 기관의 장"이란 농림축산검역본부장(이하 "검역본부장"이라 한다)을 말한다. 〈개정 2013. 3. 23., 2018. 3. 20.〉

② 농림축산식품부장관, 검역본부장, 시·도지사 및 시장·군수·구청장이 법 제40조제1항에 따라 동물보호감시원을 지정할 때에는 다음 각 호의 어느 하나에 해당하는 소속 공무원 중에서 동물보호감시원을 지정하여야 한다. 〈개정 2013. 3. 23., 2018. 3. 20.〉

1. 「수의사법」 제2조제1호에 따른 수의사 면허가 있는 사람

2. 「국가기술자격법」 제9조에 따른 축산기술사, 축산기사, 축산산업기사 또는 축산기능사 자격이 있는 사람

3. 「고등교육법」 제2조에 따른 학교에서 수의학·축산학·동물관리학·애완동물학·반려동물학 등 동물의 관리 및 이용 관련 분야, 동물보호 분야 또는 동물복지 분야를 전공하고 졸업한 사람

4. 그 밖에 동물보호·동물복지·실험동물 분야와 관련된 사무에 종사한 경험이 있는 사람

③ 동물보호감시원의 직무는 다음 각 호와 같다. 〈개정 2018. 3. 20., 2021. 2. 9.〉

1. 법 제7조에 따른 동물의 적정한 사육·관리에 대한 교육 및 지도

2. 법 제8조에 따라 금지되는 동물학대행위의 예방, 중단 또는 재발방지를 위하여 필요한 조치

3. 법 제9조 및 제9조의2에 따른 동물의 적정한 운송과 반려동물 전달 방법에 대한 지도·감독

3의2. 법 제10조에 따른 동물의 도살방법에 대한 지도

3의3. 법 제12조에 따른 등록대상동물의 등록 및 법 제13조에 따른 등록대상동물의 관리에 대한 감독

3의4. 법 제13조의2 및 제13조의3에 따른 맹견의 관리 및 출입금지 등에 대한 감독

4. 법 제15조에 따라 설치·지정되는 동물보호센터의 운영에 관한 감독

4의2. 법 제28조에 따른 윤리위원회의 구성·운영 등에 관한 지도·감독 및 개선명령의 이행 여부에 대한 확인 및 지도

5. 법 제29조에 따라 동물복지축산농장으로 인증받은 농장의 인증기준 준수 여부 감독

6. 법 제33조제1항에 따라 영업등록을 하거나 법 제34조제1항에 따라 영업허가를 받은 자(이하 "영업자"라 한다)의 시설·인력 등 등록 또는 허가사항, 준수사항, 교육 이수 여부에 관한 감독

6의2. 법 제33조의2제1항에 따른 반려동물을 위한 장묘시설의 설치·운영에 관한 감독

7. 법 제39조에 따른 조치, 보고 및 자료제출 명령의 이행 여부 등에 관한 확인·지도

8. 법 제41조제1항에 따라 위촉된 동물보호명예감시원에 대한 지도

9. 그 밖에 동물의 보호 및 복지 증진에 관한 업무

제15조(동물보호명예감시원의 자격 및 위촉 등) ① 농림축산식품부장관, 시·도지사 및 시장·군수·구청장이 법 제41조제1항에 따라 동물보호명예감시원(이하 "명예감시원"이라 한다)을 위촉할 때에는 다음 각 호의 어느 하나에 해당하는 사람으로서 농림축산식품부장관이 정하는 관련 교육과정을 마친 사람을 명예감시원으로 위촉하여야 한다. 〈개정 2013. 3. 23.〉

1. 제5조에 따른 법인 또는 단체의 장이 추천한 사람

2. 제14조제2항 각 호의 어느 하나에 해당하는 사람

3. 동물보호에 관한 학식과 경험이 풍부하고, 명예감시원의 직무를 성실히 수행할 수 있는 사람

② 농림축산식품부장관, 시·도지사 또는 시장·군수·구청장은 제1항에 따라 위촉한 명예감시원이 다음 각 호의 어느 하나에 해당하는 경우에는 위촉을 해제할 수 있다. 〈개정 2013. 3. 23.〉

1. 사망·질병 또는 부상 등의 사유로 직무 수행이 곤란하게 된 경우

2. 제3항에 따른 직무를 성실히 수행하지 아니하거나 직무와 관련하여 부정한 행위를 한 경우

③ 명예감시원의 직무는 다음 각 호와 같다.

1. 동물보호 및 동물복지에 관한 교육·상담·홍보 및 지도

2. 동물학대행위에 대한 신고 및 정보 제공

3. 제14조제3항에 따른 동물보호감시원의 직무 수행을 위한 지원

4. 학대받는 동물의 구조·보호 지원

④ 명예감시원의 활동 범위는 다음 각 호의 구분에 따른다. 〈개정 2013. 3. 23.〉

1. 농림축산식품부장관이 위촉한 경우: 전국

2. 시·도지사 또는 시장·군수·구청장이 위촉한 경우: 위촉한 기관장의 관할구역

⑤ 농림축산식품부장관, 시·도지사 또는 시장·군수·구청장은 명예감시원에게 예산의 범위에서 수당을 지급할 수 있다. 〈개정 2013. 3. 23.〉

⑥ 제1항부터 제5항까지에서 규정한 사항 외에 명예감시원의 운영을 위하여 필요한 사항은 농림축산식품부장관이 정하여 고시한다. 〈개정 2013. 3. 23.〉

II-3 동물보호법 시행규칙

[시행 2024. 6. 18.] [농림축산식품부령 제482호, 2021. 6. 17., 일부개정]

제1조(목적) 이 규칙은 「동물보호법」 및 같은 법 시행령에서 위임된 사항과 그 시행에 필요한 사항을 규정함을 목적으로 한다.

제1조의2(반려동물의 범위) 「동물보호법」(이하 "법"이라 한다) 제2조제1호의3에서 "개, 고양이 등 농림축산식품부령으로 정하는 동물"이란 개, 고양이, 토끼, 페럿, 기니피그 및 햄스터를 말한다.

[본조신설 2020. 8. 21.]

[종전 제1조의2는 제1조의3으로 이동 〈2020. 8. 21.〉]

제1조의3(맹견의 범위) 법 제2조제3호의2에 따른 맹견(猛犬)은 다음 각 호와 같다. 〈개정 2020. 8. 21.〉

1. 도사견과 그 잡종의 개

2. 아메리칸 핏불테리어와 그 잡종의 개

3. 아메리칸 스태퍼드셔 테리어와 그 잡종의 개

4. 스태퍼드셔 불 테리어와 그 잡종의 개

5. 로트와일러와 그 잡종의 개

[본조신설 2018. 9. 21.]

[제1조의2에서 이동 〈2020. 8. 21.〉]

제2조(동물복지위원회 위원 자격) 법 제5조제3항제3호에서 "농림축산식품부령으로 정하는 자격기준에 맞는 사람"이란 다음 각 호의 어느 하나에 해당하는 사람을 말한다. 〈개정 2013. 3. 23., 2018. 3. 22., 2018. 9. 21.〉

1. 법 제25조제1항에 따른 동물실험윤리위원회(이하 "윤리위원회"라 한다)의 위원

2. 법 제33조제1항에 따라 영업등록을 하거나 법 제34조제1항에 따라 영업허가를 받은 자(이하 "영업자"라 한다)로서 동물보호·동물복지에 관한 학식과 경험이 풍부한 사람

3. 법 제41조에 따른 동물보호명예감시원으로서 그 사람을 위촉한 농림축산식품부장관(그 소속 기관의 장을 포함한다) 또는 지방자치단체의 장의 추천을 받은 사람

4. 「축산자조금의 조성 및 운용에 관한 법률」 제2조제3호에 따른 축산단체 대표로서 동물보호·동물복지에 관한 학식과 경험이 풍부한 사람

5. 변호사 또는 「고등교육법」 제2조에 따른 학교에서 법학을 담당하는 조교수 이상의 직(職)에 있거나 있었던 사람

6. 「고등교육법」 제2조에 따른 학교에서 동물보호·동물복지를 담당하는 조교수 이상의 직(職)에 있거나 있었던 사람

7. 그 밖에 동물보호·동물복지에 관한 학식과 경험이 풍부하다고 농림축산식품부장관이 인정하는 사람

제3조(적절한 사육·관리 방법 등) 법 제7조제4항에 따른 동물의 적절한 사육·관리 방법 등에 관한 사항은 별표 1과 같다.

제4조(학대행위의 금지) ① 법 제8조제1항제4호에서 "농림축산식품부령으로 정하는 정당한 사유 없

이 죽음에 이르게 하는 행위"란 다음 각 호의 어느 하나를 말한다. 〈개정 2013. 3. 23., 2016. 1. 21., 2018. 3. 22.〉

1. 사람의 생명·신체에 대한 직접적 위협이나 재산상의 피해를 방지하기 위하여 다른 방법이 있음에도 불구하고 동물을 죽음에 이르게 하는 행위

2. 동물의 습성 및 생태환경 등 부득이한 사유가 없음에도 불구하고 해당 동물을 다른 동물의 먹이로 사용하는 경우

② 법 제8조제2항제1호 단서 및 제2호 단서에서 "농림축산식품부령으로 정하는 경우"란 다음 각 호의 어느 하나에 해당하는 경우를 말한다. 〈개정 2013. 3. 23.〉

1. 질병의 예방이나 치료

2. 법 제23조에 따라 실시하는 동물실험

3. 긴급한 사태가 발생한 경우 해당 동물을 보호하기 위하여 하는 행위

③ 법 제8조제2항제3호 단서에서 "민속경기 등 농림축산식품부령으로 정하는 경우"란 「전통 소싸움 경기에 관한 법률」에 따른 소싸움으로서 농림축산식품부장관이 정하여 고시하는 것을 말한다. 〈개정 2013. 3. 23.〉

④ 삭제 〈2020. 8. 21.〉

⑤ 법 제8조제2항제3호의2에서 "최소한의 사육공간 제공 등 농림축산식품부령으로 정하는 사육·관리 의무"란 별표 1의2에 따른 사육·관리 의무를 말한다. 〈개정 2020. 8. 21.〉

⑥ 법 제8조제2항제4호에서 "농림축산식품부령으로 정하는 정당한 사유 없이 신체적 고통을 주거나 상해를 입히는 행위"란 다음 각 호의 어느 하나를 말한다. 〈개정 2013. 3. 23., 2018. 3. 22., 2018. 9. 21.〉

1. 사람의 생명·신체에 대한 직접적 위협이나 재산상의 피해를 방지하기 위하여 다른 방법이 있음에도 불구하고 동물에게 신체적 고통을 주거나 상해를 입히는 행위

2. 동물의 습성 또는 사육환경 등의 부득이한 사유가 없음에도 불구하고 동물을 혹서·혹한 등의 환경에 방치하여 신체적 고통을 주거나 상해를 입히는 행위

3. 갈증이나 굶주림의 해소 또는 질병의 예방이나 치료 등의 목적 없이 동물에게 음식이나 물을 강제로 먹여 신체적 고통을 주거나 상해를 입히는 행위

4. 동물의 사육·훈련 등을 위하여 필요한 방식이 아님에도 불구하고 다른 동물과 싸우게 하거나 도구를 사용하는 등 잔인한 방식으로 신체적 고통을 주거나 상해를 입히는 행위

⑦ 법 제8조제5항제1호 단서에서 "동물보호 의식을 고양시키기 위한 목적이 표시된 홍보 활동 등 농림축산식품부령으로 정하는 경우"란 다음 각 호의 어느 하나에 해당하는 경우를 말한다. 〈신설 2014. 2. 14., 2018. 3. 22., 2018. 9. 21.〉

1. 국가기관, 지방자치단체 또는 「동물보호법 시행령」(이하 "영"이라 한다) 제5조에 따른 민간단체가 동물보호 의식을 고양시키기 위한 목적으로 법 제8조제1항부터 제3항까지에 해당하는 행위를 촬영한 사진 또는 영상물(이하 이 항에서 "사진 또는 영상물"이라 한다)에 기관 또는 단체의 명칭과 해당 목적을 표시하여 판매·전시·전달·상영하거나 인터넷에 게재하는 경우

2. 언론기관이 보도 목적으로 사진 또는 영상물을 부분 편집하여 전시·전달·상영하거나 인터넷에 게재하는 경우

3. 신고 또는 제보의 목적으로 제1호 및 제2호에 해당하는 기관 또는 단체에 사진 또는 영상물을 전달하는 경우

⑧ 법 제8조제5항제4호 단서에서 "「장애인복지법」 제40조에 따른 장애인 보조견의 대여 등 농림축산식품부령으로 정하는 경우"란 다음 각 호의 어느 하나에 해당하는 경우를 말한다. 〈신설 2018. 3. 22., 2018. 9. 21., 2020. 8. 21.〉

1. 「장애인복지법」 제40조에 따른 장애인 보조견을 대여하는 경우

2. 촬영, 체험 또는 교육을 위하여 동물을 대여하는 경우. 이 경우 해당 동물을 관리할 수 있는 인력이 대여하는 기간 동안 제3조에 따른 적절한 사육·관리를 하여야 한다.

제5조(동물운송자) 법 제9조제1항 각 호 외의 부분에서 "농림축산식품부령으로 정하는 자"란 영리를 목적으로 「자동차관리법」 제2조제1호에 따른 자동차를 이용하여 동물을 운송하는 자를 말한다. 〈개정 2013. 3. 23., 2014. 4. 8., 2018. 3. 22.〉

제6조(동물의 도살방법) ① 법 제10조제2항에서 "농림축산식품부령으로 정하는 방법"이란 다음 각 호의 어느 하나의 방법을 말한다. 〈개정 2013. 3. 23., 2016. 1. 21.〉

1. 가스법, 약물 투여

2. 전살법(電殺法), 타격법(打擊法), 총격법(銃擊法), 자격법(刺擊法)

② 농림축산식품부장관은 제1항 각 호의 도살방법 중 「축산물 위생관리법」에 따라 도축하는 경우에 대하여 고통을 최소화하는 방법을 정하여 고시할 수 있다. 〈개정 2013. 3. 23., 2018. 3. 22.〉

제7조(동물등록제 제외 지역의 기준) 법 제12조제1항 단서에 따라 시·도의 조례로 동물을 등록하지 않을 수 있는 지역으로 정할 수 있는 지역의 범위는 다음 각 호와 같다. 〈개정 2013. 12. 31.〉

1. 도서[도서, 제주특별자치도 본도(本島) 및 방파제 또는 교량 등으로 육지와 연결된 도서는 제외한다]

2. 제10조제1항에 따라 동물등록 업무를 대행하게 할 수 있는 자가 없는 읍·면

제8조(등록대상동물의 등록사항 및 방법 등) ① 법 제12조제1항 본문에 따라 등록대상동물을 등록하려는 자는 해당 동물의 소유권을 취득한 날 또는 소유한 동물이 등록대상동물이 된 날부터 30일 이내에 별지 제1호서식의 동물등록 신청서(변경신고서)를 시장·군수·구청장(자치구의 구청장을 말한다. 이하 같다)·특별자치시장(이하 "시장·군수·구청장"이라 한다)에게 제출하여야 한다. 이 경우 시장·군수·구청장은 「전자정부법」 제36조제1항에 따른 행정정보의 공동이용을 통하여 주민등록표초본, 외국인등록사실증명 또는 법인 등기사항증명서를 확인하여야 하며, 신청인이 확인에 동의하지 아니하는 경우에는 해당 서류(법인 등기사항증명서는 제외한다)를 첨부하게 하여야 한다. 〈개정 2013. 12. 31., 2017. 1. 25., 2017. 7. 3., 2019. 3. 21.〉

② 제1항에 따라 동물등록 신청을 받은 시장·군수·구청장은 별표 2의 동물등록번호의 부여방법 등에 따라 등록대상동물에 무선전자개체식별장치(이하 "무선식별장치"라 한다)를 장착 후 별지 제2호서식의 동물등록증(전자적 방식을 포함한다)을 발급하고, 영 제7조제1항에 따른 동물보호관리시스템(이하 "동물보호관리시스템"이라 한다)으로 등록사항을 기록·유지·관리하여야 한다. 〈개정 2014. 2. 14., 2020. 8. 21.〉

③ 동물등록증을 잃어버리거나 헐어 못 쓰게 되는 등의 이유로 동물등록증의 재발급을 신청하려는 자는 별지 제3호서식의 동물등록증 재발급 신청서를 시장·군수·구청장에게 제출하여야 한다. 이 경

우 시장·군수·구청장은 「전자정부법」 제36조제1항에 따른 행정정보의 공동이용을 통하여 주민등록표 초본, 외국인등록사실증명 또는 법인 등기사항증명서를 확인하여야 하며, 신청인이 확인에 동의하지 아니하는 경우에는 해당 서류(법인 등기사항증명서는 제외한다)를 첨부하게 하여야 한다. 〈개정 2017. 7. 3., 2019. 3. 21.〉

④ 등록대상동물의 소유자는 등록하려는 동물이 영 제3조 각 호 외의 부분에 따른 등록대상 월령(月齡) 이하인 경우에도 등록할 수 있다. 〈신설 2019. 3. 21.〉

제9조(등록사항의 변경신고 등) ① 법 제12조제2항제2호에서 "농림축산식품부령으로 정하는 사항이 변경된 경우"란 다음 각 호의 어느 하나에 해당하는 경우를 말한다. 〈개정 2013. 3. 23., 2018. 3. 22., 2019. 3. 21., 2020. 8. 21.〉

1. 소유자가 변경되거나 소유자의 성명(법인인 경우에는 법인 명칭을 말한다. 이하 같다)이 변경된 경우

2. 소유자의 주소(법인인 경우에는 주된 사무소의 소재지를 말한다)가 변경된 경우

3. 소유자의 전화번호(법인인 경우에는 주된 사무소의 전화번호를 말한다. 이하 같다)가 변경된 경우

4. 등록대상동물이 죽은 경우

5. 등록대상동물 분실 신고 후, 그 동물을 다시 찾은 경우

6. 무선식별장치를 잃어버리거나 헐어 못 쓰게 되는 경우

② 제1항제1호의 경우에는 변경된 소유자가, 법 제12조제2항제1호 및 이 조 제1항제2호부터 제6호까지의 경우에는 등록대상동물의 소유자가 각각 해당 사항이 변경된 날부터 30일(등록대상동물을 잃어버린 경우에는 10일) 이내에 별지 제1호서식의 동물등록 신청서(변경신고서)에 다음 각 호의 서류를 첨부하여 시장·군수·구청장에게 신고하여야 한다. 이 경우 시장·군수·구청장은 「전자정부법」 제36조제1항에 따른 행정정보의 공동 이용을 통하여 주민등록표 초본, 외국인등록사실증명 또는 법인 등기사항증명서를 확인(제1항제1호 및 제2호의 경우만 해당한다)하여야 하며, 신청인이 확인에 동의하지 아니하는 경우에는 해당 서류(법인 등기사항증명서는 제외한다)를 첨부하게 하여야 한다. 〈개정 2017. 7. 3., 2018. 3. 22., 2019. 3. 21.〉

1. 동물등록증

2. 삭제 〈2017. 1. 25.〉

3. 등록대상동물이 죽었을 경우에는 그 사실을 증명할 수 있는 자료 또는 그 경위서

③ 제2항에 따라 변경신고를 받은 시장·군수·구청장은 변경신고를 한 자에게 별지 제2호서식의 동물등록증을 발급하고, 등록사항을 기록·유지·관리하여야 한다.

④ 제1항제2호의 경우에는 「주민등록법」 제16조제1항에 따른 전입신고를 한 경우 변경신고가 있는 것으로 보아 시장·군수·구청장은 동물보호관리시스템의 주소를 정정하고, 등록사항을 기록·유지·관리하여야 한다.

⑤ 법 제12조제2항제1호 및 이 조 제1항제2호부터 제5호까지의 경우 소유자는 동물보호관리시스템을 통하여 해당 사항에 대한 변경신고를 할 수 있다. 〈개정 2017. 7. 3., 2018. 3. 22.〉

⑥ 등록대상동물을 잃어버린 사유로 제2항에 따라 변경신고를 받은 시장·군수·구청장은 그 사실을 등록사항에 기록하여 신고일부터 1년간 보관하여야 하고, 1년 동안 제1항제5호에 따른 변경 신고가 없는 경우에는 등록사항을 말소한다. 〈개정 2019. 3. 21.〉

⑦ 등록대상동물이 죽은 사유로 제2항에 따라 변경신고를 받은 시장·군수·구청장은 그 사실을 등록사항에 기록하여 보관하고 1년이 지나면 그 등록사항을 말소한다. 〈개정 2019. 3. 21.〉

⑧ 제1항제6호의 사유로 인한 변경신고에 관하여는 제8조제1항 및 제2항을 준용한다.

⑨ 제7조에 따라 동물등록이 제외되는 지역의 시장·군수는 소유자가 이미 등록된 등록대상동물의 법 제12조제2항제1호 및 이 조 제1항제1호부터 제5호까지의 사항에 대해 변경신고를 하는 경우 해당 동물등록 관련 정보를 유지·관리하여야 한다. 〈개정 2018. 3. 22.〉

제10조(등록업무의 대행) ① 법 제12조제4항에서 "농림축산식품부령으로 정하는 자"란 다음 각 호의 어느 하나에 해당하는 자 중에서 시장·군수·구청장이 지정하는 자를 말한다. 〈개정 2019. 3. 21., 2020. 8. 21.〉

1. 「수의사법」 제17조에 따라 동물병원을 개설한 자

2. 「비영리민간단체 지원법」 제4조에 따라 등록된 비영리민간단체 중 동물보호를 목적으로 하는 단체

3. 「민법」 제32조에 따라 설립된 법인 중 동물보호를 목적으로 하는 법인

4. 법 제33조제1항에 따라 등록한 동물판매업자

5. 법 제15조에 따른 동물보호센터(이하 "동물보호센터"라 한다)

② 법 제12조제4항에 따라 같은 조 제1항부터 제3항까지의 규정에 따른 업무를 대행하는 자(이하 이 조에서 "동물등록대행자"라 한다)는 등록대상동물에 무선식별장치를 체내에 삽입하는 등 외과적 시술이 필요한 행위는 소속 수의사(지정된 자가 수의사인 경우를 포함한다)에게 하게 하여야 한다. 〈개정 2013. 12. 31., 2020. 8. 21.〉

③ 시장·군수·구청장은 필요한 경우 관할 지역 내에 있는 모든 동물등록대행자에 대하여 해당 동물등록대행자가 판매하는 무선식별장치의 제품명과 판매가격을 동물보호관리시스템에 게재하게 하고 해당 영업소 안의 보기 쉬운 곳에 게시하도록 할 수 있다. 〈신설 2013. 12. 31.〉

제11조(인식표의 부착) 법 제13조제1항에 따라 등록대상동물을 기르는 곳에서 벗어나게 하는 경우 해당 동물의 소유자등은 다음 각 호의 사항을 표시한 인식표를 등록대상동물에 부착하여야 한다.

1. 소유자의 성명

2. 소유자의 전화번호

3. 동물등록번호(등록한 동물만 해당한다)

제12조(안전조치) ① 소유자등은 법 제13조제2항에 따라 등록대상동물을 동반하고 외출할 때에는 목줄 또는 가슴줄을 하거나 이동장치를 사용해야 한다. 다만, 소유자등이 월령 3개월 미만인 등록대상동물을 직접 안아서 외출하는 경우에는 해당 안전조치를 하지 않을 수 있다. 〈개정 2021. 2. 10.〉

② 제1항 본문에 따른 목줄 또는 가슴줄은 2미터 이내의 길이여야 한다. 〈개정 2021. 2. 10.〉

③ 등록대상동물의 소유자등은 법 제13조제2항에 따라 「주택법 시행령」 제2조제2호 및 제3호에 따른 다중주택 및 다가구주택, 같은 영 제3조에 따른 공동주택의 건물 내부의 공용공간에서는 등록대상동물을 직접 안거나 목줄의 목덜미 부분 또는 가슴줄의 손잡이 부분을 잡는 등 등록대상동물이 이동할 수 없도록 안전조치를 해야 한다. 〈신설 2021. 2. 10.〉

[전문개정 2019. 3. 21.]

제12조의2(맹견의 관리) ① 맹견의 소유자등은 법 제13조의2제1항제2호에 따라 월령이 3개월 이상인 맹견을 동반하고 외출할 때에는 다음 각 호의 사항을 준수하여야 한다.

1. 제12조제1항에도 불구하고 맹견에게는 목줄만 할 것

2. 맹견이 호흡 또는 체온조절을 하거나 물을 마시는 데 지장이 없는 범위에서 사람에 대한 공격을 효과적으로 차단할 수 있는 크기의 입마개를 할 것

② 맹견의 소유자등은 제1항제1호 및 제2호에도 불구하고 다음 각 호의 기준을 충족하는 이동장치를 사용하여 맹견을 이동시킬 때에는 맹견에게 목줄 및 입마개를 하지 않을 수 있다.

1. 맹견이 이동장치에서 탈출할 수 없도록 잠금장치를 갖출 것

2. 이동장치의 입구, 잠금장치 및 외벽은 충격 등에 의해 쉽게 파손되지 않는 견고한 재질일 것

[본조신설 2019. 3. 21.]

제12조의3(맹견에 대한 격리조치 등에 관한 기준) 법 제13조의2제2항에 따라 맹견이 사람에게 신체적 피해를 주는 경우 소유자등의 동의 없이 취할 수 있는 맹견에 대한 격리조치 등에 관한 기준은 별표 3과 같다.

[본조신설 2019. 3. 21.]

제12조의4(맹견 소유자의 교육) ① 법 제13조의2제3항에 따른 맹견 소유자의 맹견에 관한 교육은 다음 각 호의 구분에 따른다.

1. 맹견의 소유권을 최초로 취득한 소유자의 신규교육: 소유권을 취득한 날부터 6개월 이내 3시간

2. 그 외 맹견 소유자의 정기교육: 매년 3시간

② 제1항 각 호에 따른 교육은 다음 각 호의 어느 하나에 해당하는 기관으로서 농림축산식품부장관이 지정하는 기관(이하 "교육기관"이라 한다)이 실시하며, 원격교육으로 그 과정을 대체할 수 있다. 〈개정 2021. 2. 10.〉

1. 「수의사법」 제23조에 따른 대한수의사회

2. 영 제5조 각 호에 따른 법인 또는 단체

3. 농림축산식품부 소속 교육전문기관

4. 「농업·농촌 및 식품산업 기본법」 제11조의2에 따른 농림수산식품교육문화정보원

③ 제1항 각 호에 따른 교육은 다음 각 호의 내용을 포함하여야 한다.

1. 맹견의 종류별 특성, 사육방법 및 질병예방에 관한 사항

2. 맹견의 안전관리에 관한 사항

3. 동물의 보호와 복지에 관한 사항

4. 이 법 및 동물보호정책에 관한 사항

5. 그 밖에 교육기관이 필요하다고 인정하는 사항

④ 교육기관은 제1항 각 호에 따른 교육을 실시한 경우에는 그 결과를 교육이 끝난 후 30일 이내에 시장·군수·구청장에게 통지하여야 한다.

⑤ 제4항에 따른 통지를 받은 시장·군수·구청장은 그 기록을 유지·관리하고, 교육이 끝난 날부터 2년 동안 보관하여야 한다.

[본조신설 2019. 3. 21.]

제12조의5(보험금액) ① 영 제6조의2제1호나목에서 "농림축산식품부령으로 정하는 상해등급에 따른 금액"이란 별표 3의2 제1호의 상해등급에 따른 보험금액을 말한다.

② 영 제6조의2제1호다목에서 "농림축산식품부령으로 정하는 후유장애등급에 따른 금액"이란 별표

3의2 제2호의 후유장애등급에 따른 보험금액을 말한다.

[본조신설 2021. 2. 10.]

제13조(구조·보호조치 제외 동물) ① 법 제14조제1항 각 호 외의 부분 단서에서 "농림축산식품부령으로 정하는 동물"이란 도심지나 주택가에서 자연적으로 번식하여 자생적으로 살아가는 고양이로서 개체수 조절을 위해 중성화(中性化)하여 포획장소에 방사(放飼)하는 등의 조치 대상이거나 조치가 된 고양이를 말한다. 〈개정 2013. 3. 23., 2018. 3. 22.〉

② 제1항의 경우 세부적인 처리방법에 대해서는 농림축산식품부장관이 정하여 고시할 수 있다. 〈개정 2013. 3. 23.〉

제14조(보호조치 기간) 특별시장·광역시장·도지사 및 특별자치도지사(이하 "시·도지사"라 한다)와 시장·군수·구청장은 법 제14조제3항에 따라 소유자로부터 학대받은 동물을 보호할 때에는 수의사의 진단에 따라 기간을 정하여 보호조치하되 3일 이상 소유자로부터 격리조치 하여야 한다. 〈개정 2018. 3. 22., 2020. 8. 21.〉

제15조(동물보호센터의 지정 등) ① 법 제15조제1항 및 제3항에서 "농림축산식품부령으로 정하는 기준"이란 별표 4의 동물보호센터의 시설기준을 말한다. 〈개정 2013. 3. 23.〉

② 법 제15조제4항에 따라 동물보호센터로 지정을 받으려는 자는 별지 제4호서식의 동물보호센터 지정신청서에 다음 각 호의 서류를 첨부하여 시·도지사 또는 시장·군수·구청장이 공고하는 기간 내에 제출하여야 한다. 〈개정 2018. 3. 22.〉

1. 별표 4의 기준을 충족함을 증명하는 자료

2. 동물의 구조·보호조치에 필요한 건물 및 시설의 명세서

3. 동물의 구조·보호조치에 종사하는 인력현황

4. 동물의 구조·보호조치 실적(실적이 있는 경우에만 해당한다)

5. 사업계획서

③ 제2항에 따라 동물보호센터 지정 신청을 받은 시·도지사 또는 시장·군수·구청장은 별표 4의 지정기준에 가장 적합한 법인·단체 또는 기관을 동물보호센터로 지정하고, 별지 제5호서식의 동물보호센터 지정서를 발급하여야 한다. 〈개정 2018. 3. 22.〉

④ 동물보호센터를 지정한 시·도지사 또는 시장·군수·구청장은 제1항의 기준 및 제19조의 준수사항을 충족하는 지 여부를 연 2회 이상 점검하여야 한다. 〈개정 2018. 3. 22.〉

⑤ 동물보호센터를 지정한 시·도지사 또는 시장·군수·구청장은 제4항에 따른 점검결과를 연 1회 이상 농림축산검역본부장(이하 "검역본부장"이라 한다)에게 통지하여야 한다. 〈신설 2019. 3. 21.〉

제16조(동물의 보호비용 지원 등) ① 법 제15조제6항에 따라 동물의 보호비용을 지원받으려는 동물보호센터는 동물의 보호비용을 시·도지사 또는 시장·군수·구청장에게 청구하여야 한다. 〈개정 2018. 3. 22.〉

② 시·도지사 또는 시장·군수·구청장은 제1항에 따른 비용을 청구받은 경우 그 명세를 확인하고 금액을 확정하여 지급할 수 있다. 〈개정 2018. 3. 22.〉

제17조(동물보호센터 운영위원회의 설치 및 기능 등) ① 법 제15조제9항에서 "농림축산식품부령으로 정하는 일정 규모 이상"이란 연간 유기동물 처리 마릿수가 1천마리 이상인 것을 말한다. 〈개정 2013. 3. 23., 2018. 3. 22.〉

② 법 제15조제9항에 따라 동물보호센터에 설치하는 운영위원회(이하 "운영위원회"라 한다)는 다음 각 호의 사항을 심의한다. 〈개정 2018. 3. 22.〉

1. 동물보호센터의 사업계획 및 실행에 관한 사항

2. 동물보호센터의 예산·결산에 관한 사항

3. 그 밖에 이 법의 준수 여부 등에 관한 사항

제18조(운영위원회의 구성·운영 등) ① 운영위원회는 위원장 1명을 포함하여 3명 이상 10명 이하의 위원으로 구성한다.

② 위원장은 위원 중에서 호선(互選)하고, 위원은 다음 각 호의 어느 하나에 해당하는 사람 중에서 동물보호센터 운영자가 위촉한다. 〈개정 2018. 3. 22.〉

1. 「수의사법」 제2조제1호에 따른 수의사

2. 법 제4조제4항에 따른 민간단체에서 추천하는 동물보호에 관한 학식과 경험이 풍부한 사람

3. 법 제41조에 따른 동물보호명예감시원으로서 그 동물보호센터를 지정한 지방자치단체의 장에게 위촉을 받은 사람

4. 그 밖에 동물보호에 관한 학식과 경험이 풍부한 사람

③ 운영위원회에는 다음 각 호에 해당하는 위원이 각 1명 이상 포함되어야 한다. 〈개정 2019. 3. 21.〉

1. 제2항제1호에 해당하는 위원

2. 제2항제2호에 해당하는 위원으로서 동물보호센터와 이해관계가 없는 사람

3. 제2항제3호 또는 제4호에 해당하는 위원으로서 동물보호센터와 이해관계가 없는 사람

④ 위원의 임기는 2년으로 하며, 중임할 수 있다.

⑤ 동물보호센터는 위원회의 회의를 매년 1회 이상 소집하여야 하고, 그 회의록을 작성하여 3년 이상 보존하여야 한다.

⑥ 제1항부터 제5항까지에서 규정한 사항 외에 위원회의 구성 및 운영 등에 필요한 사항은 운영위원회의 의결을 거쳐 위원장이 정한다.

제19조(동물보호센터의 준수사항) 법 제15조제10항에 따른 동물보호센터의 준수사항은 별표 5와 같다. 〈개정 2018. 3. 22.〉

제20조(공고) ① 시·도지사와 시장·군수·구청장은 영 제7조제1항 단서에 따라 동물 보호조치에 관한 공고를 하는 경우 별지 제6호서식의 동물보호 공고문을 작성하여 해당 지방자치단체의 게시판 및 인터넷 홈페이지에 공고하여야 한다. 〈개정 2018. 3. 22.〉

② 시·도지사와 시장·군수·구청장은 영 제7조제2항에 따라 별지 제7호서식의 보호동물 개체관리카드와 별지 제8호서식의 보호동물 관리대장을 작성하여 동물보호관리시스템으로 관리하여야 한다. 〈개정 2018. 3. 22.〉

제21조(보호비용의 납부) ① 시·도지사와 시장·군수·구청장은 법 제19조제2항에 따라 동물의 보호비용을 징수하려는 때에는 해당 동물의 소유자에게 별지 제9호서식의 비용징수통지서에 따라 통지하여야 한다. 〈개정 2018. 3. 22.〉

② 제1항에 따라 비용징수통지서를 받은 동물의 소유자는 비용징수통지서를 받은 날부터 7일 이내에 보호비용을 납부하여야 한다. 다만, 천재지변이나 그 밖의 부득이한 사유로 보호비용을 낼 수 없을 때에는 그 사유가 없어진 날부터 7일 이내에 내야 한다.

③ 동물의 소유자가 제2항에 따라 보호비용을 납부기한까지 내지 아니한 경우에는 고지된 비용에 이자를 가산하되, 그 이자를 계산할 때에는 납부기한의 다음 날부터 납부일까지 「소송촉진 등에 관한 특례법」 제3조제1항에 따른 법정이율을 적용한다.

④ 법 제19조제1항 및 제2항에 따른 보호비용은 수의사의 진단·진료 비용 및 동물보호센터의 보호비용을 고려하여 시·도의 조례로 정한다.

제22조(동물의 인도적인 처리) 법 제22조제1항에서 "농림축산식품부령으로 정하는 사유"란 다음 각호의 어느 하나에 해당하는 경우를 말한다. 〈개정 2013. 3. 23., 2018. 3. 22.〉

1. 동물이 질병 또는 상해로부터 회복될 수 없거나 지속적으로 고통을 받으며 살아야 할 것으로 수의사가 진단한 경우

2. 동물이 사람이나 보호조치 중인 다른 동물에게 질병을 옮기거나 위해를 끼칠 우려가 매우 높은 것으로 수의사가 진단한 경우

3. 법 제21조에 따른 기증 또는 분양이 곤란한 경우 등 시·도지사 또는 시장·군수·구청장이 부득이한 사정이 있다고 인정하는 경우

동물실험 및 동물실험윤리위원회(23조~28조), 동물복지축산농장(29조~34조) 관련 시행규칙 제외

제35조(영업별 시설 및 인력 기준) 법 제32조제1항에 따라 반려동물과 관련된 영업을 하려는 자가 갖추어야 하는 시설 및 인력 기준은 별표 9와 같다.

[전문개정 2020. 8. 21.]

제36조(영업의 세부범위) 법 제32조제2항에 따른 동물 관련 영업의 세부범위는 다음 각 호와 같다. 〈개정 2012. 12. 26., 2017. 7. 3., 2018. 3. 22., 2020. 8. 21., 2021. 6. 17.〉

1. 동물장묘업: 다음 각 목 중 어느 하나 이상의 시설을 설치·운영하는 영업

   가. 동물 전용의 장례식장

   나. 동물의 사체 또는 유골을 불에 태우는 방법으로 처리하는 시설[이하 "동물화장(火葬)시설"이라 한다], 건조·멸균분쇄의 방법으로 처리하는 시설[이하 "동물건조장(乾燥葬)시설"이라 한다] 또는 화학 용액을 사용해 동물의 사체를 녹이고 유골만 수습하는 방법으로 처리하는 시설[이하 "동물수분해장(水分解葬)시설"이라 한다]

   다. 동물 전용의 봉안시설

2. 동물판매업: 반려동물을 구입하여 판매, 알선 또는 중개하는 영업

3. 동물수입업: 반려동물을 수입하여 판매하는 영업

4. 동물생산업: 반려동물을 번식시켜 판매하는 영업

5. 동물전시업: 반려동물을 보여주거나 접촉하게 할 목적으로 영업자 소유의 동물을 5마리 이상 전시하는 영업. 다만, 「동물원 및 수족관의 관리에 관한 법률」 제2조제1호에 따른 동물원은 제외한다.

6. 동물위탁관리업: 반려동물 소유자의 위탁을 받아 반려동물을 영업장 내에서 일시적으로 사육, 훈련 또는 보호하는 영업

7. 동물미용업: 반려동물의 털, 피부 또는 발톱 등을 손질하거나 위생적으로 관리하는 영업

8. 동물운송업: 반려동물을 「자동차관리법」 제2조제1호의 자동차를 이용하여 운송하는 영업

제37조(동물장묘업 등의 등록) ① 법 제33조제1항에 따라 동물장묘업, 동물판매업, 동물수입업, 동

물전시업, 동물위탁관리업, 동물미용업 또는 동물운송업의 등록을 하려는 자는 별지 제15호서식의 영업 등록 신청서(전자문서로 된 신청서를 포함한다)에 다음 각 호의 서류(전자문서를 포함한다)를 첨부하여 관할 시장·군수·구청장에게 제출해야 한다. 〈개정 2012. 12. 26., 2016. 1. 21., 2018. 3. 22., 2021. 6. 17.〉

1. 인력 현황
2. 영업장의 시설 내역 및 배치도
3. 사업계획서
4. 별표 9의 시설기준을 갖추었음을 증명하는 서류가 있는 경우에는 그 서류
5. 삭제 〈2016. 1. 21.〉
6. 동물사체에 대한 처리 후 잔재에 대한 처리계획서(동물화장시설, 동물건조장시설 또는 동물수분해장시설을 설치하는 경우에만 해당한다)
7. 폐업 시 동물의 처리계획서(동물전시업의 경우에만 해당한다)

② 제1항에 따른 신청서를 받은 시장·군수·구청장은 「전자정부법」 제36조제1항에 따른 행정정보의 공동이용을 통하여 다음 각 호의 서류를 확인해야 한다. 다만, 신청인이 주민등록표 초본 및 자동차등록증의 확인에 동의하지 않는 경우에는 해당 서류를 직접 제출하도록 해야 한다. 〈개정 2021. 6. 17.〉

1. 주민등록표 초본(법인인 경우에는 법인 등기사항증명서)
2. 건축물대장 및 토지이용계획정보(자동차를 이용한 동물미용업 또는 동물운송업의 경우는 제외한다)
3. 자동차등록증(자동차를 이용한 동물미용업 또는 동물운송업의 경우에만 해당한다)

③ 시장·군수·구청장은 제1항에 따른 신청인이 법 제33조제4항제1호 또는 제4호에 해당되는지를 확인할 수 없는 경우에는 해당 신청인에게 제1항의 서류 외에 신원확인에 필요한 자료를 제출하게 할 수 있다. 〈개정 2021. 6. 17.〉

④ 시장·군수·구청장은 제1항에 따른 등록 신청이 별표 9의 기준에 맞는 경우에는 신청인에게 별지 제16호서식의 등록증을 발급하고, 별지 제17호서식의 동물장묘업 등록(변경신고) 관리대장과 별지 제18호서식의 동물판매업·동물수입업·동물전시업·동물위탁관리업·동물미용업 및 동물운송업 등록(변경신고) 관리대장을 각각 작성·관리하여야 한다. 〈개정 2018. 3. 22.〉

⑤ 제1항에 따라 등록을 한 영업자가 등록증을 잃어버리거나 헐어 못 쓰게 되어 재발급을 받으려는 경우에는 별지 제19호서식의 등록증 재발급신청서(전자문서로 된 신청서를 포함한다)를 시장·군수·구청장에게 제출하여야 한다. 〈개정 2018. 3. 22.〉

⑥ 제4항의 등록 관리대장은 전자적 처리가 불가능한 특별한 사유가 없으면 전자적 방법으로 작성·관리하여야 한다.

제38조(등록영업의 변경신고 등) ① 법 제33조제2항에서 "농림축산식품부령으로 정하는 사항"이란 다음 각 호의 사항을 말한다. 〈개정 2013. 3. 23., 2021. 6. 17.〉

1. 영업자의 성명(영업자가 법인인 경우에는 그 대표자의 성명)
2. 영업장의 명칭 또는 상호
3. 영업시설
4. 영업장의 주소

② 법 제33조제2항에 따라 동물장묘업, 동물판매업, 동물수입업, 동물전시업, 동물위탁관리업, 동물

미용업 또는 동물운송업의 등록사항 변경신고를 하려는 자는 별지 제20호서식의 변경신고서(전자문서로 된 신고서를 포함한다)에 다음 각 호의 서류(전자문서를 포함한다. 이하 이 항에서 같다)를 첨부하여 시장·군수·구청장에게 제출해야 한다. 다만, 동물장묘업 영업장의 주소를 변경하는 경우에는 다음 각 호의 서류 외에 제37조제1항제3호·제4호 및 제6호의 서류 중 변경사항이 있는 서류를 첨부해야 한다. 〈개정 2012. 12. 26., 2017. 1. 25., 2018. 3. 22., 2021. 6. 17.〉

1. 등록증

2. 영업시설의 변경 내역서(시설변경의 경우만 해당한다)

③ 제2항에 따른 변경신고서를 받은 시장·군수·구청장은 「전자정부법」 제36조제1항에 따른 행정정보의 공동이용을 통하여 다음 각 호의 서류를 확인해야 한다. 다만, 신고인이 주민등록표 초본 및 자동차등록증의 확인에 동의하지 않는 경우에는 해당 서류를 직접 제출하도록 해야 한다. 〈신설 2021. 6. 17.〉

1. 주민등록표 초본(법인인 경우에는 법인 등기사항증명서)

2. 건축물대장 및 토지이용계획정보(자동차를 이용한 동물미용업 또는 동물운송업의 경우는 제외한다)

3. 자동차등록증(자동차를 이용한 동물미용업 또는 동물운송업의 경우에만 해당한다)

④ 제2항에 따른 변경신고에 관하여는 제37조제4항 및 제6항을 준용한다. 〈개정 2021. 6. 17.〉

제39조(휴업 등의 신고) ① 법 제33조제2항에 따라 동물장묘업, 동물판매업, 동물수입업, 동물전시업, 동물위탁관리업, 동물미용업 또는 동물운송업의 휴업·재개업 또는 폐업신고를 하려는 자는 별지 제21호서식의 휴업(재개업·폐업) 신고서(전자문서로 된 신고서를 포함한다)에 등록증 원본(폐업 신고의 경우로 한정한다)을 첨부하여 관할 시장·군수·구청장에게 제출해야 한다. 다만, 휴업의 기간을 정하여 신고하는 경우 그 기간이 만료되어 재개업할 때에는 신고하지 않을 수 있다. 〈개정 2017. 7. 3., 2018. 3. 22., 2021. 6. 17.〉

② 제1항에 따라 폐업신고를 하려는 자가 「부가가치세법」 제8조제7항에 따른 폐업신고를 같이 하려는 경우에는 제1항에 따른 폐업신고서에 「부가가치세법 시행규칙」 별지 제9호서식의 폐업신고서를 함께 제출하거나 「민원처리에 관한 법률 시행령」 제12조제10항에 따른 통합 폐업신고서를 제출하여야 한다. 이 경우 관할 시장·군수·구청장은 함께 제출받은 폐업신고서 또는 통합 폐업신고서를 지체없이 관할 세무서장에게 송부(정보통신망을 이용한 송부를 포함한다. 이하 이 조에서 같다)하여야 한다. 〈신설 2017. 7. 3., 2021. 6. 17.〉

③ 관할 세무서장이 「부가가치세법 시행령」 제13조제5항에 따라 제1항에 따른 폐업신고를 받아 이를 관할 시장·군수·구청장에게 송부한 경우에는 제1항에 따른 폐업신고서가 제출된 것으로 본다. 〈신설 2017. 7. 3.〉

제40조(동물생산업의 허가) ① 동물생산업을 하려는 자는 법 제34조제1항에 따라 별지 제22호서식의 동물생산업 허가신청서(전자문서로 된 신청서를 포함한다)에 다음 각 호의 서류를 첨부하여 관할 시장·군수·구청장에게 제출하여야 한다. 〈개정 2018. 3. 22.〉

1. 영업장의 시설 내역 및 배치도

2. 인력 현황

3. 사업계획서

4. 폐업 시 동물의 처리계획서

② 제1항에 따른 신청서를 받은 시장·군수·구청장은 「전자정부법」 제36조제1항에 따른 행정정보의

공동이용을 통하여 다음 각 호의 서류를 확인해야 한다. 다만, 신청인이 주민등록표 초본의 확인에 동의하지 않는 경우에는 해당 서류를 직접 제출하도록 해야 한다. 〈개정 2018. 3. 22., 2021. 6. 17.〉

1. 주민등록표 초본(법인인 경우에는 법인 등기사항증명서)

2. 건축물대장 및 토지이용계획정보

③ 시장·군수·구청장은 제1항에 따른 신청인이 법 제34조제4항제1호 또는 제5호에 해당되는지를 확인할 수 없는 경우에는 해당 신청인에게 제1항 또는 제2항의 서류 외에 신원확인에 필요한 자료를 제출하게 할 수 있다. 〈개정 2018. 3. 22., 2021. 6. 17.〉

④ 시장·군수·구청장은 제1항에 따른 신청이 별표 9의 기준에 맞는 경우에는 신청인에게 별지 제23호서식의 허가증을 발급하고, 별지 제24호서식의 동물생산업 허가(변경신고) 관리대장을 작성·관리하여야 한다. 〈개정 2018. 3. 22.〉

⑤ 제4항에 따라 허가를 받은 자가 허가증을 잃어버리거나 헐어 못 쓰게 되어 재발급을 받으려는 경우에는 별지 제19호서식의 허가증 재발급 신청서(전자문서로 된 신청서를 포함한다)를 시장·군수·구청장에게 제출하여야 한다. 〈개정 2018. 3. 22.〉

⑥ 제4항의 동물생산업 허가(변경신고) 관리대장은 전자적 처리가 불가능한 특별한 사유가 없으면 전자적 방법으로 작성·관리하여야 한다. 〈개정 2018. 3. 22.〉

[제목개정 2018. 3. 22.]

제41조(허가사항의 변경 등의 신고) ① 법 제34조제2항에서 "농림축산식품부령으로 정하는 사항"이란 다음 각 호의 사항을 말한다. 〈개정 2013. 3. 23., 2021. 6. 17.〉

1. 영업자의 성명(영업자가 법인인 경우에는 그 대표자의 성명)

2. 영업장의 명칭 또는 상호

3. 영업시설

4. 영업장의 주소

② 법 제34조제2항에 따라 동물생산업의 허가사항 변경신고를 하려는 자는 별지 제20호서식의 변경신고서(전자문서로 된 신고서를 포함한다)에 다음 각 호의 서류를 첨부하여 시장·군수·구청장에게 제출해야 한다. 다만, 영업자가 영업장의 주소를 변경하는 경우에는 제40조제1항 각 호의 서류(전자문서로 된 서류를 포함한다) 중 변경사항이 있는 서류를 첨부해야 한다. 〈개정 2017. 1. 25., 2018. 3. 22., 2021. 6. 17.〉

1. 허가증

2. 영업시설의 변경 내역서(시설 변경의 경우만 해당한다)

③ 법 제34조제2항에 따른 동물생산업의 휴업·재개업·폐업의 신고에 관하여는 제39조를 준용한다. 이 경우 "등록증"은 "허가증"으로 본다. 〈개정 2021. 6. 17.〉

④ 제2항에 따른 변경신고에 관하여는 제40조제2항, 제4항 및 제6항을 준용한다. 이 경우 "신청서"는 "신고서"로, "신청인"은 "신고인"으로, "신청"은 "신고"로 본다. 〈개정 2021. 6. 17.〉

[제목개정 2018. 3. 22.]

제42조(영업자의 지위승계 신고) ① 법 제35조에 따라 영업자의 지위승계 신고를 하려는 자는 별지 제25호서식의 영업자 지위승계 신고서(전자문서로 된 신고서를 포함한다)에 다음 각 호의 구분에 따른 서류를 첨부하여 등록 또는 허가를 한 시장·군수·구청장에게 제출해야 한다. 〈개정 2021. 6. 17.〉

1. 양도·양수의 경우

   가. 양도·양수 계약서 사본 등 양도·양수 사실을 확인할 수 있는 서류

   나. 양도인의 인감증명서나 「본인서명사실 확인 등에 관한 법률」 제2조제3호에 따른 본인서명사실확인서 또는 같은 법 제7조제7항에 따른 전자본인서명확인서 발급증(양도인이 방문하여 본인확인을 하는 경우에는 제출하지 않을 수 있다)

2. 상속의 경우: 「가족관계의 등록 등에 관한 법률」 제15조제1항에 따른 가족관계증명서와 상속 사실을 확인할 수 있는 서류

3. 제1호와 제2호 외의 경우: 해당 사유별로 영업자의 지위를 승계하였음을 증명할 수 있는 서류

② 제1항에 따른 신고서를 받은 시장·군수·구청장은 영업양도의 경우 「전자정부법」 제36조제1항에 따른 행정정보의 공동이용을 통하여 양도·양수를 증명할 수 있는 법인 등기사항증명서(법인이 아닌 경우에는 대표자의 주민등록표 초본을 말한다), 토지 등기사항증명서, 건물 등기사항증명서 또는 건축물대장을 확인해야 한다. 다만, 신고인이 주민등록표 초본의 확인에 동의하지 않는 경우에는 해당 서류를 직접 제출하도록 해야 한다. 〈개정 2021. 6. 17.〉

③ 제1항에 따른 지위승계신고를 하려는 자가 「부가가치세법」 제8조제7항에 따른 폐업신고를 같이 하려는 때에는 제1항에 따른 지위승계 신고서를 제출할 때에 「부가가치세법 시행규칙」 별지 제9호 서식의 폐업신고서를 함께 제출해야 한다. 이 경우 관할 시장·군수·구청장은 함께 제출받은 폐업신고서를 지체 없이 관할 세무서장에게 송부(정보통신망을 이용한 송부를 포함한다)해야 한다. 〈신설 2021. 6. 17.〉

④ 시장·군수·구청장은 제1항에 따른 신고인이 법 제33조제4항제1호·제4호 및 법 제34조제4항제1호·제5호에 해당되는지를 확인할 수 없는 경우에는 해당 신고인에게 제1항 각 호의 서류 외에 신원확인에 필요한 자료를 제출하게 할 수 있다. 〈개정 2018. 3. 22., 2021. 6. 17.〉

⑤ 제1항에 따라 영업자의 지위승계를 신고하는 자가 제38조제1항제2호 또는 제41조제1항제2호에 따른 영업장의 명칭 또는 상호를 변경하려는 경우에는 이를 함께 신고할 수 있다. 〈개정 2018. 3. 22., 2021. 6. 17.〉

⑥ 시장·군수·구청장은 제1항의 신고를 받았을 때에는 신고인에게 별지 제16호서식의 등록증 또는 별지 제23호서식의 허가증을 재발급하여야 한다. 〈개정 2018. 3. 22., 2021. 6. 17.〉

제43조(영업자의 준수사항)　영업자(법인인 경우에는 그 대표자를 포함한다)와 그 종사자의 준수사항은 별표 10과 같다. 〈개정 2018. 3. 22.〉

제44조(동물판매업자 등의 교육)　① 법 제37조제1항 및 제2항에 따른 교육대상자별 교육시간은 다음 각 호의 구분에 따른다. 〈개정 2018. 3. 22.〉

1. 동물판매업, 동물수입업, 동물생산업, 동물전시업, 동물위탁관리업, 동물미용업 또는 동물운송업을 하려는 자: 등록신청일 또는 허가신청일 이전 1년 이내 3시간

2. 법 제38조에 따라 영업정지 처분을 받은 자: 처분을 받은 날부터 6개월 이내 3시간

3. 영업자(동물장묘업자는 제외한다): 매년 3시간

② 교육기관은 다음 각 호의 내용을 포함하여 교육을 실시하여야 한다. 〈개정 2019. 3. 21.〉

1. 이 법 및 동물보호정책에 관한 사항

2. 동물의 보호·복지에 관한 사항

3. 동물의 사육·관리 및 질병예방에 관한 사항

4. 영업자 준수사항에 관한 사항

5. 그 밖에 교육기관이 필요하다고 인정하는 사항

③ 교육기관은 법 제32조제1항제2호부터 제8호까지의 규정에 해당하는 영업 중 두 가지 이상의 영업을 하는 자에 대해 법 제37조제2항에 따른 교육을 실시하려는 경우에는 제2항 각 호의 교육내용 중 중복된 교육내용을 면제할 수 있다. 〈신설 2021. 6. 17.〉

④ 교육기관의 지정, 교육의 방법, 교육결과의 통지 및 기록의 유지·관리·보관에 관하여는 제12조의4제2항·제4항 및 제5항을 준용한다. 〈신설 2019. 3. 21., 2021. 6. 17.〉

⑤ 삭제 〈2019. 3. 21.〉

제45조(행정처분의 기준) ① 법 제38조에 따른 영업자에 대한 등록 또는 허가의 취소, 영업의 전부 또는 일부의 정지에 관한 행정처분기준은 별표 11과 같다. 〈개정 2018. 3. 22.〉

② 시장·군수·구청장이 제1항에 따른 행정처분을 하였을 때에는 별지 제26호서식의 행정처분 및 청문 대장에 그 내용을 기록하고 유지·관리하여야 한다.

③ 제2항의 행정처분 및 청문 대장은 전자적 처리가 불가능한 특별한 사유가 없으면 전자적 방법으로 작성·관리하여야 한다.

제46조(시정명령) 법 제39조제1항제3호에서 "농림축산식품부령으로 정하는 시정명령"이란 다음 각 호의 어느 하나에 해당하는 명령을 말한다. 〈개정 2013. 3. 23.〉

1. 동물에 대한 학대행위의 중지

2. 동물에 대한 위해 방지 조치의 이행

3. 공중위생 및 사람의 신체·생명·재산에 대한 위해 방지 조치의 이행

4. 질병에 걸리거나 부상당한 동물에 대한 신속한 치료

제47조(동물보호감시원의 증표) 법 제40조제3항에 따른 동물보호감시원의 증표는 별지 제27호서식과 같다.

제48조(등록 등의 수수료) 법 제42조에 따른 수수료는 별표 12와 같다. 이 경우 수수료는 정부수입인지, 해당 지방자치단체의 수입증지, 현금, 계좌이체, 신용카드, 직불카드 또는 정보통신망을 이용한 전자화폐·전자결제 등의 방법으로 내야 한다. 〈개정 2013. 12. 31.〉

제49조(규제의 재검토) ① 농림축산식품부장관은 다음 각 호의 사항에 대하여 다음 각 호의 기준일을 기준으로 3년마다(매 3년이 되는 해의 기준일과 같은 날 전까지를 말한다) 그 타당성을 검토하여 개선 등의 조치를 해야 한다. 〈개정 2017. 1. 2., 2018. 3. 22., 2020. 11. 24.〉

1. 삭제 〈2020. 11. 24.〉

2. 제5조에 따른 동물운송자의 범위: 2017년 1월 1일

3. 제6조에 따른 동물의 도살방법: 2017년 1월 1일

4. 삭제 〈2020. 11. 24.〉

5. 제8조 및 별표 2에 따른 등록대상동물의 등록사항 및 방법 등: 2017년 1월 1일

6. 제9조에 따른 등록사항의 변경신고 대상 및 절차 등: 2017년 1월 1일

7. 제19조 및 별표 5에 따른 동물보호센터의 준수사항: 2017년 1월 1일

8. 제24조에 따른 윤리위원회의 공동 설치 등: 2017년 1월 1일

9. 제26조에 따른 윤리위원회 위원 자격: 2017년 1월 1일

10. 제25조 및 별지 제10호서식의 동물실험윤리위원회 운영 실적 통보서의 기재사항: 2017년 1월 1일

11. 제27조에 따른 윤리위원회의 구성 절차: 2017년 1월 1일

12. 제35조 및 별표 9에 따른 영업의 범위 및 시설기준: 2017년 1월 1일

13. 제38조에 따른 등록영업의 변경신고 대상 및 절차: 2017년 1월 1일

14. 제41조에 따른 허가사항의 변경신고 대상 및 변경 등의 신고 절차: 2017년 1월 1일

15. 제43조 및 별표 10에 따른 영업자의 준수: 2017년 1월 1일

② 농림축산식품부장관은 제7조에 따른 동물등록제 제외 지역의 기준에 대하여 2020년 1월 1일을 기준으로 5년마다(매 5년이 되는 해의 기준일과 같은 날 전까지를 말한다) 그 타당성을 검토하여 개선 등의 조치를 해야 한다. 〈신설 2020. 11. 24.〉

[본조신설 2015. 1. 6.]

MEMO

MEMO

MEMO